常见天然宝石

CHANGJIAN TIANRAN BAOSHI

红色碧玺

坦桑石

鸽血红宝石	变石	蓝宝石	橄榄石

托帕石

祖母绿

星光蓝宝	钻石晶体	猫眼

蓝色尖晶石

彩色锆石

U0352567

红宝石

彩钻

月光石

沙弗莱石

红色尖晶石

尖晶石晶体

绿柱石晶体

托帕石晶体

锰铝榴石

翠榴石

刚玉晶体

石榴石晶体

锆石晶体

金绿宝石晶体

橄榄石晶体

拉长石

天河石

彩色水晶

月长石原石

巴西紫水晶

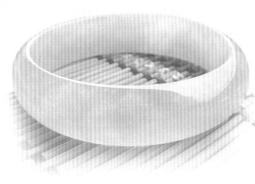

常见天然玉石

满绿翡翠镯

岫岩玉手镯

独山玉手镯

绿松石原石

青金石雕件

金曜石

羊脂白玉　　和田玉原石　　大理岩玉

蛇纹石玉原石

翡翠原石

独山玉原石

缠丝玛瑙　虎睛石原石

马牙种翡翠

田黄玉

密玉

老坑种翡翠

绿松石项链

鸡血石

贵翠

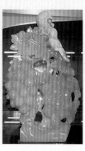

独山玉雕

翡翠B货

和田玉雕

梅花玉手链

硅化木手链

黑欧泊

欧泊原石

京白玉

钙铝榴石玉

东陵石玉

孔雀石

红缟玛瑙

玛瑙原石

玉髓原石

翡翠挂件

绿玉髓戒面

黑曜石

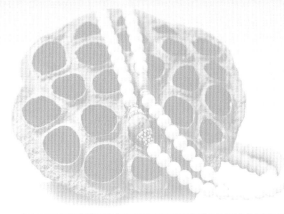

有机宝石
♥YOUJI BAOSHI♥

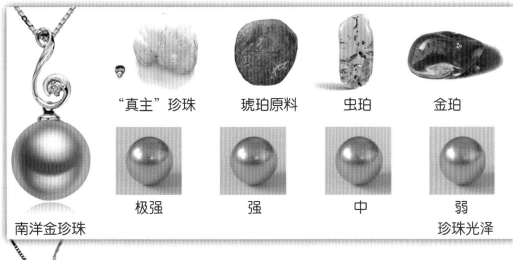

"真主"珍珠　　琥珀原料　　虫珀　　金珀

极强　　强　　中　　弱

南洋金珍珠　　　　　　　　　　　　　　珍珠光泽

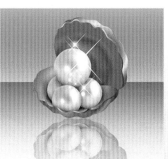

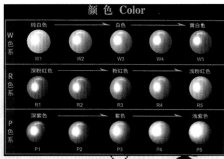

具有金属光泽的
黑珍珠　　　　珍珠贝壳　　　珍珠的颜色分级

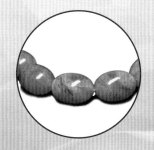

大溪地珍珠——孔雀蓝　　　蜜蜡　　　波罗的海琥珀——花珀

红珊瑚

波斯湾珍珠

象牙

各式珊瑚制品

珍珠项链

砗磲

血珀

象牙手镯

煤精手链

黑珊瑚手链

人工宝石
RENGONG BAOSHI

合成星光红宝石

立方氧化锆

玻璃猫眼

钇铝榴石

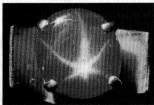

天然星光红宝石

合成红宝石中云雾状
熔融包裹体

合成刚玉的形态

合成紫晶

宝玉石的选购与佩戴
BAOYUSHI DE XUANGOU YU PEIDAI

翡翠套件

耳环

项链

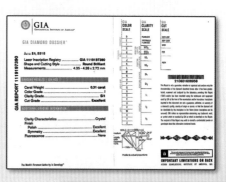

手镯

珍珠耳饰

钻石耳钉

西瓜碧玺戒指

对戒

翡翠证书

GIA 钻石证书

国家珠宝检测——钻石证书

宝石知识与鉴赏

韩秀丽　陈　稳　李昌存　章跟宁　编著

北　京

冶 金 工 业 出 版 社

2014

内 容 提 要

　　本书主要介绍常见天然宝石、玉石的基本特征、成因类型、历史文化及发展现状和趋势，重点介绍天然宝石的化学成分、晶体化学等主要鉴定特征、质量评价、加工及主要产地，及其与合成或仿造宝石的区别，同时还介绍了常用宝石简易仪器使用及鉴定方法，宝石的选购与佩戴。

　　本书主要作为普通高校非宝石专业的公共选修课教材，也可供宝石培训班学员及广大宝石爱好者及商贸人员参考。

图书在版编目(CIP)数据

宝石知识与鉴赏/韩秀丽等编著 . —北京：冶金工业出版社，2014.7

ISBN 978-7-5024-6656-5

Ⅰ. ①宝…　Ⅱ. ①韩…　Ⅲ. ①宝石—基本知识　②宝石—鉴赏

Ⅳ. ①TS933　②TS933. 21

中国版本图书馆 CIP 数据核字(2014) 第 163619 号

出版人　谭学余
地　　址　北京市东城区嵩祝院北巷 39 号　邮编　100009　电话　(010)64027926
网　　址　www. cnmip. com. cn　电子信箱　yjcbs@ cnmip. com. cn
责任编辑　徐银河　美术编辑　吕欣童　版式设计　孙跃红　杨　帆
责任校对　石　静　责任印制　李玉山
ISBN 978-7-5024-6656-5
冶金工业出版社出版发行；各地新华书店经销；北京百善印刷厂印刷
2014 年 7 月第 1 版，2014 年 7 月第 1 次印刷
169mm×239mm；22.75 印张；4 彩页；341 千字；355 页
36. 00 元
冶金工业出版社　投稿电话　(010)64027932　投稿信箱　tougao@ cnmip. com. cn
冶金工业出版社营销中心　电话　(010)64044283　传真　(010)64027893
冶金书店　地址　北京市东四西大街 46 号(100010)　电话　(010)65289081(兼传真)
冶金工业出版社天猫旗舰店　yjgy. tmall. com
(本书如有印装质量问题，本社营销中心负责退换)

前　言

　　我国的珠宝首饰业以其悠久的历史、独特的风格和精湛的技艺曾蜚声海内外。随着市场经济的发展，宝石热在我国已悄然兴起，宝石研究、开发和销售发展迅猛，宝石业融地质矿产、金融商贸和科技艺术为一体，越来越受到重视。随着人民生活水平的不断提高，收藏、佩戴珠宝首饰已渐成时尚，各地珠宝首饰行如雨后春笋竞相开业。作为财富甚至权力象征的珠宝玉石，过去只为少数人所专有，而今已成为美化和丰富人民生活的时髦消费品。但大多数人对宝石的特征、性质等基本知识了解很少，因此，在购买、鉴赏宝石时难免有疑惑甚至上当之事。为了维护自身的利益，不论是珠宝商还是广大珠宝消费者，都渴望获得有关珠宝方面的知识，特别是鉴别真假珠宝方面的知识。目前虽有不少宝石方面的书籍相继问世，但要么专业性很强，要么缺少地质基础知识部分，缺乏系统介绍宝石地质知识、鉴定方法及如何选购佩戴宝石等普及宝石学知识的书籍，这就是本书编写的出发点。本书主要作为普通高校非宝石专业的公共选修课教材，也可供宝石培训班学员学习及广大宝石爱好者及商贸人员参考。

　　在编写过程中，作者在总结近20年的宝石学教学经验的基础上，参考了大量宝玉石专家的著作，收集了大量珠宝界在鉴定研究及市场销售中的最新资料，对宝玉石的基本知识和鉴定方法进行了系统论述，旨在使读者了解宝玉石鉴定的基本知识，提高对真假宝石的鉴别能力。

全书共分为 10 章。第 1~3 章阐述了宝玉石的概念、分类和定名原则，结晶学、矿物学的相关基础知识，常见宝石矿床的地质成因类型及主要特征。第 4~7 章为全书重点，详细论述常见宝石、常见玉石、有机宝石和人工宝石等的主要物理性质、鉴定特征及其与相似宝石及赝品的区别。第 8、9 章系统阐述了常用宝石鉴定仪器的使用方法及宝玉石的发展趋势。第 10 章系统介绍了目前宝玉石市场较畅销的几种宝玉石的选购、佩戴及保养方法，旨在使人们在配戴珠宝首饰来装扮自己时，更得体、更具有魅力。

本书由河北联合大学韩秀丽、李昌存教授，陈稳、刘丽娜、刘胜昌讲师，刘磊助教，河北联合大学迁安学院段珊，广东江门职业学院章跟宁教授，南京宝光光学仪器厂张丛森共同编写。其中，第 1~3 章由李昌存、刘胜昌编写，第 4 章由陈稳、李昌存编写，第 5 章由韩秀丽、刘磊、章跟宁编写，第 6、7 章由刘丽娜、段珊编写，第 8 章由韩秀丽、张丛森编写，第 9 章及附录由刘胜昌编写，第 10 章由陈稳、段珊编写，全书最后由韩秀丽统编定稿。

在编写本书的过程中，参考了韩秀丽教授的宝石学课件、一些宝玉石专家的相关资料，在此一并表示感谢。由于作者水平所限，不当之处敬请指正。

作　者
2014 年 4 月于唐山

目　录

Ⅲ

目

录

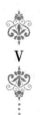

V

目

录

第1章 宝石概论

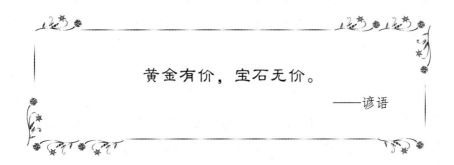

黄金有价，宝石无价。

——谚语

　　人类对宝玉石的认识和应用历史悠久，自古以来，人们就一直在寻找、开采宝石。我国是世界四大文明古国之一，应用宝石的历史可追溯到7000年以前。在商周时代，人们用玉制的器物来祭天祀地，而春秋战国时有名的"和氏璧"，被刻成皇帝的玉玺，以后历代相传。几千年来，华贵珍稀、晶莹艳丽的宝石，一直被视为吉祥的信物。拥有名贵而稀世的宝石，被看作是财富甚至权力的象征。现在，宝石业已成为一些国家的经济支柱，世界宝石市场十分活跃。按产值计算，在非能源矿产品中继金、铁之后，宝石位居第三。宝石如此贵重，那么究竟什么是宝石呢？概括起来讲，凡是适于琢磨和雕刻成精美首饰和工艺品的原料都属广义宝玉石的范畴。

1.1 宝石及其分类

1.1.1 宝石

　　自然界中凡颜色鲜艳美丽、硬度大、透明晶莹、化学性质稳定或具有特殊光学效应的矿物，都可称之为宝石。

目前人类在自然界中发现的矿物约有 4000 余种，其中可作为宝石的矿物不足百种。主要的宝石矿物有：金刚石、金绿宝石、刚玉、绿柱石、金红石、黄玉、电气石、石榴石、尖晶石、橄榄石、锆石、水晶、长石等。

从矿物学角度看，自然界中大部分宝石属于硅酸盐矿物，如绿柱石、黄玉、电气石、石榴石、橄榄石、锆石、长石等。一部分为氧化物类矿物，如刚玉、尖晶石、水晶、金绿宝石、金红石等，此外还有自然元素（金刚石）、碳酸盐（孔雀石）、硫酸盐（天青石）、磷酸盐（绿松石）等。

1.1.2　玉石

自然界中产出的质地细腻、坚韧、光泽强、颜色美丽，适于琢磨或雕刻的单矿物或多种矿物组成的岩石，均可称之为玉石。玉石还可细分为玉和玉石，前者主要指翡翠和软玉，比较珍贵，后者泛指其他玉雕石料和彩石。

从岩石学的角度看，玉石是一种矿物集合体，主要属于热液交代成因或变质成因的蛇纹岩类、辉石岩类、钠长岩、斜长岩类、大理岩类以及由二氧化硅为主要成分的石英质岩石，如玛瑙、欧泊、玉髓、木变石、虎睛石等。

本书所讲的宝石为广义宝石，泛指宝石和玉石两类。

1.1.3　宝石的分类

人类开发利用宝石历史悠久，但迄今为止尚无一完善的分类方案。目前，比较流行的分类方案主要有：

（1）将宝石分为无机宝石和有机宝石。无机宝石包括自然界天然产出的矿物晶体、岩石和人工矿物晶体，如金刚石、红宝石、翡翠、碧玺、水晶等。有机宝石指其生成与生物有关的一类物体，如珍珠、珊瑚、琥珀、蜜蜡、砗磲、煤精等。

（2）将宝石分为天然宝石和人工宝石。天然宝石指自然界天然产出的宝石；人工宝石指由人工制造的宝石。人工宝石还可分为合成宝石、人造宝石、拼合宝石和再造宝石。合成宝石系指按照某些天然宝石的化学成分，模拟其在自然界中生成时的物理、化学条件，用人工方法在实验室里合成的宝石。这种合成宝石与天然宝石相比，其物理、化学性质相同。如人工合成的金刚石、红宝石、蓝宝石、水晶等。但其价格与天然宝石相差悬殊。

（3）按宝石的矿物学特征分类。将宝石分为金刚石类宝石、刚玉类宝石、绿柱石类宝石、电气石类宝石、石榴石类宝石、尖晶石类宝石、橄榄石类宝石、黄玉类宝石、锆石类宝石、石英类宝石、长石类宝石、蛋白石类宝石等。

（4）根据宝石的名贵程度分类，将宝石分为高档和中档两类。高档宝石一般指钻石、红宝石、蓝宝石、祖母绿、金绿宝石、翡翠、欧泊等；中档宝石如碧玺、水晶、珍珠、玛瑙等。

1.1.4　宝石的命名

对一颗宝石命名是很关键的，因为宝石的定名直接影响其价值。在交易中关系到买卖双方的利益，对宝石的不正确命名，往往造成买方或卖方巨大的经济损失。

在我国，宝石的名称较为复杂，既有历史沿袭，又有翻译名称，既有形象称呼，又有矿物名称，加之我国地域辽阔，各地习俗不同，一物有不同名称，或同名不同物的情况亦有之。如"opal"为英文名称，在我国北方称为"欧泊"，是音译名称；在南方则称为"闪山石"是因为其著名产地为澳大利亚"闪电岭"而得名，也有称其为"月华石"的，这是其形象名称。

宝石的命名常见以下几种：

（1）按最早发现的产地命名，如"岫岩玉"、"寿山石"等。

（2）按宝石的特征、颜色命名，如黄色蓝宝石、孔雀石等。

（3）按宝石的特殊光学效应，如星光、猫眼、变色、变彩等命名，如星光蓝宝石、猫眼石（金绿宝石）、月光石、虎睛石等。

（4）对一些世界著名的特大宝石进行专门命名。如世界上最大的金刚石取名"库利南"，库利南后经工匠劈开琢磨成 9 粒大钻石和 96 粒小

钻石。其中最大的一粒钻石称为"非洲之星"。1934 年由琼克尔发现的重 726 克拉的金刚石，重量居世界第六位，取名"琼克尔"。此外，还有著名的"沙赫"钻石、"光明之山"钻石。到目前为止，我国发现的超过 100 克拉以上的钻石有 4 颗，即 1936 年发现的金鸡钻石（约 281 克拉）；1977 年 12 月在临沭常林发现的"常林钻石"（约 159 克拉）和 1981 年 8 月（距上述常林钻石 4km 处）发现的陈埠 1 号钻石（约 124 克拉）；1983 年 11 月在蒙阴发现的蒙山 1 号钻石（约 119 克拉）。世界上发现 400 克拉以上的钻石共有 50 颗左右，它们都有自己的名字。世界著名钻石超过百颗，表 1-1 为部分名钻名称及其重量。

表 1-1　世界著名钻石

编号	名　称	产出时间	重量/克拉	颜色	产出国	切磨款式
1	库利南Ⅰ（Cullinan Ⅰ）	1905 年	530.20	无色	南非	梨形
2	库利南Ⅱ（Cullinan Ⅱ）	1905 年	317.40	无色	南非	长方钻
3	大莫卧儿（Great Mogul）	1650 年	280.00	无色	印度	玫瑰形
4	尼扎姆（Nizam）	1835 年	277.00	无色	印度	圆拱形
5	朱碧丽（Jubilee）	1895 年	245.35	无色	南非	钻石形
6	维多利亚 1880（Victoria 1880）	1880 年	228.50	黄色	南非	钻石形
7	红十字（Red Cross）	1918 年	205.00	黄色	南非	方形
8	奥尔洛夫（Orloff）	18 世纪前	189.60	无色	印度	玫瑰形
9	光之川（伊朗）（Darya-i-Nur（Iran））	古代	185.00	粉红色	印度	玫瑰形
10	维多利亚 1884（Victoria 1884）	1884	184.50	无色	南非	椭圆形
11	月亮（Moon）		183.00	黄色	南非	钻石形
12	黄色伊朗 A（Iranian yellow A）		152.16	黄色	南非	长方钻
13	光之川（达卡）（Darya-i-Nur（Dacca））	1642 年	150.00	无色	印度	长方钻
14	摄政王（Regent）	1701 年	140.50	无色	印度	长方钻
15	弗洛朗廷（Florentine）	15 世纪前	137.27	黄色	印度	双玫瑰形
16	南方之星（Star of the South）	1853 年	128.80	无色	巴西	长方钻
17	泰菲尼（Tiffany）	1878 年	128.50	黄色	南非	钻石形
18	葡萄牙人（Portuguese）		127.02	无色	巴西	祖母绿形
19	琼克尔（Jonker）	1934 年	125.65	无色	南非	祖母绿形
20	光明之山（Koh-i-Nur）	1655 年	108.93	无色	印度	椭圆形

编号	名 称	产出时间	重量/克拉	颜色	产出国	切磨款式
21	大菊花（Great Chrysanthemum）		104.15	古铜色	南非	梨形
22	东方之星（Star of the East）		94.80	无色	印度	梨形
23	库利南Ⅲ（Cullinan Ⅲ）	1905 年	94.40	无色	南非	梨形
24	沙赫（Shah）	古代	88.70	无色	印度	棒形
25	爱神（Spoonmaker's）	古代	84.00	无色	印度	梨形
26	幽灵之眼 （Idal's Eye）	古代	70.21	无色	印度	长方形
27	埃希尔王 （Excelsior）	1893 年	69.68	无色	南非	梨形
28	德兰士瓦 （Transvaal）		67.89	橙黄色	南非	梨形
29	库利南Ⅳ （Cullinan Ⅳ）	1905 年	63.70	无色	南非	方形
30	甫特露戴斯 （Porter-Rhodes）	1880 年	56.60	无色	南非	祖母绿形
31	桑西 （Saney）	古代	55.00	无色	印度	心形
32	希望 （Hope）	1642 年前	45.52	蓝色	印度	长方钻
33	纳沙克 （Nassak）	1818 年前	43.38	无色	印度	三角形
34	南非之星 （Star of South Africa）	1869 年	47.75	无色	南非	梨形
35	维特尔斯巴克 （Wittelsbach）	古代	35.32	蓝色	印度	钻石形
36	威廉姆逊 （Willamson）		23.60	粉红色	坦桑尼亚	钻石形
37	库利南Ⅴ （Cullinan Ⅴ）	1905 年	18.85	无色	南非	心形
38	库利南Ⅵ （Cullinan Ⅵ）	1905 年	11.55	无色	南非	橄榄形

1.2 宝石的特征及评价

1.2.1 宝石的特征

　　天然宝石是自然界产出的珍贵且稀少的矿产资源。宝石经琢磨加工后，具有装饰、欣赏、珍藏等价值。近年来，随着国际国内出现的"宝石热"，各类宝石的价格在逐年增长，销量也在逐年增加。一些名贵的宝石其保值作用胜过黄金。有的宝石甚至成为无价之宝。天然宝石之所以为"宝"，就在于其具有"美、稀、久、贵"的特点。

1.2.1.1 美

宝石的美以其艳丽的颜色、晶莹剔透的透明度、耀眼的光泽，以及星光、猫眼、变色、变彩等特殊的光学效应为特征。宝石，观之给人以美感，戴之给人以富贵和高雅之感，因此作为宝石的矿物其前提条件必须是美。红宝石、蓝宝石都是刚玉，是宝石的上品，但不透明的刚玉就不能用来作宝石；颗粒粗大、透明度好、瑕疵少的金刚石可用来作钻石，但颗粒细小、不透明的金刚石就不能加工成宝石。

1.2.1.2 稀

物以稀为贵。美丽的东西如果随处都是，也就不名贵了，不能称之为"宝"了。几个世纪以前，欧洲首次发现紫晶时，其美丽的紫色受人喜爱，被视为珍宝，后来由于南美洲发现了大量的优质紫晶，紫晶价格则猛跌。再如虹彩长石最初发现时被认为是优质宝石，但后来在加拿大等地发现大量虹彩长石后，则降为低级品。

珍稀是宝石的重要特征，如世界上第七大红宝石，重32.24克拉，几个世纪以来，曾数易其主。1990年，美国一位宝石收藏家以407万英镑的高价将其卖给香港的一位珠宝商，创高价拍卖的纪录。这颗宝石之所以昂贵，除重量大外，主要是它经历复杂，是目前世界上独一无二的宝石。人造红宝石具有天然红宝石的一切优点，即透明、色泽美丽、坚硬不会划伤，稳定不受腐蚀等；此外，它的晶体可以比天然晶体大百倍，因此人造红宝石作首饰也非常适合，但由于是人造的，数量太多就不值钱了。

1.2.1.3 久

宝石之所以为"宝"，原因之一是其物理化学性质稳定，在长时间内其颜色、光泽、透明度不变，且不易磨损和腐蚀，这就是它的耐久性。世界各国盛行的用钻石戒指作为结婚的信物，其原因之一就是钻石具有"永久不变"的寓意。金刚石是自然界中最硬而又不怕腐蚀的矿物，用其加工成的钻石，光彩照人，永久不磨损，是稀世珍宝。"钻石恒久远，一颗永流传"作为20世纪最为经典的广告语，如同一次"爱情核爆炸"，响彻全球。

1.2.1.4 贵

"黄金有价，宝石无价"。这就意味着宝石比黄金更加珍贵。"和氏璧"曾经价值十五座城池，清代慈禧太后的翡翠西瓜曾估值白银500万两。1978年在香港举办的一次中国工艺品展销会上，北京玉器厂制作的一对"龙凤呈祥"、"福寿双全"翡翠玉佩，以180万人民币售出（当时约为100万美元）。一颗方形、名叫"北极星"的钻石，重41.28克拉，曾在伦敦以450万美元售出。1988年纽约苏斯比拍卖行一颗重85.9克拉的钻石，以913万美元被买走。1987年泰国展出一颗125克拉的世界上最大的红宝石，价值千万美元，而同重量的黄金仅值400美元，两者相差25000倍。2014年，珠宝店内出售的GIA裸钻1克拉D色VS，3EX裸钻价格为79999元，同重量黄金仅为70元；两者价格相悬殊。宝石之所以昂贵，主要是因为宝石的体积小、易携带和保存，且在世界上很稀少。因此，有些国家将世界上最贵重的钻石、红宝石、蓝宝石、祖母绿、金绿宝石这五种宝石称为硬通货。

1.2.2 宝石的评价

宝石具有装饰、收藏和保值等多重作用。对宝石的评价往往也要从多方面考虑。

1.2.2.1 宝石的品种

世界上的宝石品种繁多，但因其品种不同，价格相差悬殊。如同样是1克拉的优质宝石，钻石价格为5000美元，而黄玉仅15美元（1992年价）。国际市场上，按美观、耐久、稀少三个因素综合考虑，将宝石粗略分为高档宝石、中档宝石两个档次。高档宝石通常指的是钻石、红宝石、蓝宝石、祖母绿和金绿宝石五大宝石。钻石是世界上最贵重的宝石品种，被称为"宝石之王"。

1.2.2.2 宝石的重量

天然产出的宝石矿物颗粒一般都很细小，大的贵重宝石矿物很罕见。因此，质量相同的宝石，颗粒越大、价值越大，特大的宝石价值更高。例如，0.5克拉的单钻9988元，而1克拉同等质量的单钻56398元

（2014 年），2.5 克拉钻石价格为 30 万元左右。17～18 分（mm）的天然海水黑色大溪地珍珠价格为 36800 元。

1.2.2.3 宝石的质量

宝石的质量主要指宝石的颜色、净度、特征光学效应，以及含绵、裂等缺陷情况。同种宝石不同的质量，其价值差别很大。如钻石尤为明显，GIA 裸钻 1 克拉 E 色 SI，3VG 大概为 56399 元，GIA 裸钻 1 克拉 D 色 VS，3VG 大概为 99599 元（2014 年）；世界知名的哥伦比亚祖母绿，颜色大体相同，但按其晶体内部含绵、裂等缺陷的多少划分为三级，每级价格相差 5～10 倍。通常中档的优质宝石比高档的劣质宝石要贵许多。

1.2.2.4 宝石的磨工和款式

宝石的款式设计、磨工、抛光等，直接影响着宝石的光学效应。同样的原料，磨工不同，宝石效果则相差甚远，其价值也就差别很大。以前，宝石的款式都是由有经验的工匠根据原石设计来琢磨。由于没有光学理论指导，磨成的宝石差别很大，很不理想。20 世纪 60 年代，宝石学家根据光学原理，按照不同宝石矿物的光性和折光率设计了标准宝石款式，如圆钻石形、长方祖母绿形、两头尖的橄榄形、方形、水滴形等。宝石矿物琢磨成宝石，重量损失很大，有的损失超过一半。琢磨加工费用也很昂贵，如钻石琢磨的费用约占钻石价值的 1/5～1/3，因此，宝石的加工款式和磨工都直接影响宝石的价值。

1.3 宝石的应用

晶莹剔透、光彩耀人而又长久不变的宝石，自古以来，被视为圣洁之物。随着人类物质经济水平的不断提高，各种宝石首饰和工艺品，越来越受到人们的喜爱，因而，宝石的价值也越来越高。概括起来，宝石的应用价值主要有以下几个方面。

1.3.1 佩戴

爱美之心，人皆有之。自古以来珠宝就已经进入人们的日常生活之中，到了现代，佩戴珠宝首饰已成为时尚，这是因为佩戴由不同宝石制成的项链、手镯、戒指、耳坠、凤钗等，女性显示其漂亮、高贵和时髦，男性显示其个性和富有。此外，一些人还认为佩戴玉石等宝石有"御邪魔，斥鬼神"之作用，红楼梦中的贾宝玉生下来就口含一块宝石，认为是一种吉祥之兆。

1.3.2 结婚纪念物

镶嵌宝石的戒指是西方人订婚的信物，而结婚纪念日又是人一生中最美好、最难忘、最珍贵的日子。宝石和金银首饰亦是市上最珍贵的物品，因此，人们用金银珠宝寓意婚姻的圆满和天长地久。结婚满 15 年称作水晶婚，25 年称作银婚，30 年称作珍珠婚，35 年称作珊瑚婚，40 年为红宝石婚，45 年为蓝宝石婚，50 年为金婚，55 年为祖母绿婚，60 年为钻石婚，婚姻越长久越珍贵（见表 1-2）。"钻石恒久远，一颗永流传"这句经典的广告语，也从此改变了中国人婚庆以佩戴黄金、翡翠的传统习俗，进而形成了中国新婚"无钻不婚"的全新理念。

表 1-2　结婚周年纪念名称

结婚年数	纪念名称	象征意义
第一年	纸婚（Paper wedding）	一张纸印的婚姻关系，比喻最初结合薄如纸，要小心保护
第二年	棉婚（Cotton wedding）	加厚一点，尚须磨炼
第三年	皮革婚（Leather wedding）	开始有点韧性
第四年	丝婚（Silk wedding）	缠紧，如丝般柔韧，你浓我浓
第五年	木婚（Wood wedding）	硬了心，已经坚韧起来
第六年	铁婚（Iron or Sugar Candy wedding）	夫妇感情如铁般坚硬永固
第七年	铜婚（Copper wedding）	比铁更不会生锈，坚不可摧
第八年	陶婚（Pottery wedding）	如陶瓷般美丽，并需呵护
第九年	柳婚（Willow wedding）	像垂柳一样，风吹雨打都不怕
第十年	锡婚（Tin wedding）	锡器般坚固，不易跌破
第十一年	钢婚（Steel wedding）	如钢铁般坚硬，今生不变
第十二年	链婚（Linen wedding）	像铁链一样，心心相扣
第十三年	花边婚（Lace wedding）	多姿多彩，多样化的生活
第十四年	象牙婚（Ivory wedding）	时间愈久，色泽愈光亮美丽
第十五年	水晶婚（Crystal wedding）	透明清澈而光彩夺目

结婚年数	纪念名称	象 征 意 义
第二十年	瓷婚（China wedding）	光滑无瑕，需呵护，不让跌破
第二十五年	银婚（Silver wedding）	已有恒久价值，是婚后第一个大庆典
第三十年	珍珠婚（Pearls wedding）	像珍珠般浑圆，美丽和珍贵
第三十五年	珊瑚婚（Coral wedding）	嫣红而宝贵，生色出众
第四十年	红宝石婚（Ruby wedding）	名贵难得，色泽永恒
第四十五年	蓝宝石婚（Sapphire wedding）	珍贵灿烂，值得珍惜
第五十年	金婚（Golden wedding）	至高无上，婚后第二大庆典，情如金坚，爱情历久弥新
第五十五年	翡翠婚（Emerald wedding）	如翡翠玉石，人生难求
第六十年	钻石婚（Diamond wedding）	夫妻一生中最重要的一次纪念婚姻的庆典，今生无悔

1.3.3　生辰石

10

　　宝石作为生辰石用来庆贺诞辰，大约始于 16 世纪的欧洲，目前已流行于全世界，但由于不同国家不同民族对宝石的爱好、兴趣不同，因而各国规定和流行的十二个月的生辰石也不完全相同（见表 1-3），而目前我国尚没有统一的生辰石。随着人民生活水平的提高，生辰石作为生日礼品逐渐成为一种新的趋势。

表 1-3　一些国家的生辰石

月份	美 国	英 国	澳大利亚	加拿大	日 本	象 征
1 月	石榴石	石榴石	石榴石	石榴石	石榴石	忠诚、友爱、真实
2 月	紫晶	紫晶	紫晶	紫晶	紫晶	诚实、内心平和
3 月	血玉髓	血玉髓	血玉髓	血玉髓	血玉髓 海蓝宝石	沉着、勇敢、聪明
4 月	钻石	钻石	钻石	钻石	钻石	纯洁无瑕
5 月	祖母绿	祖母绿 绿玉髓	祖母绿 绿色电气石	祖母绿	翡翠 祖母绿	幸运、幸福

月份	美 国	英 国	澳大利亚	加拿大	日 本	象 征
6 月	珍珠 月光石	珍珠 月光石	珍珠 月光石	珍珠 贝壳浮雕	珍珠 月光石	健康、长寿、 富贵
7 月	红宝石 变石	红宝石	红宝石	红宝石	红宝石	热情、仁爱、 尊严
8 月	橄榄石 缠丝玛瑙	橄榄石 缠丝玛瑙	橄榄石 缠丝玛瑙	橄榄石 缠丝玛瑙	橄榄石 缠丝玛瑙	夫妇合欢、 幸福
9 月	蓝色蓝宝石	蓝色蓝宝石 青金石	蓝色蓝宝石 青金石	蓝色蓝宝石	蓝色蓝宝石	慈爱、诚实
10 月	欧泊 粉红色电气石	欧泊	欧泊	欧泊 虎睛石	欧泊 粉红色电气石	安 乐
11 月	黄玉 黄水晶	黄玉	黄玉	黄玉	黄玉 黄水晶	友情、友爱、 希望、洁白
12 月	绿松石 锆石	锆石	锆石	锆石 青金石	锆石 青金石	成功的保证

1.3.4　国石

如同国花一样，世界上许多国家都选定了本国人民喜爱的宝石作为国石。如南非、英国、荷兰等国选择硬度最大的钻石为国石；缅甸选择了红宝石；美国、希腊选择了蓝宝石；斯里兰卡、葡萄牙选择了金绿宝石等。目前，世界上有40多个国家选定了国石（见表1-4），许多国家是由于本国盛产某种宝石而将其定为国石的，我国盛产各类宝石，但目前还没有选定国石。

1.3.5　作货币保值

随着世界各国不断加剧的通货膨胀和货币汇率的浮动，很多人士已不再迷信美元等国际货币，而趋向于储备体积小、世上稀少、耐久且易保存的高档宝石。钻石等五大宝石已被称为五大硬通货币。有些国家将高档宝石存入国库，作为国家银行的货币储备，从而导致宝石价格迅猛上涨。

表1-4　国石简表

宝石名称	选用国家	宝石名称	选用国家
蓝宝石	希腊、美国	橄榄石	埃及
祖母绿	哥伦比亚、秘鲁、西班牙	猫眼石	斯里兰卡、葡萄牙
绿松石	土耳其	青金石	玻利维亚、阿富汗、智利
孔雀石	马达加斯加	黑曜石	墨西哥
珍珠	法国、印度、菲律宾、阿拉伯联合酋长国	欧泊	澳大利亚、匈牙利、奥地利等
水晶	瑞士、日本、乌拉圭	玉石	新西兰
红宝石	缅甸	钻石	英国、南非、荷兰、西非国家
珊瑚	摩洛哥、阿尔及利亚、意大利等	琥珀	罗马尼亚、德国

　　但消费者要注意一个误区，不是所有宝石都能保值。大多数宝石是用来看的，不是用来当金条储存的。买宝石饰品是为了漂亮，不是为了过两天把它卖了换钱。如1克拉以下的钻石受市场因素影响大，保值功能不强，要保值，还得买克拉数大的钻石。用于投资的裸钻至少在1克拉及以上、颜色D～I、净度VVS1～VVS2、切工为EX，符合以上标准的裸钻才具有真正意义的保值和升值功能，即具有投资价值。而那些不足1克拉或有严重瑕疵的裸钻，升值幅度很小，并不具备一定的保值和升值功能。

1.3.6　特种矿产

　　宝石作为一种特殊的矿产资源，已成为一些国家的经济支柱。博兹瓦纳自1974年开发三个大型金刚石矿床以来，已成为非洲大陆经济增长最快的同家，1987年生产钻石价值7亿美元，占该国收入的75%。印度1985年仅钻石一项出口额就为12亿美元，相当于该国出口总额的14%。盛产祖母绿的哥伦比亚，出口祖母绿原料就相当于该国外汇收入的一半。此外，澳大利亚、南非、斯里兰卡、巴西、缅甸、泰国及前苏联等国都从宝石生产中获得巨大利润。宝石加工业也为一些国家和地区带来了巨大的经济效益。如德国、印度、日本、泰国，我国香港、深圳、广东等宝石加工业相当发达，甚至有些城市因加工而成为"宝石城"。

我国的宝石资源开发近年来发展迅猛，据2014年有关资料显示，中国的金刚石探明储量和产量均居世界第10位左右，年产量在20万克拉，钻石主要在辽宁瓦房店、山东蒙阴和湖南沅江流域，其中辽宁瓦房店是目前亚洲最大的金刚石矿山。此外，我国淡水养殖珍珠年产亦在百吨以上。宝石贸易近年来也在不断增长，据有关资料统计，2012年我国珠宝首饰零售规模超4000亿，2006~2012年年复合增速14%，是增长最为迅速的可选消费品类之一。随着人民生活水平的提高，宝石作为特种矿产和商品在我国国民经济中的地位和作用越来越重要。从市场构成来看，黄金首饰占比约55%，翡翠玉石类占比8%，其余为铂金/K金、钻石/珠宝镶嵌、珍珠等首饰品类。

第2章 宝石矿物的晶体化学特征

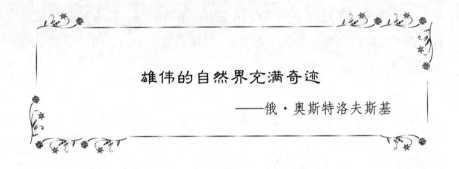

雄伟的自然界充满奇迹

——俄·奥斯特洛夫斯基

2.1 宝石的结晶学特征

天然宝石绝大部分是自然界产出的矿物晶体，而矿物是由各种地质作用形成的天然化合物或单质。截至现在，人类从自然界中发现的矿物约4000多种，这些矿物绝大部分是化合物，即由两种或两种以上元素组成。也有少数矿物是由单一的元素组成的，如金刚石等。不论是单质还是化合物，矿物都具有相对固定的化学组成和固定的晶形。所谓晶形即晶体形态，是指组成矿物的质点在矿物形成时有规则的几何排列，这种组成矿物质点的有规则的几何排列其外部表现形态即矿物晶形。矿物常见规则形体形态有立方体、八面体、菱面体、六方柱等。

典型的矿物都是结晶质的固体，并且是无机物质。也有少数矿物在其形成时由于种种原因使构成其矿物的原子没有呈规则性的排列，而是呈无序状，这些矿物因而也就没有固定的外部形态，这类矿物称为非晶质矿物，如蛋白石等。

2.1.1 结晶习性

矿物绝大部分是晶体，它们在自然界中都表现为一定的晶体形态。在相同的外界条件下，一定成分的同种矿物，总有自己常见的形态，矿物晶体的这种性质，称为结晶习性。根据结晶习性，将矿物分为三种类型：

（1）一向延伸生长。晶体沿一个方向特别发育，矿物形态呈柱状、针状；前者如绿柱石、α-石英，后者如蛇纹石、钠沸石等。

（2）二向延展生长。晶体沿两个方向特别发育，矿物形态呈板状、片状；前者如重晶石，后者如石墨等。

（3）三向等长生长。晶体沿三个方向大致发育相等，矿物呈粒状，如橄榄石、石榴石等。

矿物的结晶形态，根本原因是受其内部结构所控制，相同的矿物具有相同的晶体形态，不同的矿物具有不同的晶体形态。但矿物的晶体形态也受外界环境所制约。同一种矿物在不同的外界条件下形成时，亦可表现出不同的晶体形态和特征。如产于绿泥石片岩中的磁铁矿，通常呈八面体；而产于花岗伟晶岩中的磁铁矿常呈菱形十二面体。外界条件包括矿物形成时的温度、压力、氧化还原电位、酸碱度以及有关组分的浓度、杂质等。每一种因素都可能对矿物的形成产生重要影响。例如萤石，在岩浆岩中常呈八面体，在高温热液中常呈菱形十二面体，在中低温热液中呈立方体，因此，矿物晶体所表现出的晶体结晶习性是受内外两方面因素影响的。

2.1.2 晶系

矿物学是地质学的一门古老分支，对矿物晶体的研究已十分成熟。人类迄今为止发现的4000多种矿物分属三大晶族（高级晶族、中级晶族、低级晶族）的七大晶系，即高级晶族的等轴晶系；中级晶族的四方晶系、六方晶系、三方晶系；低级晶族的斜方晶系、单斜晶系、三斜晶系。晶系的划分主要是根据矿物晶体的结晶轴长度及其相互交角的大小

和晶体的对称要素来区分的。每个晶系的矿物都有三个结晶轴，分别称为 a、b、c 轴（X、Y、Z 轴），其中 c 轴永远处于垂直位置，b 轴位于左右方向，a 轴面向观测者。但三方晶系和六方晶系有四个对称轴（X、Y、U、Z 轴），其中三个晶轴位于同一水平面内，各轴间夹角为 $120°$，c 轴垂直其余三轴，如图 2-1 所示。

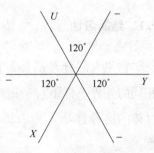

图 2-1 三方晶系和六方晶系坐标系（Z 轴垂直图面）

2.1.2.1 等轴晶系

等轴晶系的矿物均有三个长度相等且相互垂直的晶轴。理想的单形有立方体、菱形十二面体、五角十二面体、四角八面体、五角八面体等（见图 2-2），属于等轴晶系的宝石矿物有金刚石、石榴石、尖晶石、萤石等。

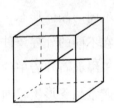

图 2-2 等轴晶系

2.1.2.2 四方晶系

四方晶系的矿物其三个结晶轴互相垂直，但三个结晶轴长度不等，其中 a、b 轴长度相等，c 轴（纵轴）为不等轴，理想的单形为四方柱、四方双锥等（见图 2-3），属于该晶系的宝石矿物有符山石、方柱石等。

2.1.2.3 六方晶系

六方晶系的矿物晶体有四个晶轴，其纵轴（c 轴）与其他三个横轴不相等、三个横轴长度相等且彼

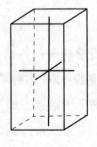
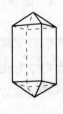

图 2-3 四方晶系

此间夹角为120°。理想的单形为六方柱、六方双锥等（见图2-4），属于六方晶系的宝石矿物有磷灰石、绿柱石等。

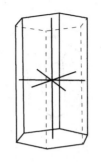
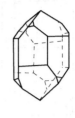

图 2-4　六方晶系

2.1.2.4　三方晶系

三方晶系与六方晶系结晶轴相同，但对称程度较低，理想的单形为三方柱和菱面体（见图2-5），属于三方晶系的宝石矿物有刚玉、电气石、水晶、菱锰矿等。

2.1.2.5　斜方晶系

斜方晶系的矿物有三个不等长的晶轴，但彼此间相垂直，斜方晶系理想的单形是斜方柱、斜方双锥等（见图2-6），属于该晶系的宝石矿物有红柱石、金绿宝石、橄榄石、黄五、堇青石、顽火辉石等。

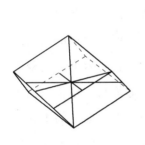

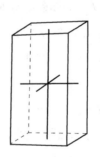

图 2-5　三方晶系　　　　图 2-6　斜方晶系

2.1.2.6　单斜晶系

单斜晶系的三个晶轴不等长，b 轴垂直 c 轴和 a 轴，但 a 轴与 c 轴斜交（见图2-7），属于单斜晶系的宝石矿物有透辉石、锂辉石、孔雀石、月光石、硬玉等。

2.1.2.7　三斜晶系

三斜晶系三个晶轴均不等长，且彼此互相斜交（见图2-8），属于三斜晶系的宝石矿物有斧石、日光石、绿松石、蔷薇辉石等。

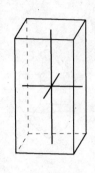  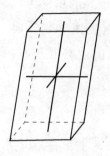 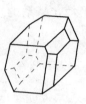

图 2-7　单斜晶系　　　　　　　　　图 2-8　三斜晶系

2.1.3　晶面特征

　　自然界中生成的矿物晶体，其晶面都不是理想的平面，常常生成各式各样的花纹。晶面花纹对不同的矿物常具有不同的特征，因此，矿物晶面花纹也可以作为鉴定宝石矿物的标志。常见的晶面花纹有晶面条纹和蚀象。

　　（1）晶面条纹。晶面条纹亦称生长条纹，是指晶面上一系列近乎平行的直线条纹，它是晶体在生长过程中由相互邻接的两个单形的狭长的晶面交替发育而形成的，例如石英晶体柱面的横纹，就是六方柱与菱面体晶面交替发育的结果。黄铁矿的晶面条纹则是立方体与五角十二面体晶面交替发育而成的。在同一个晶体上，同一单形的各晶面上的生长条纹，其样式和分布状况总是相同的，因此，利用晶面条纹的特征可以鉴定矿物（见图 2-9）。此外，有时聚片双晶也可在晶体显示双晶条纹。

　　（2）蚀象。蚀象是矿物晶体的晶面遭受各种酸、碱或其他有腐蚀能

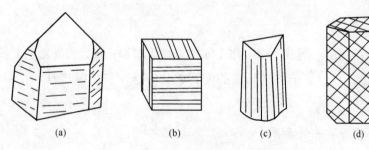

图 2-9　几种常见矿物的晶面条纹

（a）石英；（b）黄铁矿；（c）电气石；（d）刚玉

力的介质溶蚀后留下的斑痕，蚀象的分布和形状主要受晶面内质点排列方式控制。因此，不同晶体以及同一晶体的不同晶面上，其形成的蚀象形状和方位一般都不相同，蚀象也可用来鉴定矿物，图 2-10 为磷灰石和 α-石英晶体上的蚀象。

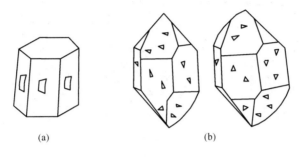

(a)　　　　　　　　　(b)

图 2-10　磷灰石与 α-石英的蚀象

（a）磷灰石；（b）石英（左形、右形）

2.1.4　双晶

　　双晶也是鉴定某些矿物的重要标志。双晶又称孪晶，是指两个或两个以上同种晶体，其结晶学取向彼此呈现为一定对称关系的规则连生体。连生在一起呈双晶位的各单晶体之间，凭借某种几何要素（点、线、面等）通过对称操作（反伸、旋转、反映），可以达到彼此重合、平行或构成一个完整单晶体。根据双晶各单体间结合方式的不同，可将双晶分为以下常见的几种类型：

　　（1）接触双晶。双晶各单体之间依某一平面（可能的或实际的晶面）相互结合，其结合面为一简单平面。如石膏的燕尾双晶（见图 2-11（d））。

　　（2）贯穿双晶。也称为穿插双晶。在这类双晶中，各单体彼此相互穿插，形成复杂的穿插接触关系，其结合面呈复杂曲面。如萤石的贯穿双晶（见图 2-11（c））。

　　（3）聚片双晶。由两个以上单体，彼此间按同一双晶规律多次反复出现而构成的双晶。表现为一系列接触双晶的聚合，所有接合面均相互平行。任意两个相邻单体都以同一种双晶律相结合（见图 2-11（b））。

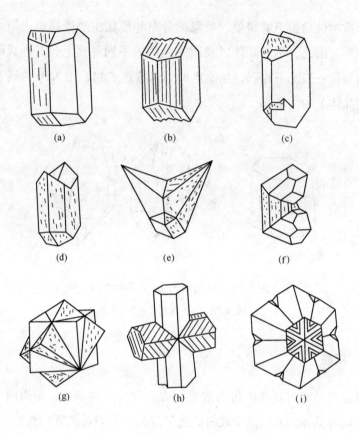

图 2-11　双晶

（a）卡斯巴双晶（接触双晶）；（b）聚片双晶；（c）卡斯巴双晶（贯穿双晶）；（d）燕尾双晶；

（e）蝴蝶双晶；（f）膝状双晶；（g）贯穿双晶；（h）十字双晶；（i）轮式双晶（三连晶）

　　（4）轮式双晶或环状双晶。两相邻单体间均呈接触双晶关系，由两个以上单体按同一双晶律组成，表现为若干组接触双晶或穿插双晶的组合，各结合面成等角度的相交，双晶外观呈轮状或环状，这类双晶称为轮式双晶或环状双晶。根据构成双晶单体的个数也可称三连晶、四连晶、五连晶、六连晶（见图 2-11（i））。

　　双晶有时也可赋予其各种特殊的名字，根据双晶形态命名的如石膏的燕尾双晶、锡石的膝状双晶、方解石的蝴蝶双晶、十字石的十字双晶等；以具有该形式双晶的某种矿物命名的如尖晶石双晶、钠长石双晶；根据双晶首次发现地的地名命名，如正长石的卡斯巴双晶、石英的道芬双晶、巴西双晶等。一些常见矿物双晶如图 2-11 所示。

2.2 宝石的物理性质

宝石的物理性质是宝石研究的一个重要方面,有些矿物之所以成为宝石,就是因为它有重要的特殊的物理性质,如美丽的颜色、灿烂的光泽、高硬度等,因而宝石的物理性质是鉴定宝石的主要依据。

宝石的物理性质本质上是由宝石矿物的化学组成和内部结构决定的,组成和结构都不相同的矿物,它们的物理性质肯定不同,即使是组成相同但结构不同,或是结构类似但组成不同的矿物,它们的物理性质也必然有差异。因此,熟练地掌握各类宝石的物理化学性质是宝石研究和鉴定的基本功之一。

2.2.1 宝石的密度

宝石鉴定中提到的密度一般是指矿物单位体积的质量,单位为 g/cm^3。

矿物密度变化幅度很大,轻者如琥珀,仅 $1.05g/cm^3$ 左右,重者如铱锇矿,可高达 $22.4g/cm^3$;金属矿物的密度多数大于 $5g/cm^3$,而非金属矿物的密度大都在 $2.25 \sim 3.5g/cm^3$ 之间;宝石矿物多数为非金属矿物,其密度多数介于 $2.2 \sim 4.0g/cm^3$ 之间,表 2-1 所示为常见宝石矿物密度。

表 2-1 宝石矿物密度

宝 石 矿 物	密度/$g \cdot cm^{-3}$	宝 石 矿 物	密度/$g \cdot cm^{-3}$
扎镓榴石	7.05	柱晶石	$3.2 \sim 3.35$
白钨矿	$5.9 \sim 6.1$	顽火辉石	$3.2 \sim 3.3$
立方氧化锆(合成)	$5.6 \sim 6.0$	磷灰石	$3.18 \sim 3.22$
钛酸锶(合成)	5.13	锂辉石	3.18
赤铁矿	$4.9 \sim 5.3$	萤石	3.18
锆石(高型)	4.68	红柱石	3.17
铌酸锂(合成)	4.64	电气石	$3.01 \sim 3.11$
钇铝榴石	4.58	赛黄晶	3.0
金红石	$4.2 \sim 4.3$	硅铍石	$2.95 \sim 2.97$
锰铝榴石	4.16	葡萄石	$2.88 \sim 2.94$
刚玉(红宝石、蓝宝石)	3.99	软玉	$2.8 \sim 3.1$

宝石矿物	密度/g·cm⁻³	宝石矿物	密度/g·cm⁻³
锆石(低型)	3.9~4.1	青金石	2.7~2.9
翠榴石	3.85	绿柱石类(祖母绿、海蓝宝石、金黄色绿柱石)	2.7~2.9
铁铝榴石	3.8~4.2	拉长石	2.69~2.72
孔雀石	3.8~4	珊瑚	2.68
钙铬榴石	3.77	水晶、紫晶、黄晶	2.65
金绿宝石(包括变石、猫眼石)	3.72	奥长石(日长石)	2.64
铝镁榴石	3.7~3.8	珍珠(天然及人工养殖)	2.6~2.78
蓝晶石	3.65~3.7	玉髓	2.58~2.64
蓝锥矿	3.65~3.68	堇青石	2.57~2.61
合成尖晶石	3.63	正长石和月光石	2.56
钙铝榴石	3.6~3.7	微斜长石(包括天河石)	2.56
尖晶石	3.6	方柱石	2.5~2.74
黄玉	3.53~3.56	蛇纹石	2.5~2.62
楣石	3.53	绿松石	2.4~2.9
金刚石	3.52	莫尔道玻璃陨石	2.4
菱锰矿	3.5~3.6	黑曜岩	2.3~2.5
硼铝镁石	3.48	方钠石	2.28
蔷薇辉石	3.4~3.7	蛋白石	2.1
黝帘石	3.35	硅孔雀石	2.0~2.4
符山石	3.32~3.42	象牙	1.7~2.0
橄榄石	3.32~3.37	龟甲	1.29
翡翠	3.30~3.36	煤精	1.2~1.35
透辉石	3.3	琥珀	1.05~1.10

　　影响矿物密度大小的因素有两点,一是矿物化学组成中元素相对原子质量的大小,二是矿物结构中质点堆积的紧密程度。如自然金、自然银矿物,它们的原子半径相近,矿物结构相同,但金的相对原子质量是银的1.83倍,而自然金的密度恰好是自然银的1.84倍。再如金刚石和石

墨都是由碳元素组成，相对原子质量及原子半径很相近，但两者结构不同，因而它们的密度不同，金刚石为 3.52g/cm³，石墨为 2.23g/cm³。

在相似宝石鉴定中常用重液法来测定宝石的密度。具体方法：将宝石投入一定密度的重液中，密度大于重液的宝石将会下沉，密度小于重液的宝石将会上浮，密度等于重液的宝石将保持半沉半浮的悬浮状态。

宝石鉴定中常用三种重液：

（1）三溴甲烷：微黄色液体，密度 2.9g/cm³；

（2）二碘甲烷：黄色液体，密度 3.33g/cm³；

（3）克来里西液：无色略有黏性，密度 4.15g/cm³。

例如，在区分钻石和锆石时，经常选用克来里西液，在此重液中钻石（密度为 3.52g/cm³）上浮，锆石（密度为 4.7g/cm³）下沉。

2.2.2 宝石的硬度

宝石的硬度是指其抵抗刻划、研磨、压入等机械作用的能力大小或表现的机械强度，宝石矿物大多为硬度大的矿物。

硬度是宝石的重要特征之一，是区分宝石档次、等级的标准之一，因而是宝石鉴定的重要参数，尤其对宝石矿物原料的鉴定，应用广泛。但由于测定硬度有一定破坏性，故对宝石成品的测试应尽量避免采用。

由于外力作用方式不同，可将硬度分为刻划硬度、压入硬度和研磨硬度等几种，现仅介绍两种。

2.2.2.1 莫氏硬度

莫氏硬度属于一种刻划硬度，它是以 10 种具不同硬度的常见矿物作为标准，按大小顺序排列，构成所谓莫氏硬度计。根据待测试矿物与标准硬度矿物间的刻划来测定矿物的硬度，这 10 种标准矿物及硬度是：滑石为 1，石膏为 2，方解石为 3，萤石为 4，磷灰石为 5，正长石为 6，石英为 7，黄玉为 8，刚玉为 9，金刚石为 10。此外，一些常见物品的莫氏硬度是：指甲为 2，铜针为 3，窗玻璃为 5.5，小钢刀为 5.5~6，瓷器碎片为 6~6.5，钢锉为 6.5~7，上述物品在测定矿物硬度时也经常用到。莫氏硬度是一种相对硬度，应用时极其方便，但较粗略。常见宝石矿物

的莫氏硬度见表2-2。

表2-2　常见宝石矿物的莫氏硬度

宝石矿物	硬度	宝石矿物	硬度
滑　石	1	蓝晶石	5 和 7
象牙（牙质）	2~3	顽火辉石	5.5
硅孔雀石	2~4	青金石	5.5
琥　珀	2~2.5	榍　石	5.5
龟　甲	2.5	方钠石	5.5~6
煤　精	2.5~3.5	绿松石	5.5~6
珍　珠	2.5~3.5	赤铁矿	5.5~6.9
珊　瑚	3.5~4	火蛋白石	6
萤　石	4	扎镓榴石（人造）	6
孔雀石	4	拉长石	6
菱锰矿	4	微斜长石	6
白钨矿	4.5	奥长石	6
磷灰石	5	蛋白石	6
透辉石	5	正长石和月光石	6
葡萄石	6	电气石	7~7.5
蔷薇辉石	6	钙铝榴石	7.25
方柱石	6	镁铝榴石	7.25
钙铁榴石（包括翠榴石）	6.5	绿柱石	7.25~7.75
蓝锥矿	6.5	铁铝榴石	7.5
玉　髓	6.5	红柱石	7.5
符山石	6.5	堇青石	7.5
柱晶石	6.5	硅铍石	7.5
橄榄石	6.5	钙铬榴石	7.5
金红石	6.5	尖晶石（天然及合成）	8
硼铝镁石	6.5	黄　玉	8
黝帘石	6.5	金绿宝石	8.5
赛黄晶	7	立方氧化锆（人造）	8.5
硬玉（翡翠）	7	钇铝榴石（人造）	8.5
石英（水晶）	7	刚玉（红宝石及蓝宝石）	9
锰铝榴石	7	金刚石	10
锂辉石(包括紫锂辉石、翠绿锂辉石)	7		

2.2.2.2　维氏硬度

维氏硬度也称显微硬度，是一种压入硬度，它是利用一个四方锥形的金刚石作为压入器，对待测矿物施加压力来测定矿物硬度的。四方锥的两个相对锥面夹角为 α（$\alpha = 136°$），当压入器负载一定的质量 $p(\mathrm{kg})$ 以后，在被测矿物的光面上就形成了一个四边形的凹陷痕，测定该凹陷的对角线长度 $d(\mathrm{mm})$ 以后，即可按下列公式算出欲测矿物的维氏硬度：

$$H_{\mathrm{V}} = 1.8544\frac{p}{d^2}$$

维氏硬度的单位为 $\mathrm{kg/mm^2}$。莫氏硬度与维氏硬度对比互换见表2-3。

表2-3　维氏硬度与莫氏硬度互换

莫氏硬度 ＼ 维氏硬度	0	0.1	0.2	0.3	0.4	0.5	0.6	0.7	0.8	0.9	1.0
1		3.750	4.91	6.33	8.00	9.94	12.01	14.53	17.37	50.57	24.14
2	24.14	27.82	32.16	26.93	42.14	47.83	53.58	60.24	67.42	75.15	83.45
3	84.45	91.73	101.2	111.3	122.0	134.2	144.7	157.5	171.0	185.2	200.2
4	200.2	214.9	231.5	248.9	267.1	286.2	304.8	325.7	347.4	370.1	393.8
5	393.8	416.8	442.5	469.1	496.8	525.6	555.4	584.3	616.3	649.5	683.8
6	683.8	719.3	753.6	791.5	830.6	871.0	912.7	952.8	997.0	1043	1090
7	1090	1184	1235	1288	1342	1394	1451	1509	1569	1631	1689
8	1689	1754	1820	1888	1958	2024	2102	2172	2248	2326	2401
9	2401	2482				5000					
10	10000										

矿物硬度的大小是由矿物结构中质点间连接力大小决定的。连接力越强，抵抗外力变形的能力也越强，硬度则高，反之则低。一般情况下由分子键组成的分子晶体其硬度小，而由共价键组成的原子晶体其硬度大。

某些宝石矿物的硬度有各向异性，即随不同的方向表现为不同的硬度。最明显的例子是蓝晶石，沿 b 轴方向的刻划硬度是 6.5，而沿 c 轴方向的刻划硬度为 5.5，所以蓝晶石也称为"二硬石"。金刚石不同方向上的硬度也有差异，这种差异用于对金刚石自身的加工工艺。

2.2.3　宝石矿物的解理、裂理和断口

2.2.3.1　解理

矿物受到外力作用后，能沿一定的结晶学方向破裂成一系列光滑平面的性质称为解理。裂成的光滑平面称为解理面。解理是由矿物晶体结构所决定的，因而解理是矿物固有的性质。解理只能出现在一个矿物的某一个或某几个特定的方向上，因此解理有明显的各向异性，绝大多数矿物具有解理，但发育程度差异很大。

根据解理破裂的难易、解理片的厚薄、解理面的大小及平整光滑程度，通常将解理分为五个等级：

（1）极完全解理：晶体沿解理极易破裂，解理面大而平坦，极光滑，解理片极薄，如云母、石墨。

（2）完全解理：晶体沿解理易破裂，常裂成规则的解理块，解理面较大，光滑而平坦，如方解石、方铅矿。

（3）中等解理：晶体沿解理破裂，不易成解理板块，解理面小，连续性差，且不平坦和不光滑，如普通辉石。

（4）不完全解理：矿物受力后虽然能沿解理面分裂，但颇困难，解理面不多，连续性差，如绿柱石。

（5）极不完全解理：矿物受力后极少或很难沿解理面方向分裂，在手标本上有时仅能看到极稀疏的解理缝，一般称之为无解理，如石英。一些矿物的解理如图 2-12 所示。

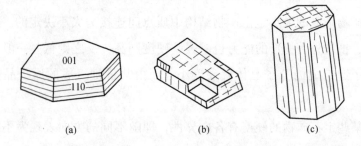

001

110

(a)　　　　　　(b)　　　　　　(c)

图 2-12　几种矿物的解理

（a）云母，一个方向极完全解理；（b）方解石，三个方向完全解理；

（c）普通辉石，两个方向中等解理

矿物的解理是矿物鉴定的重要标志，但宝石的解理会影响宝石的耐久性。例如天然黄玉戒面硬度大，透明度好，有时还会出现微弱色散，很美观，但由于黄玉晶体垂直 c 轴方向解理很发育，所以佩戴黄玉戒指时如不小心受外力作用（如掉在地上），就可能使黄玉戒面沿解理方向裂开。钻石是自然界中最美、最硬的宝石，但它发育有中等不完全解理，受外力打击也会沿解理面裂开。在宝石质量评价中，一般有解理的宝石不如无解理的或解理差的宝石质量好，因有解理的宝石受力后易破裂。

2.2.3.2　裂理

矿物受外力作用，有时会沿一定结晶学方向破裂，有时则不能。矿物的这种非固有特性，称为裂理或裂开。

与解理的成因不同，裂理通常是由于矿物中存在双晶或某些面网间有其他物质的夹层，因而当其受外力时沿双晶面或夹层方向破裂。同一种矿物，有的出现裂理，有的不出现，这取决于其中是否存在有杂质夹层或双晶。而且裂理只能裂成数量有限的裂开片，不像解理可沿解理面剥成无数薄片。

2.2.3.3　断口

具极不完全解理或无解理的矿物，它们受到外力打击时都会发生无一定方向的破裂，其破裂面称为断口。矿物的断口常各自具有相对固定的形状，因此，断口也可以作为鉴定矿物的标志之一，在宝石研究中，宝石矿物的断口也是鉴定和评价宝石质量的依据之一。

根据断口的形状特征，通常可将断口分成以下几种：

（1）贝壳状断口：呈椭圆形光滑曲面，并具同心圆纹，和贝壳相似，如石英（见图2-13）。

（2）锯齿状断口：呈尖锐锯齿状，如自然铜。

（3）纤维状断口：呈纤维状，如石棉。

（4）参差状断口：呈参差不平的形状，如磷灰石。大多数没有解

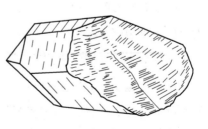

图2-13　石英的贝壳状断口

理的矿物具此种断口。

（5）平坦状断口：断面平坦，如块状高岭土。

2.2.4 宝石矿物的透明度和光泽

2.2.4.1 透明度

宝石矿物的透明度是指宝石矿物允许可见光透过的程度。透明度与矿物的厚度和矿物对光的吸收系数有关。一般情况下，矿物对光的吸收系数越大，其透明度就越差；反之，矿物对光的吸收越少，透过的光越多，其透明度就越好。

肉眼鉴定矿物时，一般将矿物的透明度分为三级：

（1）透明：这类矿物的吸收系数很小，当隔着厚约1cm的这类矿物的薄片或碎片观察其后面的物体时，可以很清晰地辨明物体的轮廓和细节，如水晶、冰洲石、金刚石等。

（2）半透明：这类矿物的吸收系数中等，当隔着1cm厚的这类矿物的薄片或碎片观察其后面的物体时，仅能看到物体的存在，但其图像不清，如电气石、辰砂、雄黄等。

（3）不透明：这类矿物的吸收系数很高，接近1，即使隔着很薄的矿物切片，也看不到后面的物体。如黄铁矿、磁铁矿等。

在显微镜下对矿物进行鉴定时，一般将矿物的透明度分为两种：透明矿物和不透明矿物。以矿物薄片的标准厚度0.03mm为准，在此种厚度下能透光的为透明矿物，不透光的为不透明矿物。值得注意的是，有些矿物在肉眼观察时为不透明矿物，但在磨成薄片后就能透光，成为透明矿物，如普通辉石和普通角闪石。

影响矿物透明度的因素很多，除了厚度以外，矿物的纯净程度，有无包裹体或裂缝也影响矿物的透明度，例如纯净的石英是无色透明的，但是含有细小的气液包裹体时，便成为乳白色，透明度就很差了。

在矿物鉴定中，一般只需区分透明与不透明两类即可。透明矿物一般磨制成薄片，利用透射偏光显微镜进行观察研究；不透明矿物一般是磨制成光片，在反射偏光显微镜下进行观察研究。对于一些宝石矿物，常要求其有较高的透明度，一般情况下宝石越纯净越透明，其价值越高。

2.2.4.2 光泽

矿物的光泽是指矿物表面反射光时所表现的特征，是矿物反射可见光能力的度量。一般来说，矿物光泽的精确表征需借助反射率值 R。R 越大，说明矿物表面对光的反射能力越强，其光泽也越强。

根据矿物的反射率，一般将矿物的光泽分为四个基本等级。

（1）金属光泽：反射能力极强，像金属磨光面所呈现的光泽，这类矿物的反射率一般大于 25%。自然金及金属互化物、大部分硫化物呈现金属光泽。

（2）半金属光泽：反射力强，像一般金属表面未经抛光时呈现的光泽，这类矿物的反射率在 19% ~25% 之间。半金属元素矿物、一些氧化物和硫化物矿物呈现半金属光泽。

（3）金刚光泽：反射能力较强，像金刚石表面呈现的光泽，反射率一般在 10% ~19% 之间。氧化物矿物中具有金刚光泽的较多。

（4）玻璃光泽：具有此种光泽的矿物其反射力较弱，反射率一般小于 10%，呈现平板玻璃表面所表现的光泽。绝大部分透明矿物或宝石矿物常具有玻璃光泽。

光泽是由反射光造成的，因此矿物表面的光滑程度对光泽有很大影响。当矿物表面不是很平滑时，常会产生某种特殊光泽。一些透明矿物，如果内部有裂缝和特殊的解理面，则会造成入射光从内部反射，也会形成特殊光泽。常见的特殊光泽有：

（1）油脂光泽：类似油脂状的光泽，一些矿物的贝壳状断口上常呈现这种光泽，如石英、石榴石等。

（2）丝绢光泽：呈现光亮的、丝绢一样闪烁的光泽，具纤维状集合体的矿物，如石棉、虎睛石等可见此种光泽。

（3）蜡状光泽：像石蜡表面所表现的光泽，一般是在不很平坦的透明矿物上呈现的，如绿松石等。

（4）珍珠光泽：呈现类似蚌壳内壁那种柔和多彩的光泽，如珍珠等。

宝石矿物的光泽是宝石鉴定的参数之一。好的宝石要有良好的光泽，因此在切割和磨制宝石过程中，要按照一定的方位和一定的角度切割，以保证获得最佳的光泽效果。

　　宝石矿物的光泽、透明度与其反射率、折射率有密切关系。宝石矿物的反射率越高，其透明度越差，光泽越强。它们之间的关系见表2-4。

表2-4　一些矿物的光泽、透明度与其反射率的关系

项　　目	金属光泽	半金属光泽	金属光泽	玻璃光泽
透明度	不透明	微透明	半透明	透　明
反射率	>25%	19%～25%	10%～19%	4%～10%
矿物实例	黄铁矿	辰　砂	金刚石	水晶、萤石

2.2.5　宝石的颜色

2.2.5.1　颜色

　　宝石的颜色是宝石最易观察、最显著的物理性质，也是评价和鉴定宝石的最重要参数。宝石矿物的颜色是矿物对入射的自然可见光（波长为390～770nm）中不同波长的光波选择性吸收后，投射和反射出来的各种波长可见光的混合色。

　　自然光所呈现的白色，实际上它是由红、橙、黄、绿、青、蓝、紫等七种颜色混合而成的。不同色光的波长不同，彼此存在特定的互补关系。图2-14所示对角扇形区的颜色互为补色。当宝石矿物对自然光中不同波长的光波均匀地全部吸收时，矿物呈现黑色；若基本上都不吸收，则为无色或白色；若各色光被均匀地部分吸收，则呈现不同浓

图2-14　互补色

度的灰色。如果宝石矿物选择性地吸收某种波长的色光时，则宝石矿物将呈现出被吸收色光的补色。例如红光被吸收，则呈现绿色；反之绿光被吸收，则呈现红色。各色光的波长、颜色及其补色见表2-5。

表 2-5　吸收光的颜色、波长及其补色

吸 收 光		看到颜色（补色）	吸 收 光		看到颜色（补色）
波长/nm	颜 色		波长/nm	颜 色	
400	紫	绿、黄	530	黄绿	紫
425	深蓝	黄	550	黄	深蓝
450	蓝	橙	590	橙	蓝
490	蓝绿	红	640	红	蓝绿
510	绿	玫瑰	730	玫瑰	绿

2.2.5.2　颜色的形成机制

宝石矿物的呈色机制可分为两种情况，一是构成宝石矿物的原子或离子，其外层电子受到光照被激发，发生电子跃迁或转移，从而选择性地吸收一定波长的光波，使宝石矿物呈现其补色；另一种情况是由于物理光学效应，如漫射、反射、衍射、干涉等造成的呈色现象。前一种情况说明宝石矿物的颜色主要是由矿物本身的化学组成所决定的，是由矿物成分中的原子与可见光作用的结果，特别是那些过渡族元素的离子，常是构成宝石矿物产生各种美丽颜色的物质基础，因此，过渡族离子又被称作色素离子（见表 2-6）。

表 2-6　一些色素离子

离 子	颜 色	离 子	颜 色
Fe^{2+}	绿蓝	Ti^{3+}	蓝紫
Fe^{3+}	褐红	V^{5+}	蓝
Co^{3+}	绿	Mn^{4+}	红
Ni^{2+}	黄	Mn^{2+}	黄
Cr^{3+}	红		

这些色素离子在人工合成宝石矿物中对颜色的形成至关重要，如我国合成刚玉宝石有红、蓝、绿、黄等七大类约 40 个品种，而色素离子是致色的主要元素（见表 2-7）。后一种情况说明宝石矿物的颜色也受矿物中存在的裂隙、包裹体、双晶纹等物理因素影响。矿物中存在的裂隙、包裹体、双晶纹等与可见光发生散射、衍射、干涉等现象，从而使宝石矿物产生各种颜色。

第 2 章　宝石矿物的晶体化学特征

表 2-7　中国合成刚玉宝石种类

宝石类型	色素离子	宝石颜色	宝石类型	色素离子	宝石颜色
红宝石	铬	红	黄蓝宝石	镍	蓝
蓝宝石	钛+铁	蓝	紫蓝宝石	钒	紫红
粉蓝宝石	铬+铁+钛	粉红	变色蓝宝石	钒+钛	变色

2.2.5.3　颜色的分类

矿物呈色有多方面的原因，根据成因将矿物的颜色分为三种基本类型。

（1）自色。自色指宝石矿物自身所固有的颜色，例如橄榄石的绿色、孔雀石的翠绿色等。自色的产生与矿物本身的化学成分和内部构造有直接关系。如果是色素离子引起呈色，那么这些离子必须是矿物本身固有的组分，而不是外来的机械混入物。对于宝石矿物来说，自色总是比较固定的，在鉴定宝石矿物和定价评级中具有重要意义。

（2）他色。他色指矿物由于外来带色杂质的机械混入所染成的颜色。如红宝石（刚玉）的红色是由 Al_2O_3 中混入少量的 Cr，置换晶格中的 Al 造成的；Cr 不是刚玉的固有成分，因而视为杂质。引起他色的原因主要与色素离子的存在有关，但他色中的色素离子存在于机械混入物中，而不是矿物本身所固有的组分。但是由于同一种矿物往往因所含杂质的不同而呈现不同颜色，如红宝石和蓝宝石。在宝石研究中，可以设法使宝石染色，如无色的水晶，让其受放射性元素 Co^{60} 照射后，可使其变成茶晶。人工合成红宝石时，在 Al_2O_3 粉中加入适量 Cr_2O_3 的宝石可呈红色。

（3）假色。假色是由于干涉、衍射、漫射等物理原因所引起的颜色，而且这种物理过程的发生，不直接决定于矿物本身所固有的化学成分或内部构造，如锖色、变彩、蛋白光等。矿物有的能呈现假色，有的则不能。宝石矿物的假色有时很可贵，如欧泊中不同颜色的彩片，就是粒径相等的细小二氧化硅微粒成层状规则堆积，对入射光进行衍射而成的。

2.2.5.4 改色

天然宝石的颜色和透明度往往很不理想（色深暗、透明度欠佳等），需要进行改色处理，如山东蓝宝石。所谓改色是指用人工方法使宝石的颜色和透明度有所改善。宝石界认为经过人工改色但未加入外来物质的宝石仍为"真货"。常用方法有加热法、辐射法、染色法、注油（蜡）法。

（1）加热法：指宝石在高温条件下改变色素离子的含量和价态，调整晶体内部结构，消除部分包裹体、双晶等内部缺陷，使宝石颜色和透明度得以改善的一种最常用、有效的改色方法。通过加热法改色的宝石国际上仍认为是天然宝石。

（2）辐射法：指宝石晶体在自然界中或在实验室里，经过放射性辐照或高速电子流轰击，使晶体结构产生缺陷，造成着色中心使宝石呈色。此种方法适用于因微量杂质元素而致色的宝石。经辐射改色后的宝石，时间长了可能会变浅、褪色或颜色变得不均匀。宝石界基本把这种宝石当做"假的"对待。经辐射改色后的宝石具有一定的放射性，经过放射性衰变期（至少半年）后才能出售。

（3）染色：指将宝石用有机染料或无机颜料溶液浸泡，以改变它们颜色的方法。被染色的宝石必须是多孔或多裂隙的，多用于玛瑙、翡翠、珍珠的改色。由于染色时，在宝石中加入了外来物质（染料或颜料），宝石界通常视之为"假的"，如翡翠 C 货。染色宝石的颜色不均匀，在裂隙或孔洞附近色浓而集中。用放大镜观察可见染料或颜料在裂隙中堆积的现象。

（4）注油（蜡）法：指在有裂隙的宝玉石中注入折光率相似的油、蜡甚至各种塑料或玻璃，缩小光在其中传播时折光率的差值，使裂隙变得看不清晰。用此法改色过的宝石价值略有提高，不能当做高档品出售。而且颜色不耐久，油、蜡有风干或流出的问题。经常用来处理祖母绿、电气石、钻石等。

2.2.6 宝石的色散、多色性及光学效应

2.2.6.1 色散

前已述及，自然光是由七种单色光组成的复色光。当复色光进入三

33

第2章 宝石矿物的晶体化学特征

棱镜后，由于三棱镜对各种频率的单色光具有不同的折射率，各种色光的传播方向有不同程度的偏移，因而在离开棱镜时发生分离，形成由红到紫的七彩色，这种使复色光分解为单色光的现象称作色散（见图2-15）。

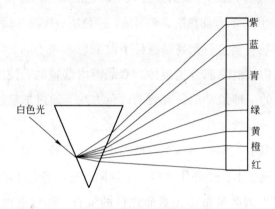

图 2-15　光的色散

同一种宝石矿物对于不同的单色光来说，其折射率是不同的。因此，当白光射入琢磨好的、具有一定棱角的宝石时，不同的单色光因折射率不同而发生色散（见图2-16）。各种磨光很好的宝石均具有色散，但各种宝石的色散程度并不相同，这主要取决于宝石本身的折射率和颜色。

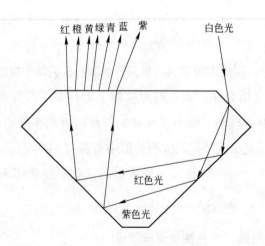

图 2-16　宝石的色散

色散产生的色光使宝石变得更加光彩美丽，从而更增加了宝石的内在美。特别是对无色宝石来说，色散使其变得色泽美丽、多彩，更增加了宝石的鉴赏价值，如钻石。

2.2.6.2 多色性

多色性是非均质体矿物特有的鉴定特征。宝石的多色性系指宝石晶体在透射光照射下，在不同的方向上可呈现不同的颜色的现象。这是因为非均质体矿物其内部结构在不同方向上有差异，从而造成在不同方向上光波的吸收不同而呈现不同的颜色。多色性一般可分为二色性和三色性。一轴晶可有两种颜色，二轴晶可有三种颜色。如红宝石具紫红-红黄二色，蓝宝石具蓝-蓝绿二色，坦桑尼亚石（黝帘石）具蓝-紫-绿三色等。一些宝石的多色性见表2-8。

表2-8　宝石的多色性

宝石名称	多色性的明显程度	多色性颜色
红宝石	强	淡橙红-红
蓝宝石	强	淡蓝绿-蓝
绿色蓝宝石	强	淡黄绿-绿
玫瑰红色蓝宝石	强	淡橙红-玫瑰红
蓝锥矿	强	紫-淡红灰
坦桑石	强	蓝紫-黄绿
祖母绿	弱	浅黄绿-蓝绿
海蓝宝石	明显	淡蓝-无色
红色绿柱石	明显	淡蓝-玫瑰色
紫方柱石	强	紫-淡蓝紫
金绿宝石（深）	强	无色-淡黄-柠檬黄
猫眼石	强	淡红黄-浅绿黄-绿
变石	强	绿-浅黄红-红
红电气石	强	粉红-深红
蓝电气石	强	浅蓝-深蓝
绿电气石	强	淡绿-深绿
褐红锆石	弱	褐色-淡褐红色
蓝色锆石	明显	无色-天蓝色
蓝黄玉	明显	无色-淡蓝-淡粉红
粉色黄玉	明显	无色-极淡粉红-粉红

第2章　宝石矿物的晶体化学特征

宝石名称	多色性的明显程度	多色性颜色
紫锂辉石	强	无色-粉红-紫
芙蓉石	弱	浅粉红-粉红
紫水晶	弱	浅紫-紫
红柱石	强	黄-绿-红
橄榄石	弱	黄绿-绿-淡黄
人造蓝宝石	强	紫-蓝

2.2.6.3 特殊光学效应

宝石的特殊光学效应，主要有猫眼效应、变彩效应、月光效应、星光效应、变色效应、砂金效应等。

造成宝石特殊光学效应的根本原因是宝石矿物在形成过程中，其内部含有各种包裹体、双晶、微粒球状结构等特殊的结构构造，从而造成光的干涉、衍射、散射、漫射等现象，而使其呈现不同的光学效应。

（1）猫眼效应：有些宝石被磨成半球形或椭圆半球形的素身石（弧面宝石）后，在阳光或强烈的灯光照射下，宝石的表面会出现一条闪亮的光带，形态很像猫的眼睛，故称为猫眼效应。产生猫眼效应的宝石矿物中含有一组平行密集排列的纤维状固体或气态、液态包体。猫眼闪光愈亮、愈细窄、越灵活，质量就愈佳。好的猫眼闪光在转动宝石时，会随之而变换位置，这被称作猫眼活光，闪光如果带有彩色，那更是罕见的珍品。

常见具猫眼效应的矿物有金绿宝石、电气石、绿柱石、磷灰石、石英、透辉石等。宝石界一般所说的"猫眼"是指蜂蜜黄色的金绿宝石；而其他必须将宝石名称作前缀，如电气石猫眼。

（2）变彩效应：主要是由于光的衍射作用形成的。当摆动欧泊（贵蛋白石）时，在同一戒面上可看到蓝、绿、黄、红等色彩的变换，故称变彩。在拉长石的某些晶面上变彩现象也很明显，从不同的角度观察拉长石的某一个面，也会呈现多彩的变彩效应。

（3）月光效应：月光石是一种微斜长石类的宝石矿物，它是由钾长石、钠长石互相垂直呈细微格子状双晶组成的。由于两者光学性质上的差异，造成光的散射，从而形成一种蔚蓝色乳白晕色，很似朦胧的月光，故称月光效应，月光石亦因此而得名。

（4）星光效应：在光照射下，有些弧面宝石表面呈现相互交汇的四射、六射以及罕见的十二射星状光带，这种效应称为星光效应。由于宝石内含不同方向定向排列的纤维状固相、气相和液相包体。如刚玉类宝石矿物可见有三组包裹体，各组相互间成60°交角，常呈六射星光。宝石的星光愈亮愈佳，且星光的焦点位于半球状宝石的顶点最好。

透明度、颜色和戒面形态等都会对星光效应产生影响。透明度较差且颜色较深暗时，星光反而会更明显。有些红宝石和蓝宝石因包体少或定向排列不佳，虽磨成"素身石"也不出现星光。透明度和颜色均佳的红宝石和蓝宝石，多半琢磨成"棱面石"，这样才更能显示出它们的美丽，而且价值更高。

凡是具有猫眼闪光或星光的宝石，其价值当然要比同等质量而没有闪光的宝石高得多。可呈现四射星光的宝石有星光透辉石、星光尖晶石；呈现六射星光的宝石有星光红宝石、星光蓝宝石、星光芙蓉石；可呈现十二星光的宝石有星光红宝石等。

（5）变色效应：有些宝石在不同的色光照射下可呈现不同的颜色，这种现象称为变色效应。如某些金绿宝石在日光照射下呈现绿色，而在白炽灯照射下呈现紫红色；呈变色效应的金绿宝石称之为变石。其他呈现变色效应的宝石还有泰国绿色蓝宝石、哥伦比亚含钒蓝宝石等。

（6）砂金效应：透明的宝石矿物中若含有很多细小的鳞片状云母、赤铁矿、黄铁矿或其他金属矿物小鳞片，则透射光在这些小鳞片上形成反射，呈现星点状反光，好像水中的砂金那样金光闪烁，这种现象称为砂金效应。日光石、人造金刚石常见这种效应。

2.2.7 宝石的其他物理性质

2.2.7.1 电学性质

（1）导电性：当在宝石的两端加上电压时，可有电流通过，这种性

质称为导电性。具导电性的宝石矿物有人造金刚石和天然蓝色金刚石，利用导电性可区分天然蓝钻石和改色蓝钻石，人工改色蓝钻石不导电。

（2）压电性：当在宝石矿物的某一方向施加压力或张力时，可使其具导电性，这种性质称为压电性，最具压电性的宝石矿物是石英和电气石。

（3）热电性：当改变宝石矿物的温度，使其加热时，可在其晶体两端产生电压或电荷，这种性质称为热电性，石英、电气石具有这种性质。

（4）静电性：当琥珀和其他绝缘材料发生摩擦时，能产生静电荷，可吸起小纸片等碎屑，这种性质称为静电性，用静电性可区分琥珀和其他仿制品。

2.2.7.2　导热性

宝石传导热的本领称为导热性。热量由高温部分向低温部分传导。物质的导热性能与其内部结构有关，一般是金属导热较好。物质的导热性用热导率表示。由于实测热导率较繁杂，宝石学界一般使用相对热导率。以银为10000的相对热导率见第8章中的表8-6，从表中可以看出，钻石的热导率比其他物质均高数十倍。因此，也可以用热导率鉴定金刚石或区分钻石及其仿制品。

2.2.7.3　发光性

矿物晶体受外在能量的激发，发出可见光的性质称为发光性。外加能量的激发主要是各种高能辐射，如紫外线、阴极射线、X射线等。

宝石矿物发光主要有荧光和磷光，前者主要是由于宝石矿物晶体结构中原子或离子的外层电子受外在能量的激发，跃迁到较高能态的激发态，当其回落时，由于能量差的原因就有可能发出可见光，这种发光现象称之为荧光。荧光的发光时间较短，但具荧光性的宝石只要外在辐射能量不断，就可以连续发出荧光。后者主要是由于一些宝石矿物的晶体内部结构中存在晶体缺陷，激发电子被晶体缺陷捕获，当其吸收一定能量时还可逃出缺陷，回到基态，由于晶体缺陷的存在，使其回到基态的时间延长，故当外在能量停止后，仍可以持续发光。

此外，按引起宝石矿物发光的手段不同还可以分为光致发光、热释发光和摩擦发光等。

不是所有的宝石都具发光性，即使是同一类宝石，有的有发光性，有的没有发光性。宝石的发光性、发射光的颜色和强度，主要取决于宝石内部含有的致色成分和含量，致色成分主要是过渡元素和稀土元素。如红宝石中含铬（Cr），可呈红色荧光；白钨矿中含钼（Mo），可呈蓝色荧光；锆石中含铀（U），可呈黄色荧光等。

宝石的发光性质在宝石的鉴定以及找矿中的砂样检查和矿物精选中都有很大用处。

2.3 宝石的化学性质

2.3.1 宝石矿物的化学组成

2.3.1.1 自然界的矿物分类

矿物分类方案很多，其中较有意义的分类有以矿物中元素的地球化学性质为依据的地球化学分类和以矿物的产状和形成条件为依据的成因分类。鉴于元素性质和矿物成因的认识不易取得共识，属于研究性分类，不宜作为系统矿物的分类方案。另一方面，由于矿物化学成分与晶体结构能够决定矿物的性质，并在某种程度上反映其形成条件和自然元素结合规律，且易于取得共识，以晶体化学为依据的分类便成为目前矿物学界广泛采用的分类方案。矿物的晶体化学分类体系将矿物分为 5 大类，见表 2-9。

表 2-9　矿物的晶体化学分类

大　类	类
（一）自然元素	
（二）硫化物及其类似化合物	（1）单硫化物及其类似化合物
	（2）对硫化物及其类似化合物
	（3）含硫盐
（三）氧化物及氢氧化物	（1）简单氧化物
	（2）复杂氧化物
	（3）氢氧化物

大　类	类
（四）含氧盐	（1）硅酸盐
	（2）碳酸盐
	（3）硫酸盐
	（4）硝酸盐
	（5）硼酸盐
	（6）磷酸盐、砷酸盐、矾酸盐
	（7）钨酸盐、钼酸盐
	（8）铬酸盐
（五）卤化物	（1）氟化物
	（2）氯化物

2.3.1.2　宝石矿物的化学组成特点

宝石矿物为一种特殊的矿物，其化学组成因其所归属的矿物种类不同而异。目前，人类发现的4000多种矿物中，可加工成宝石的矿物并不多，其中主要的宝石矿物仅20种左右，如金刚石、刚玉、绿柱石、石榴石、橄榄石、锆石、金红石、尖晶石、石英、金绿宝石等。因而，从宝石的化学组成看，宝石矿物主要是含氧盐、氧化物和自然元素。其中在含氧盐中，硅酸盐矿物又占多数。据统计，宝石矿物中约有一半以上为硅酸盐矿物。宝石矿物根据其所属矿物种类不同，其化学组成有以下特点：

（1）化学组成固定，如金刚石和水晶，它们是由纯净的碳（C）和二氧化硅（SiO_2）组成。用一般方法很难测出其中所含的其他元素。

（2）化学组成在一定范围内变化，主要是由于这些宝石矿物存在广泛的类质同象现象，其中的一些相似元素可以互相置换，从而造成化学组分的可变性，如橄榄石$(Mg,Fe)_2[SiO_4]$，其中的镁（Mg）、铁（Fe）成分根据类质同象"混溶"的程度是可变的。

（3）宝石矿物中各组分之间均按一定的化合比组成，其化学成分中的阴阳离子正负电荷达到平衡，化学组成可以用一定的化学式表示出来。

2.3.2 宝石矿物的化学式

将宝石矿物的化学组成用元素符号按一定原则表示出来，用以表示矿物中各成分的数量比及它们在晶体中的赋存状态、相互关系和晶体结构特征的式子，称为宝石矿物的化学式，它是以单矿物的化学全分析所得各组分的相对百分含量为基础计算出来的。化学式的表达方法有两种：实验式和结构式。

2.3.2.1 实验式

实验式只表示出矿物中元素的种类及其原子数之比，如 $CuFeS_2$（黄铜矿）。对于含氧盐，也可用氧化物的组合形式来表示，如绿柱石可以表示为 $3BeO \cdot Al_2O_3 \cdot 6SiO_2$。

实验式的计算过程是：先用单矿物化学全分析所得各组分质量百分数除以相应组分的相对原子质量（或相对分子质量），将所得商数化为简单的整数比，最后用这些整数标定各相互组分的相对含量。

实验式计算简单，书写方便，便于记忆，缺点是忽略了矿物的次要成分，而次要成分对一些矿物的性质及用途有重要影响，是不能忽略的。其次，实验式不能反映出矿物中各组分之间的相互结合关系，对成分复杂的矿物还可能引起误解，如上述绿柱石就根本不存在 BeO、Al_2O_3 和 SiO_2 形式的独立分子。

2.3.2.2 结构式

结构式又称为晶体化学式，它除能表示矿物中元素的种类及其原子数的比例外，还可表明元素原子在晶体结构中的相互关系及其存在形式。结构式是以单矿物的化学全分析和 X 射线结构分析等实验资料作基础，并以晶体化学原理为依据计算出来的，由于其能反映出矿物成分与结构之间的关系，因而被广泛采用。

单质元素构成的矿物，只写元素符号；金属互化物，按金属性递减的顺序从左至右排列；离子化合物情况较复杂，具体书写原则如下：

（1）阳离子写在化学式的最前面，有两种以上阳离子时，按碱性强弱排列。

（2）阴离子写在阳离子之后，配阴离子要用方括号括起来。

（3）有附加阴离子时，将其写在主要阴离子的后面。

（4）结晶水用圆括号括起来，多写在阴阳离子之间，层间水和胶体水写在化学式的最后面，并以"·"将其与矿物的其他组分分开，吸附水一般不予表示。

（5）互为类质同象的离子用圆括号括起来，并按其含量由多到少的顺序排列，中间以"，"分开。

2.3.2.3 矿物结构式的计算

矿物的化学式计算，是矿物研究中的基本内容之一，也是宝石学中重要的检测和研究手段。

关于矿物结构式的计算，由于矿物组分复杂程度不同而有不同的计算方法。其中氧原子法在硅酸盐类宝石矿物计算结构式中应用最广泛。

2.3.3 宝石矿物的化学性质

每种矿物都有一定的化学组成，矿物中的原子、离子或分子通过化学键的作用处于暂时的相对平衡状态，在常温常压下相对稳定。但当矿物与一些气体、水及各种溶液接触时，或是受到高温高压作用时，将会产生一系列的化学变化，如氧化、分解、水解及酸碱反应等，从而表现出一定的化学性质。了解宝石矿物的化学性质对宝石加工、优化、鉴别及保养有重要意义。

2.3.3.1 宝石矿物的氧化还原性质

当宝石矿物中含有微量变价元素如 Fe^{2+}、Fe^{3+}、Ti^{3+}、Ti^{4+} 过渡族元素时，将其置于强氧化环境或强还原环境中，宝石矿物中的变价元素会被氧化或被还原。氧化时，还原态的离子变为氧化态的离子（如 $Fe^{2+} \rightarrow Fe^{3+}$）；相反，还原时，氧化态的离子变为还原态的离子（如 $Fe^{3+} \rightarrow Fe^{2+}$）。

由于过渡族元素的变价离子常是一些色素离子，因而，由于元素价态的改变，而使宝石的颜色发生变化。

宝石矿物的人工优化原理之一就是通过对宝石的氧化或还原作用，

使其达到生色、增色、褪色或改色，从而提高宝石的价值。如将蓝色或无色的刚玉置于还原环境下，进行加热处理，可使其中所含 Fe^{3+} 还原为 Fe^{2+}，从而加深刚玉的颜色；如果在氧化环境中加热，使 Fe^{2+} 变为 Fe^{3+}，可使蓝色变浅。这一原理在宝石改色中得到广泛应用，如用来淡化颜色太深的蓝宝石和除掉浅粉红色的红宝石中的蓝色。此外，将带绿色调的海蓝宝石在温度为 350℃ 的还原条件下加温 24～48h，可将其改色成纯正的海蓝色，极大地提高其档次。将褐色含铁玛瑙在氧化条件下加热，可将其变成红色玛瑙。通过氧化还原热处理的宝石，在常温常压下经久不变。

2.3.3.2　宝石矿物的耐酸碱性质

绝大部分宝石矿物都不溶于酸和碱，这是宝石矿物的优点之一，如金刚石矿物无论何种强酸或强碱都不能将其腐蚀，甚至将其放在热酸、碱溶液中煮，它也丝毫不起变化。有些矿山将采到的宝石级金刚石放在强酸中浸泡，用以除去它表面各种杂质。但金刚石能够燃烧，因为它的成分是纯碳。不过它不像煤那样容易燃烧，在空气中需达到 850～1000℃ 的高温才能燃烧，并形成二氧化碳而毫无残渣。

由于宝石矿物的化学组成不同，因此其耐酸碱的程度也不相同。珍珠的主要成分是碳酸钙和有机质，并含水，因此遇酸碱会起变化，甚至溶解。用珍珠做的项链受汗液等作用，时间一长就会变色，失去光泽，这主要是酸碱反应的结果，因此，在佩戴和保存钻石、珍珠等宝石时，要注意避免其发生化学变化。

2.4　宝石矿物中的包裹体

2.4.1　包裹体及其分类

2.4.1.1　包裹体

矿物包裹体是指矿物生长时包在矿物内部的一部分成矿溶液或硅酸盐融熔体。矿物包裹体的生成是由于矿物生长时产生的晶格缺陷、窝穴或裂隙造成的，它们与主矿物（含有包裹体的矿物）有相的界限，无论

是天然矿物还是人工合成矿物，其中都普遍含有包裹体。

包裹体研究现已广泛应用于测定成矿成岩时的温度、压力、成矿介质成分和 pH 值、Eh 值等物理化学参数，特别是在矿床成因研究、普查找矿领域，包裹体研究得到了广泛的应用。

宝石矿物中的包裹体通常被称作"绵"或"瑕"，一般情况下宝石矿物中含有过多的包裹体会降低宝石的透明度，影响宝石的颜色和光泽，从而降低宝石的质量和价值。但是，在一些特殊的情况下，正是由于宝石矿物中含有规律排列的包裹体，从而使加工成的宝石具有特殊的光学效应，大大提高了宝石的价值。如红蓝宝石中含有规则排列的金红石包裹体，从而可使其产生星光效应或猫眼效应；蓝宝石的六射星光、十二射星光等就是包裹体的功劳。

宝石矿物中如含有大的气液包裹体还可加工成价值连城的宝石工艺品，如水晶和玛瑙中的大个气液包裹体常被利用加工成珍贵的宝石精品。

2.4.1.2　包裹体的分类

关于包裹体的分类，不同研究者从不同的角度提出了各自的方案，目前被广泛采用的包裹体分类有两种：成因分类和物理状态分类。

（1）成因分类：

1）原生包裹体。在形成时间上与主矿物相同，矿物晶体在成矿溶液中生长时由于产生晶体缺陷等，使成矿母液充填于其中，晶体继续生长时便把母液包含于晶体内部。由于温度、压力下降，被包含的溶液收缩形成流体包裹体。这种包裹体的成分和介质的物理化学条件（温度、压力、pH 值、Eh 值、盐度等），代表该矿物形成时母液的成分和物理化学条件。

2）次生包裹体。矿物形成之后，后期的热液沿矿物裂隙、解理进入并部分溶解主矿物，随着温度压力的下降，主矿物又发生重结晶，在重结晶过程中形成的包裹体称为次生包裹体。次生包裹体在时间上晚于主矿物，空间上沿裂隙分布，成分和性质是后期热液的代表，与生成主矿物的溶液有区别。

3）假次生包裹体。主矿物结晶过程中，由于应力和构造的作用，使已结晶的矿物破碎或裂开，以致同一母液又进入这些裂隙中，在主矿物继续结晶生长时，使裂隙重新愈合，在窝穴内封存了**母液**，形成假次生包裹体。这种包裹体与原生包裹体相比，物理化学条件有所改变，但溶液性质是相同的，与次生包裹体的主要区别是这种包裹体赖以生存的裂隙不延伸到主矿物以外。

（2）物理状态分类：主要根据常温常压下包裹体内相的区别及各相所占比例来区分。

1）气相包裹体：是指气液比 $V_{气}/(V_{气}+V_{液})$ 大于 50% 的气液包裹体。

2）液相包裹体：指气液比小于 50% 的气液包裹体。

3）多相包裹体：由气相、液相、固相等组成的包裹体。多相包裹体还可进一步划分为：含 CO_2 包裹体；含子矿物包裹体，子矿物一般有盐、方解石、磷灰石、萤石、针铁矿、碳酸岩矿物等；含有机质包裹体，其中含有甲烷、沥青等有机质；熔融体包裹体，这种包裹体常见于火山喷出岩中，在迅速冷却的条件下，包裹体内包含的熔浆来不及结晶而形成玻璃质，这种包裹体也称玻璃包裹体。

2.4.2　包裹体的大小及形态

矿物中的包裹体大小变化很大，大的可达数毫米，甚至数厘米；小的数微米或更小，但一般情况下，矿物中的包裹体以小的居多，多数直径小于 0.01mm。包裹体虽小，但数量很多。在石英中，每立方厘米约有 100 万个包裹体。

包裹体的形态比较复杂，主要有球状、椭圆状、串珠状、管状、蝌蚪状、叠瓦状等。形态主要受包裹体的相态、成分、晶体缺陷形态和生成时的物理化学条件的制约。

特别指出，能够用肉眼或在显微镜下观察到的包裹体主要是透明矿物中的包裹体，而不透明矿物中的包裹体不能直接观察到。

2.4.3　包裹体的检测及研究方法

目前对包裹体的研究及应用越来越广泛，宝石中的包裹体研究也是

这样。研究包裹体主要有以下几方面的内容。

2.4.3.1　确定矿物中包裹体的相态

矿物中包裹体的相态包括以下几种鉴定方法：

（1）气相、液相的鉴定：气液包裹体中气相主要是水蒸气和 CO_2，有时还有 CO、SO_2、N_2、H_2、CH_4、H_2S 等。对包裹体中气、液相的鉴定主要依据以下几点：

1）气相一般存在于液相之中，由于密度和表面张力的原因，常呈球状或椭圆状，倾斜或加热样品时，液相中的气泡可以移动。

2）在加热过程中，气泡发生收缩或扩大直到气泡消失达到均匀相，当恢复到常温时，包裹体相态又恢复原状。

3）水溶液相可用其折射率来确定（纯水的折射率为 1.333）。

4）对包裹体进行冷冻时，溶液被冻结并析出盐类矿物。

（2）子矿物的鉴定：包裹体中的子矿物主要根据其晶形和光学性质，利用偏、反光显微镜来鉴定。

（3）液态 CO_2 相的测定：液相 CO_2 特征是呈球状或呈圆形围绕气泡分布，无色，折射率为 1.170，在 $10 \sim 31.35℃$ 转变为气态，所以，可通过镜下观察或加热、冷冻来确定。CO_2 是包裹体中最常见的成分之一，但由于它的临界温度是 31.35℃，所以在室温较高或高温强光照射下，它就呈气态存在，无法将气液相分开，所以准确鉴定需用冷冻法。

2.4.3.2　确定包裹体成因

原生包裹体是主要的研究对象。因此，在研究时，首先要找到原生包裹体，各种包裹体主要特征如下：

（1）原生包裹体：占据主矿物的结晶构造位置，较理想的是平行晶面呈环带分布。各包裹体形态基本一致，且与主矿物晶形一样，如石英中的包裹体常呈六边形，萤石中的包裹体常呈正方形。

（2）次生包裹体：沿主矿物的后期构造裂隙分布，该裂隙切穿主矿物。次生包裹体有时斜交具环带分布的包裹体带或者与几组次生包裹体斜交，次生包裹体形态不规则。

（3）假次生包裹体：分布于主矿物的裂隙中，该裂隙不切穿整个主矿物。

2.4.3.3　测定成分

研究包裹体成分的方法很多，按照对包裹体处理的方式可分为打开法和不打开法。打开法是采用一些手段将包裹体打开，取其成分进行分析；常用的打开手段有压碎法、研磨法等；打开法的缺点是破坏了矿物，且有时成分受污染。不打开法是在显微镜下鉴定和观察，此外，用电子探针，激光发射拉曼光谱等对包裹体成分进行快速、高灵敏度的分析，其精度可达 10^{-8}g；尽管仪器较昂贵，但这种微区、微量和无损伤的分析测试技术逐步成为包裹体研究的主要手段，特别是宝石中包裹体的研究，采用这些手段最合适。

2.4.3.4　测定温度

利用矿物中的包裹体测温主要有两种方法，均一法和爆裂法。

（1）均一法。将包裹体磨成测温专用薄片，厚度视矿物透明度而定，一般在 $0.8 \sim 0.1$mm 之间，在显微镜下利用热台进行加温，当温度升高使包裹体中各相达到均匀状态时的温度称为均匀温度。该法仪器设备简单，镜下可直接观察，准确性较高，操作简便，适用于透明或半透明矿物中包裹体的测温，如石英、绿柱石、萤石、电气石、黄玉、长石等，缺点是对不透明矿物难以测定。

（2）爆裂法。其原理是对矿物中包裹体加温达到均匀状态时，如果继续加温，则包裹体内部压力会急剧增加，当其压力超过包裹体外部矿物的强度时，包裹体会立即爆裂，同时发出噼啪的声音，此时的温度称为爆裂温度。爆裂法测温适用于不透明矿物。该法的缺点是影响因素较多，如样品厚度、解理、水分等。

温度是矿物形成时的重要物理化学参数之一，利用包裹体测温可以帮助了解矿物形成时的热力学特征，同时也可以用来区分和鉴别不同成因的矿物和宝石。

2.4.3.5　测定压力、pH 值及 Eh 值

根据测定的包裹体成分、体积和形成湿度等数据，通过一系列计算和相图分析，可获得有关包裹体形成时的压力、pH 值、Eh 值及氢氧同位

素值等。

2.4.4　研究宝石矿物中包裹体的意义

　　由于包裹体在各类宝石矿物中普遍存在，因此，研究宝石矿物中各类包裹体的特征、性质，对宝石加工、鉴别及指导寻找各类宝石矿床等都有重要意义。

2.4.4.1　包裹体本身的价值

　　一些宝石矿物中含有的特殊包裹体具有很高的价值，经过加工会产生特殊的光学效应，如金绿宝石、绿柱石等的猫眼效应，蓝宝石、红宝石的星光效应等。猫眼效应实际上是宝石矿物中含有一组平行密集排列的纤维状包裹体，加工时，垂直包裹体的长轴方向切割宝石并磨成弧面，这样，当光线照射到宝石中的纤维状包裹体时，每条纤维都可以形成一个反射光点，无数条纤维的光点连在一起成了一条光带，当晃动宝石时，光带也随之移动，似猫眼在闪动。星光效应的原理与猫眼类似。

2.4.4.2　区分天然与合成宝石

　　目前，用焰熔法、熔融法、水热法、助熔剂法等人工合成的一些宝石，其产品精美、逼真，化学成分和主要物理参数与天然宝石几乎相差无几，用肉眼很难鉴别。区分天然宝石与人造宝石是宝石界的一项重要工作。宝石中的包裹体作为其形成时的重要标志，对宝石鉴定有重要意义。因为天然宝石是在自然界中经过漫长的地质作用形成的，环境往往不稳定，影响因素多变，因此，生长不那么完美。而人工合成宝石其生长环境为仪器所控制，环境稳定，生长时间短，晶体内部缺陷少，其包裹体特征与天然宝石有明显不同。如合成刚玉宝石中的包裹体多以圆形气泡为特征，且一般很小，在暗室中以放大镜观察时，显现为许多针尖似的亮点，经常成群或成斑纹出现。而天然刚玉宝石中的包裹体以细长的棱角状为特征，且多为液体。天然红宝石、蓝宝石中有金红石、锆石等包裹体；在合成宝石中常见到铂片，这是因为合成时铂坩埚带入的，而天然红宝石、蓝宝石中不可能有含铂的包裹体。此外，用焰熔法、熔融法生成的人工宝石，均具有液态包裹体，其形态多为圆形或拉长的水滴形，而天然宝石一般不见此类包裹体。再者，大多数合成宝石中可见到不透明的白色面包渣状未完全融化的熔质包裹体。总之，利用宝石的包裹体特征评价、鉴别各类宝石是宝石研究中的一个重要内容。

2.4.4.3　鉴别不同类型的宝石

宝石矿物中的包裹体种类及特征因其生成时的环境而异。一般情况下，不同成因类型的宝石矿物，其包裹体中的子矿物组合及其成分不同。同一成因类型的同类宝石中的矿物包裹体特征及子矿物组合有一定共性。因此，我们可以用包裹体特征来鉴别一些宝石。如鉴定无色透明宝石时，除用其他方法外，可观察其中的包裹体特征，如宝石中含有镁铝榴石、橄榄石等矿物包裹体，那它绝不会是水晶、萤石类的宝石，而极可能是金刚石，这是因为橄榄石不可能与石英共生；若其中含有金红石、云母类矿物包裹体，那它绝不会是金刚石，而可能是刚玉。另外，同一类型的宝石，因产地不同其中的矿物包裹体成分也有一定差异。如南非奥拉帕金伯利岩中金刚石的包裹体中主要矿物为石榴石、单斜辉石的组合；产于罗伯茨维克特金伯利岩中的金刚石包裹体中主要矿物为斜方辉石、橄榄石、铬尖晶石的组合。在一个地区，由于特定的地质条件下形成的某种宝石矿物常具特征的矿物包裹体。如产于哥伦比亚木佐矿山的祖母绿，其所含包裹体以方解石、菱铁矿及罕见的碳钙铈矿包裹体为特征。因此，用这些带有指示产地意义的特征包裹体常可用来鉴别和推测宝石矿物的产地及种类。

2.4.4.4　指导寻找宝石矿床

宝石矿物中的包裹体，可反映其形成时的物理化学条件、成矿物质来源及形成环境，因此，包裹体研究也应用于指导寻找各类宝石矿床、探讨矿床成因等方面。

第3章 宝石矿床成因类型

日照澄洲江雾开，淘金女子满江隈，

美人首饰侯王印，尽是沙中浪底来。

——唐·刘禹锡

　　宝石是自然界中各种地质作用的产物，宝石矿物产于各种地质作用下形成的矿床之中。根据地质作用的能量来源和形式不同，通常将地质作用分为内生作用、外生作用和变质作用。内生作用的能量主要来自地球内部放射性元素的蜕变能、地幔及岩浆的热能、地球重力场中物质调整过程中所释放的位能等。外生作用的能量来源主要是太阳能，以及水、大气、生物等互相作用过程中所产生的能量。变质作用的能量本质上也是来自地球内部，但主要是在地下深部由于温度和压力的升高，致使原岩和原矿床在不发生熔融的情况下发生质变。

　　根据地质作用的不同和成矿环境等条件的差别，研究者将宝石矿床划分为内生矿床、外生矿床和变质矿床等类型。常见宝石矿床成因分类见表3-1。

表3-1　宝石矿床成因分类

地质作用类型	成因类型	建造类型	产出宝石矿物种类	工业意义	典型矿床
内生矿床	岩浆型	金伯利岩型	金刚石、镁铝榴石	金刚石和镁铝榴石主要原生矿床	南非金伯利，前苏联，中国辽宁、山东

地质作用类型	成因类型	建造类型	产出宝石矿物种类	工业意义	典型矿床
内生矿床	岩浆型	钾镁煌斑岩型	金刚石	原生矿床主要类型	澳大利亚阿尔盖
		基性（玄武岩）喷发岩型	蓝宝石、锆石、橄榄石、红宝石	大型蓝宝石、锆石、橄榄石砂矿的原岩	澳大利亚阿纳基，柬埔寨科林，泰国北碧，中国海南岛、福建、山东、黑龙江
	伟晶岩型	稀有金属伟晶岩型	碧玺、铯绿柱石、紫锂辉石、绿柱石、锰铝榴石、铁铝榴石	可作为副产品提取宝石	中国阿尔泰，俄罗斯乌拉尔
		晶洞伟晶岩型	海蓝宝石、绿柱石、黄玉、黄水晶、碧玺、紫水晶、祖母绿、磷灰石、金绿宝石	海蓝宝石、黄玉、碧玺、水晶矿床的主要类型	巴西，俄罗斯，中国阿尔泰、云南、湖南，美国北卡罗来纳州
	矽卡岩型	镁质矽卡岩型	红宝石、蓝宝石、尖晶石、钙铝榴石、锆石、青金石	红宝石、蓝宝石、尖晶石、大型砂矿的主要原岩、青金石主要矿床类型	缅甸抹谷，泰国尖竹汶，斯里兰卡
	热液型	超基性岩中的交代岩石	翡翠、软玉、钙铁榴石	翡翠、软玉、钙铁榴石主要矿床类型	缅甸度冒翡翠，中国和田软玉，俄罗斯乌拉尔钙铁榴石
		云英岩石	祖母绿、红宝石、海蓝宝石	祖母绿矿床主要类型	俄罗斯乌拉尔，津巴布韦桑达瓦纳
		深成型	紫水晶、黄水晶	紫水晶、黄水晶矿床主要类型	
		远成热液型	祖母绿	祖母绿矿床主要类型	哥伦比亚木佐等地
	火山型	火山热液型	紫水晶、玛瑙、黄玉	紫水晶、玛瑙矿床主要类型	巴西，俄罗斯乌拉尔

51

第 3 章　宝石矿床成因类型

地质作用类型	成因类型	建造类型	产出宝石矿物种类	工业意义	典型矿床
外生矿床	风化壳型	残积、坡积砂矿型	钻石、红宝石、蓝宝石、尖晶石、锆石、翡翠、软玉、石榴子石	多数宝石的重要来源	
		淋积、淋滤型	欧泊、绿玉髓、绿松石、孔雀石	欧泊、绿玉髓、绿松石、孔雀石主要矿床类型	澳大利亚莱延岭，美国维拉格罗佛，中国湖北、广东
	沉积砂矿型	冲积砂矿型	钻石、红宝石、蓝宝石、石榴子石、软玉、锆石	大多数宝石的重要来源	印度，缅甸，越南，中国湖南、山东
		海滨砂矿型	钻石、红宝石、蓝宝石、石榴子石、琥珀	一些宝石的重要来源	
	生物化学成因型	生物-化学沉积型	煤精、琥珀、珍珠、珊瑚	煤精主要来源、琥珀砂矿原岩、珍珠主要来源	中国辽宁、广西、广东、湖南
变质矿床	变质成因型	低温相	蔷薇辉石、碧玉、硅化木	砂矿的主要源岩	俄罗斯乌拉尔，美国，澳大利亚
		中温高温相	铁铝榴石、红宝石、蓝宝石、月光石	砂矿的主要源岩	斯里兰卡，芬兰

3.1 岩浆型宝石矿床

3.1.1 概述

由各种岩浆在地壳深处经分异作用和结晶作用，使分散在岩浆中的有用物质聚集而形成某种宝石矿物的富集体，这类成因的宝石矿床称为岩浆型宝石矿床。

岩浆矿床主要与来自上地幔的基性岩有关。岩浆矿床的特点是矿体和有用矿物均产在岩浆岩母岩体中。矿石的矿物成分与母岩的矿物成分基本一致，成矿温度、压力较高，多数矿床是在地下 2～3km 以下形成的，形成温度多在1500~1700℃范围内。

岩浆型宝石矿床主要有金刚石、红宝石、蓝宝石、橄榄石、镁铝榴石、锆石、顽火辉石、紫苏辉石等，其中以金刚石宝石矿床和红、蓝宝石矿床最重要，工业意义最大。

3.1.2　矿床形成的主要条件和成因

3.1.2.1　形成条件

岩浆矿床的形成是多种地质作用的结果，但主要条件是要有适合的岩浆岩和大地构造条件。形成岩浆矿床的主要岩浆岩是基性、超基性岩和金伯利岩，其次是霞石正长岩、花岗岩等也可形成特殊的岩浆矿床。

大地构造条件对基性、超基性岩体的侵入定位、分布至关重要。有利的大地构造主要是造山带的地槽区和地台区的深大断裂带，特别是后者，是金伯利岩即含金刚石宝石母岩产出的主要部位，因为只有深大断裂才能切至上地幔，才有利于基性、超基性岩浆的侵入。

3.1.2.2　成因

岩浆矿床主要是通过岩浆的各种分异作用形成的，主要的分异作用有结晶分异作用和熔离作用。结晶分异作用是指矿物在岩浆中按一定顺序结晶时，早结晶的矿物在重力和动力作用下，发生分异和聚集；早结晶的、密度大的矿物下沉，密度小的上浮。橄榄石、金刚石、辉石等主要宝石矿物的聚集一般是由结晶分异作用形成的。熔离作用也称为液态分离作用，是指温度压力很高的岩浆，随温压的降低，有时可分离成两种或两种以上互不混熔的熔融体。熔离作用主要发生在含硫高的基性岩浆中，一些硫化物矿物的聚集是通过熔离作用生成的。此外，岩浆爆发亦可形成岩浆矿床，含金刚石的金伯利岩筒，一般是岩浆爆发作用使其侵位于近地表的，金伯利岩中的角砾构造就是很好的证明。当然，金刚石的成因是个复杂的问题，金刚石可以在高温高压的地幔环境中直接析出晶体，缓慢地形成粗大的晶体，也可在岩浆上升爆发过程中从熔体中析出，形成细小的晶体。

第3章　宝石矿床成因类型

3.1.3 典型宝石矿床及其特征

3.1.3.1 金刚石矿床

金刚石矿床在成因上和空间上与金伯利岩和钾镁煌斑岩有关,大多产于前寒武纪地台中。岩体主要呈筒（管）状,少数呈岩脉和岩墙,岩筒常位于多组断裂交汇处,成群出现。岩筒在平面上呈等轴状或椭圆状,剖面上呈漏斗状,倾角一般很陡（80°~85°）,直径数米到数百米,最大的可达千米。金刚石呈斑晶出现,大小不一,一般为数毫米至粉末状,但大者可达 6~8cm,分布不均匀且含量很低,一般为千万分之几。金刚石的含量往往与富铬镁铝榴石含量成正比,与含钛副矿物含量成反消长关系。

金刚石矿床主要分布在南非、扎伊尔、巴西、前苏联和澳大利亚。我国金刚石资源探明较少,虽然全国有半数以上省区发现有金刚石,但真正有经济价值的金刚石产地仅有辽宁、山东和湖南。其中,以辽宁金刚石矿床储量最大,其金刚石储量约占全国金刚石探明储量的一半,质量也最佳,宝石级金刚石约占70%,而且有一半以上无色透明。

3.1.3.2 红宝石、蓝宝石矿床

岩浆型红宝石、蓝宝石矿床主要产于碱性玄武岩中,碱性玄武岩多与深大断裂有关,主要分布于环太平洋的构造带中。如我国的黑龙江、山东、江苏、福建、海南等省以及泰国、越南、柬埔寨等国均有红宝石、蓝宝石产出,它们大多位于这一构造带上。

我国的红宝石、蓝宝石矿床以山东昌乐蓝宝石矿床规模最大。山东蓝宝石颜色以深蓝、黑蓝色为主,宝石晶体多数呈六方柱晶形,以腰鼓状、筒状为多,粒径一般在 20~40mm,个别可达 12cm 以上。但最大的缺点是蓝色太深,黑色过浓,现已具有成功改色的处理技术。

世界上红宝石、蓝宝石的产地主要有缅甸、斯里兰卡、泰国、柬埔寨、澳大利亚和中国。

3.2 伟晶岩型宝石矿床

3.2.1 概述

伟晶岩是一种矿物结晶颗粒特别粗大,具特征内部构造的地质体,

当其中的有用组分富集并达到工业要求时，就成为伟晶岩矿床；当其所含宝石矿物达工业要求时，就成为伟晶岩宝石矿床。伟晶岩矿床一般分为花岗伟晶岩矿床、碱性伟晶岩矿床和变质伟晶岩矿床等。

伟晶岩矿床的特点是矿物成分复杂、种类繁多；以花岗伟晶岩为例，矿物种类多达 300 种以上。伟晶岩矿床的另一个特点是具有特征的内部结构和构造，主要的结构有巨晶结构（如单个长石晶体可重达 100t，一个绿柱石晶体达 18t）、文象结构、粗粒结构、细粒结构、交代结构等。伟晶岩矿床的构造特征是具有分带性。通常情况下从伟晶岩岩体的边缘到中心一般可分为边缘带、外侧带、中间带、内核带。从边缘到内核，各带矿物晶体颗粒由小到大，一些宝石级的矿物主要出现于中间带和内核带。此外，在一些伟晶岩膨胀部位的中心或内核，可形成晶洞构造，洞内常有电气石、水晶等宝石矿物。

伟晶岩体的大小差别很大，厚度从几厘米到几十米，走向长几米到几百米，甚至上千米，延深可达数百米。

伟晶岩矿床作为单独的矿床类型，有其特殊的工业意义。它除了是某些稀有、稀土元素矿产的重要来源外，更重要的在于伟晶岩是蕴藏各类宝石的天然宝库。伟晶岩矿床中产出的宝石有海蓝宝石、祖母绿、黄色绿柱石、红色绿柱石、电气石、各类水晶、黄玉、钙铝榴石、锰铝榴石、锂辉石、芙蓉石等 40 余种，是已知各类矿床类型中产出宝石品种最多、色泽最为丰富的一类。伟晶岩型宝石矿床的著名产地有巴西、俄罗斯、美国、阿富汗等国以及中国的新疆等地。

3.2.2　矿床形成条件及成因

3.2.2.1　形成条件

由于伟晶岩及其矿床的形成具有长期性和复杂性，因此，其形成条件也较复杂。伟晶岩的形成主要受温压、岩浆成分、地质构造、围岩等控制。形成温度、压力一般变化较大，温度一般为 600 ~ 200℃，压力在 500 ~ 200MPa 之间。形成伟晶岩的熔浆或溶液多含有过量的挥发分或矿化剂，因为这些组成可减缓熔浆冷凝时间，使矿物结晶更完好、更粗大，

同时也可降低熔浆的黏性，有利于形成粗大的晶体。伟晶岩及其矿床的围岩多为不同程度的变质岩系，变质岩的成分及物理性质对伟晶岩及其矿床的形成有很大影响。伟晶岩在空间分布上明显受地质构造控制，主要分布在地槽褶皱带、古地块边缘断裂带以及不同构造单元的结合部等。

3.2.2.2 成因

伟晶岩及其矿床可以由岩浆演化作用形成，也可以由变质作用形成。岩浆作用形成的伟晶岩主要是在岩浆演化后期，富含挥发分和矿化剂的残余熔浆，在相对封闭和高温高压条件下，缓慢冷却结晶形成。变质作用形成的伟晶岩是在区域变质作用或混合岩化作用下，一些易熔组分、挥发分和变质热液自原岩中析出，形成特殊的热流体，它作用于围岩发生交代作用和重结晶作用，或沿构造裂隙充填而生成伟晶岩。

3.2.3 典型宝石矿床及特征

3.2.3.1 伟晶岩型水晶矿床

伟晶岩型水晶矿床多分布于花岗岩侵入体的顶部接触带附近，伟晶岩的形态常呈株状，在平面上呈等轴状、不规则状。向下延伸有膨胀现象，在膨胀部位可见有水晶或萤石等矿物并存的晶洞。晶洞中所含水晶多呈晶簇产出，有墨晶、烟晶、紫晶、黄晶等。水晶晶体大小不一，小的仅几厘米到十几厘米，大的可达半米以上，巨大晶体可达几百千克，甚至达 10t 以上。

我国伟晶岩型水晶矿床主要分布在新疆、广东、四川、内蒙古、江苏等省区。国外最著名的产地有巴西、日本、俄罗斯等。

3.2.3.2 伟晶岩型黄玉矿床

花岗伟晶岩是黄玉宝石矿床的重要类型之一。世界上大部分黄玉产在巴西半纳斯吉拉斯花岗伟晶岩中。中国的伟晶岩型黄玉宝石主要产于云南、广东、内蒙古等省区。我国内蒙古的花岗伟晶岩型黄玉矿床的主要特征是，伟晶岩赋存在海西期的中粗粒黑云钾长花岗岩中。伟晶岩脉一般长 1~5m，少数长达 10m，宽 0.2~2m。岩脉平面呈囊状、透镜状，具明显分带现象，由边缘至中心可分四个带：

（1）边缘带：由细粒长石石英组成，厚度小。

（2）外侧带：主要矿物为斜长石、微斜长石、石英、云母等，矿物颗粒较粗。

（3）中间带：主要由粗粒和文象结构的微斜长石和石英组成，部分岩脉中可见有黄玉宝石矿物。

（4）内核带：主要由石英组成，该带中心常有晶洞，是黄玉和水晶等宝石矿物主要赋存部位。我国内蒙古产的黄玉颗粒较粗，最大者可达10cm，颜色为无色到微带蓝色、浅绿色、浅黄色等。

3.3　矽卡岩型宝石矿床

3.3.1　概述

矽卡岩矿床也称为接触交代矿床，主要是由中酸性侵入体与碳酸盐类围岩接触，由含矿热液通过交代作用而形成的矿床。矽卡岩矿床多产于侵入体与围岩的内外接触带，根据围岩的成分不同，可分为镁质矽卡岩和钙质矽卡岩两类，矽卡岩型宝石矿床主要为镁质矽卡岩。

矽卡岩矿体形态复杂，有凸镜状、巢状、脉状等，规模大小不一，一般厚10～30m，走向200～1500m。矿物成分复杂，矿物颗粒较粗，有时有晶洞存在并常具分带现象。

矽卡岩型宝石矿床主要有红宝石、蓝宝石、尖晶石、钙铝榴石、水晶、青金石及硬玉、软玉等，其中红、蓝宝石矿床工业意义巨大。

3.3.2　矿床形成条件及成因

形成矽卡岩矿床必须具备适合的岩浆岩、围岩和有利的地质构造。岩浆岩主要是中酸性的花岗岩类和正长岩类，围岩主要是各种碳酸盐类岩石，如石灰岩、大理岩、白云岩等，矽卡岩宝石矿床主要是通过接触渗滤交代和扩散交代作用形成的。接触渗滤交代作用是由汽-水热液沿被交代岩石的裂隙渗滤而引起的，温度梯度和压力差是引起热液流动的动力；扩散交代作用又称双交代，常发生于裂隙两侧的围岩或不同性质岩石的接触带中，这种交代作用是由组分的浓度差引起的。一般情况下，

中酸性岩浆岩的粒间溶液为 SiO_2、Al_2O_3 所饱和，而碳酸盐类岩石的粒间溶液为 CaO、MgO 所饱和，当两者接触时，由于浓度差的原因，围岩中的 CaO、MgO 向岩浆中扩散，而岩浆中的 SiO_2、Al_2O_3 向围岩中扩散，于是，在接触带形成了众多的矽卡岩矿物。

矽卡岩矿床的形成温度一般在 800~300℃ 之间，压力在 30~400MPa 之间，深度在地下 1~4.5km 之间，因为只有在这种深度范围内才有利于交代作用的进行，才有利于形成一系列矽卡岩矿物。

3.3.3　矿床主要产地

矽卡岩型宝石矿床世界各地都有分布，如缅甸、泰国、阿富汗、前苏联等国家均有此类矿床分布。世界著名的缅甸抹谷红宝石、蓝宝石矿床就产在矽卡岩中。我国这种类型的宝石矿床有新疆和田的软玉、辽宁岫岩的岫玉、北京昌平的蔷薇辉石、内蒙古朝阳和青海唐古拉山的水晶等。

3.4　热液型宝石矿床

3.4.1　概述

热液型矿床主要是由富含矿物质的气水溶液在一定的物理化学条件下，在各种有利的地质构造和岩石中，通过交代和充填作用等方式形成的。当其中的宝石矿物达到开采价值时就成为宝石矿床。

热液型宝石矿床有以下特点：

（1）形成矿床的热液是多来源的，有岩浆热液、火山热液、地下水热液、变质热液等。由于热液来源和成分不同，因此，形成的矿床种类繁多。

（2）成矿温度和深度较其他内生矿床低和浅，成矿温度一般在 400℃ 以下，最高可达 500~600℃，最低在 50℃ 左右。成矿深度在地下 4.5~1.5km 范围内或更浅，甚至到近地表。

（3）构造控制极为明显，各种构造空隙既是成矿热液的运移通道，又是矿物沉淀的场所。大的空隙和溶洞常可结晶出宝石级矿物。

（4）成矿方式以交代作用和充填作用为主，矿体多呈脉状、网脉状等，矿物中多含气液包裹体。

热液型宝石矿床主要有祖母绿、水晶、萤石、冰洲石、黄玉、翡翠、玛瑙等类型。如巴西的水晶矿床、哥伦比亚的祖母绿矿床，在世界上久负盛名。

3.4.2 矿床形成条件及成因

3.4.2.1 形成条件

热液型宝石矿床，特别是高温气液交代作用形成的矿床，与岩浆岩在形成时间、空间分布、成因上都有着密切的联系。这类矿床多产在造山运动的中晚期以及地台活化期的酸性、中酸性和偏碱性的岩浆活动地区。

这类矿床受构造控制十分明显，主要控矿构造有侵入体的原生构造、接触带构造、断裂构造和褶皱构造等。在侵入体原生构造中，各种节理有利于热液的流动和矿脉的充填，母岩联通的断裂裂隙是含矿热液在岩体附近流动的重要通道，也是主要的含矿构造。

围岩对热液矿床的影响也十分重要，围岩的物理化学性质对矿质的沉淀和矿物的形成有显著影响。脆性大的岩石，如石英岩、硅化岩石、花岗岩、砂岩等，受应力作用生成很多裂隙，有利于热液的流通和矿物的沉淀。而塑性大的片岩、页岩等不易破碎，透水性差，但能起盖层的作用，而使热液中的成矿物质聚集在其下伏岩石中。一般情况下，高温热液矿床大都产于岩浆岩体内及其附近的硅铝质沉积岩或变质岩系中，而中低温热液矿床则产于钙镁质岩或火山岩中。

3.4.2.2 成矿作用

热液矿床的成矿作用主要有充填作用和交代作用。充填作用主要是热液在围岩裂隙中运移流动时，与围岩没有明显的化学反应和物质的相互交换，矿物的沉淀结晶主要受温压的降低或其他因素的影响，使其沉淀在围岩的孔洞或裂隙中。由充填作用形成的矿体，其矿物的结晶顺序通常从空隙或裂隙的两壁向中间生长，其最发育的晶面是热液供应的方

向。充填作用形成的矿石矿物，常具有典型的构造，如梳状构造、晶簇构造、对称条带构造等。交代作用系指热液与其流经的围岩发生化学反应或置换作用，从而形成一组新的、更稳定的矿物。交代作用一般是发生在热液温度较高、围岩性质较活泼的情况下，交代作用广泛发育于各类矿床中。由交代作用形成的宝石矿物很多，如刚玉、绿柱石、黄玉、电气石、萤石、橄榄石，以及翡翠、蛇纹石、蛋白石、软玉等。

3.4.3　主要宝石矿床及特征

3.4.3.1　超基性岩交代型宝石矿床

超基性岩交代型宝石矿床重要的宝石为软玉和翡翠，它们主要是由纯橄岩、橄辉岩以及辉长岩等基性、超基性岩经热液交代蚀变而形成的宝石矿床。

软玉是辉长岩类岩石蛇纹石化后经高温热液交代作用形成的蚀变产物。如中国新疆的碧玉矿床，产于基性岩中俘房体接触带透闪石化的蛇纹岩中，加拿大奥格登山和前苏联东萨彦岭软玉矿床，矿体分布于沉积岩与蛇纹岩的接触带或辉长岩与蛇纹岩破碎带中，它们都是由热液交代作用形成的。

翡翠矿床一般产在蛇纹石化的橄榄岩中，或产在花岗岩类岩墙、岩脉侵入到橄榄岩中所产生的交代蚀变带中。世界著名的缅甸度冒优质翡翠矿床就产在蛇纹石化橄榄岩中。该矿床矿体呈椭圆状，具明显分带现象，可分三个带：边缘带是细粒钠长岩带；中间带为翡翠钠长石组成带；核部带为白色翡翠带。翡翠带厚为 2.5~3.0m，由单一的翡翠组成，呈白色粒状集合体。白色翡翠中往往包含有黄色、浅红色、苹果绿色和鲜绿色翡翠。祖母绿色半透明优质翡翠呈小团块赋存在白色翡翠中，块体直径一般在 10~30cm。核部带是主要的工业矿体带，当地人按翡翠的颜色、透明度、结构和块度将其分为三类：

（1）帝王玉（特级）：祖母绿色，半透明，结构细腻，无裂纹。

（2）商业玉（高品级）：绿色，半透明，结构细，无裂纹。

（3）普通玉：低档玉石。

3.4.3.2 云英岩型宝石矿床

云英岩是一种高温气水热液蚀变作用的产物，主要产在花岗岩类岩石中。云英岩主要由石英和白云母组成，其中含有黄玉、电气石、绿柱石、刚玉、萤石等宝石矿物。在具有分带构造的云英岩中，在矿化中心的孔洞四壁常有结晶完好的蓝宝石、萤石、水晶等宝石矿物，且多呈晶簇产出。如西伯利亚贝加尔的海蓝宝石矿床即属此类。

3.5 火山型宝石矿床

3.5.1 概述

火山成因矿床系指与火山岩、次火山岩有成因联系的一系列矿床。岩浆自地下深处喷发或溢出地表，宝石矿物从岩浆熔体或火山喷出的气液中迅速结晶生成，也可由火山热液交代充填在火山岩石气孔或孔洞中结晶而成。火山成因矿床的形成由于与岩浆、热液密不可分，所以在研究矿床成因时，有时将其归为相应的火山岩浆矿床、火山热液矿床等。如金伯利岩中的金刚石矿床是岩浆爆发作用将金刚石带至近地表，所以实为火山作用形成的，但研究时亦可归为岩浆矿床一类中。尽管如此，火山矿床仍有它自身的特征。

首先，矿床产于各类火山岩中，如玄武岩、安山岩、流纹岩等。其次，由于岩浆喷发至地表迅速冷却结晶，所以组成的岩石矿物除一些斑晶外，均呈微晶或隐晶质，且具典型的流动构造、气孔构造等。宝石矿物中多具气液包裹体和环带构造、杏仁构造等。

3.5.2 主要矿床类型及特征

火山型宝石矿床主要为火山期后热液型玛瑙矿床、紫晶矿床和欧泊矿床等，这些矿床主要产于新近纪、第四纪的火山岩，如玄武岩、安山岩、流纹岩及凝灰岩的气孔和裂隙中，成矿温度较低，一般在 50 ~ 200℃ 范围内。

玛瑙和紫晶矿床主要产于巴西以及乌拉圭、印度、前苏联等。大型玛瑙矿床热液蚀变很发育，使玄武岩、安山岩发生强烈褪色，蚀变带可

长达数百米，厚达 50m 以上。玛瑙最大粒径可达 0.5m 以上，重可达 500kg 以上，有的玛瑙有空心洞、洞内长满无色透明水晶和紫晶，有时还形成水胆玛瑙。

产于火山岩中的欧泊多以杏仁体、细脉体产出。如美国墨西哥、捷克等地的欧泊就产于玄武岩、流纹岩及凝灰岩的细脉和杏仁体中。

3.6 风化型宝石矿床

3.6.1 概述

风化矿床，或称风化壳矿床，是指在地壳表层通过风化作用形成的矿床。风化作用是指地壳最表层的岩石和矿物在大气、水、生物等应力的作用下，发生物理的、化学的和生物化学的变化作用。风化作用使原岩原矿物发生破碎和分解，原岩中易溶组分被流水带走，化学性质较稳定的矿物留于原地或附近，从而形成风化壳型矿床。

风化矿床的特点是：大部分风化矿床是新近纪、第四纪的产物，埋藏浅，易开采，矿床分布范围与原生矿体或原岩一致或相距不远，风化矿床中的宝石矿物是在表生条件下比较稳定的矿物。

风化型宝石矿床中主要有欧泊、孔雀石、绿松石矿床以及红宝石、蓝宝石、水晶、玛瑙矿床等。

3.6.2 矿床形成条件、成因及分类

3.6.2.1 形成条件

气候环境是形成风化型宝石矿床的重要条件之一，因为风化作用主要是与水和生物活动等因素有关，而水和生物的多寡与气候条件密切相关。因此，风化矿床大都分布于热带、亚热带的炎热潮湿地区。此外，地貌和水文地质条件也影响风化矿床的形成，有利的地貌是高差不大的低山丘陵地形，因为坡高平缓，地下水位较高，植物茂盛，有利于化学风化和生物风化作用的进行，且风化产物也大都留于原地。

形成风化矿床的另一个重要条件是要有富含成矿物质的原岩或原矿床，因为只有有了物质基础，才能通过风化作用使那些物理化学性质稳

定的宝石矿物残留于原地或附近。因此，也可通过风化壳露头去寻找原生矿床。此外，在风化作用过程中也可形成一些新的宝石矿物，但必须有物质条件。如形成孔雀石矿床必须有含铜硫化物矿脉。

3.6.2.2　成因及分类

风化型矿床的形成主要是通过风化作用使原岩、原矿床发生破坏而使其中性质稳定的重砂矿物留于原地或附近而形成的；或者是通过风化作用在原地形成一些新的更稳定的矿物富集。

根据风化矿床的形成作用和地质特点可将其分为残积、坡积砂矿床及残余和淋积矿床。

3.6.3　主要宝石矿床类型及特征

3.6.3.1　残积和坡积砂矿床

残积砂矿床主要是在坡度平缓的丘陵地带，原岩或原矿脉经风化作用，其中的可溶物质和较轻的微粒被流水、地下水或风力带走，而留下性质稳定的宝石矿物堆积而成。残积砂矿的形状与分布和原岩原矿床基本一致。在地势较陡的山坡上，宝石矿物和其他碎屑物由于重力作用沿山坡移动，并聚集起来则形成坡积矿床。在碳酸岩地区，沿坡滑下的宝石矿物有时被岩溶洞穴和漏斗所捕获，这样也可形成坡积矿床。残积和坡积砂矿床由于残留原地或移动不远，矿物一般都具有棱角或原矿物外形。

主要的残积和坡积砂矿床有金刚石、红宝石、蓝宝石、紫晶、黄晶、玛瑙、石榴石等宝石矿床，如缅甸抹谷矿区，在一些山冈的缓坡上，矽卡岩化大理岩中的原生红宝石、蓝宝石矿床，经风化作用形成了相应的坡积矿床。

3.6.3.2　残余和淋积矿床

残余和淋积矿床主要发生在化学风化作用强烈、地下水位随季节变化较大的地区。在这种环境中，一些硅酸盐、硫化物、碳酸盐和氧化物类矿物发生分解后，在原地或其下形成新的更稳定的矿物。孔雀石、欧泊、绿松石、绿石髓等宝石矿物都属于这种成因。

孔雀石是含铜硫化物矿脉在围岩为碳酸岩的情况下，遭受氧化作用形成的，孔雀石多见于氧化带的铁帽中。绿松石是在含铜硫化物与含磷灰石的岩石在风化作用中形成的。欧泊是长石砂岩经高岭土化后，析出SiO_2而形成的，特别是产在硅化和青盘岩化的流纹岩中的欧泊质量更佳。绿玉髓（澳洲石）主要产在遭蛇纹石化的含镍超基性岩的风化带中。

风化壳型欧泊矿床主要产于澳大利亚。风化壳的厚度一般在 20 ~ 60m，呈带状分布，剖面可见分带现象；最上部为强烈硅化带，厚 15 ~ 20m，其下部为杂色高岭土，厚可达 25m，再向下为淡白色高岭土带，厚 5 ~ 30m，与其下部岩石呈过渡状态，欧泊多产于风化壳的最底部，多充填于岩石的裂隙和孔洞中。

3.7 沉积砂矿型宝石矿床

3.7.1 概述

原岩或原矿床在遭受风化作用之后，其碎屑等产物被雨水、河水、海水、湖水、冰川或风等营力搬运走，当搬运介质的运载力由强到弱时，其携带的碎屑物质往往按体积和密度的大小分别沉积下来，并呈现机械沉积分异现象，由这种分选作用使有用矿物富集而成的矿床称为机械沉积矿床或砂矿床。

砂矿床种类很多，它是宝石矿床成因类型中最为重要的一种。因为绝大部分宝石都可以形成砂矿，而且砂矿埋藏浅，易开采，成本低，所以经济意义重大。砂矿型宝石矿床主要有金刚石砂矿床（非洲、印度、中国等），红宝石、蓝宝石、锆石、尖晶石砂矿床（泰国、缅甸、澳大利亚、斯里兰卡等），黄玉、绿柱石、水晶砂矿床（巴西、马达加斯加等），玛瑙（巴西、乌拉圭、印度等）、软玉（加拿大、前苏联、中国等）、琥珀（前苏联等）砂矿床等。

3.7.2 矿床形成条件

很多宝石之所以产于砂矿矿床中，是因为它们化学性质稳定，坚固且密度大，因而在风化和搬运过程中不易分解、磨损和破碎。

　　形成表生砂矿床首先要有宝石矿物来源，因此，只有在具有原生宝石矿床或含有宝石矿物的岩石在遭受风化作用之后，经河流、洪水、湖水、海水、波浪、风、冰川等营力搬运、分选，才能形成砂矿。在各种营力中，河流、洪水、海水、湖水对砂矿形成最有利，因此，有利于宝石矿物富集的地区是河床、河谷，海滨、湖滨地带。

　　地貌条件对宝石矿床的形成也很重要。因为地貌特点影响物质的风化、搬运和沉积。地势陡峻的高山区，剥蚀作用强，可供给较多的物质。但水流速大，搬运力强，分选能力差，加之谷狭沟深，不易形成砂矿。地势平坦的平原，一般离剥蚀区较远，水动力弱，搬运的多为细砂，也不利于形成砂矿。最有利于形成宝石砂矿的地貌条件是低山丘陵的河谷区和湖滨、海滨区。

3.7.3　砂矿矿床的成因分类及其特征

　　根据砂矿矿床的形成时代可将其分为现代砂矿和古砂矿两类，其中以现代砂矿最重要。根据成因，可将砂矿分为水成砂矿、风成砂矿和冰川砂矿三类，其中以水成砂矿最重要，水成砂矿又分为洪积砂矿、冲积砂矿、湖滨砂矿和海浪砂矿，其中以冲积砂矿和海滨砂矿最重要。

3.7.3.1　冲积砂矿

　　冲积砂矿宝石矿床是含宝石矿物的矿床或原岩，其风化碎屑物被河流等搬运到适宜的地方经机械冲积分选作用而形成的。冲积砂矿按其在河谷中的分布情况，可分为河床砂矿、河谷砂矿和阶地砂矿三种。

　　世界上大部分金刚石、红宝石、蓝宝石、软玉、硬玉等宝石都形成于冲积砂矿，如印度克里希纳河、彭纳河的金刚石冲积砂矿，缅甸抹谷、越南陆安城的红宝石、蓝宝石冲积砂矿及缅甸乌龙江的翡翠砂矿床等。我国冲积型宝石砂矿也很典型，如湖南沅水、山东沂沭河的金刚石砂矿矿床，新疆和田的软玉砂矿矿床等。

3.7.3.2 海滨砂矿

海滨砂矿矿床是由于海水的波浪及岸流的作用，使重砂矿物在海滨的浪击地带富集形成的。宝石矿物可以是河流搬运来的陆源碎屑，也可以是由近岸岩石或矿床经海浪的侵蚀冲刷得来。

海滨砂矿大致位于海岸或附近，河流的入海处、海岸孤山、砂堤发育处都是海滨砂矿富集的有利地段。由于陆源碎屑等沿海岸分布，在拍岸浪的作用下，常把它们推向海滩，然后回流和底流又带走较轻的和细的物质，如此往复作用，产生极好的分选，使重砂矿物集中，粒径均匀。砂矿层常呈狭长条带沿现代海滩展布，向海方向变薄尖灭。如西南非洲的金刚石海滨砂矿，位于河流入海口附近的漂砾-卵石沉积物中。含金刚石的砂砾层沿海岸展布，长达 1～2km，宽达 100m，其上为砂质物所覆盖。

海滨砂矿也是琥珀矿床的重要类型。由于琥珀密度小，可被河水带入海里，形成海滨砂矿。

66

3.8 变质矿床

3.8.1 概述

由各种地质作用形成的各类岩石和矿床，在进入地壳一定深度之后，由于温度、压力的增高和地质条件的改变，使岩石的矿物成分、化学成分、物理性质及结构构造等都发生了变化，在这种变化过程中形成的矿床称为变质矿床。属于变质成因的宝石矿床不多，主要有钙铁榴石、月光石、红宝石、蓝宝石、硬玉、碧玉和蔷薇辉石等。这些宝石大多与变质相有关。

3.8.2 与沸石相-绿片岩相有关的宝石矿床

与沸石相-绿片岩相有关的宝石矿床形成温度在 120～450℃之间，形成压力在 150～200MPa 范围内。主要宝石矿床有碧玉和蔷薇辉石，主要产地有前苏联的乌拉尔、美国的加利福尼亚和澳大利亚新南威尔士等，我国河南密玉也属于此类。

3.8.3 与蓝闪石相、角闪石相和麻粒岩相有关的宝石矿床

与蓝闪石相、角闪石相和麻粒岩相有关的宝石矿床的形成温度在 450~850℃之间，形成压力在 250~440MPa 范围内。主要的宝石矿床有铁铝榴石矿床，如美国的阿拉斯加、前苏联的卡累利河、印度、斯里兰卡等；此外还有美国北卡罗来纳等地的红宝石、蓝宝石矿床，斯里兰卡的月光石矿床等，我国新疆的硬玉也属此类。

第4章 常见天然宝石

葡萄美酒夜光杯，欲饮琵琶马上催。
醉卧沙场君莫笑，古来征战几人回。

——唐·王翰

4.1 钻石

众所周知，钻石以其晶莹剔透、璀璨夺目和坚硬无比的优秀品质被
视作世界上最珍贵的宝石品种；同时钻石又
是唯一一种集最高硬度、强折射率和高色散
于一体的宝石品种，是其他任何宝石品种不
可比拟的，因此在宝石行业钻石被誉为"宝
石之王"（见图4-1）。

钻石又名金刚石，矿物名称为金刚石，
英文：diamond，源于古希腊语 adamant，意
思是坚硬不可侵犯的物质。原生金刚石产于
高温、高压下形成的金伯利岩或橄榄岩中。

图4-1 钻石

外生条件下可形成金刚石砂矿。常发现于河流冲积的砂石和泥土中。原岩
风化后，金刚石既硬又稳定，经河流搬运沉积在砂石中。而钻石十分稀少，
即便是南非产钻石的富矿，平均也要大约开采20t 矿石，才能获得 1 克拉宝

石级钻石。钻石之所以如此珍贵、如此具有魅力，由此可见一斑。

世界上最大的宝石金刚石，是 1905 年在南非发现的"库利南"金刚石，呈淡天蓝色，重 3106 克拉，近似于一个男人的拳头，质地极优，加工成 9 粒大钻石和 96 粒小钻石。我国最大的宝石级天然金刚石为"常林钻石"，是 1977 年在山东林沭县岌山乡常林村发现的，重 158.78 克拉，质地纯洁，晶莹剔透。

钻石是权力、财富、爱情的象征。"钻石恒久远，一颗永流传"这句戴比尔斯的广告语早已深入人心，人们除了将钻石作为结婚信物，还将结婚 60 年称为钻石婚，同时将钻石作为四月生辰石。

4.1.1 矿物学特征

化学组成：钻石化学成分为碳（C）单质，可含其他微量元素，如氮、硼、铍、铝等。钻石含氮多，颜色会发黄；含硼多，颜色会发蓝。

结晶学特征：晶系：等轴晶系；结晶习性：常为八面体、菱形十二面体和立方体等，还有几种单形组成的聚形（见图 4-2）。

颜色：变化大，常为无色、黄、黑等；少量为绿、红、蓝等色。

光泽：典型的金刚光泽。

透明度：透明-不透明。

图 4-2　钻石晶体

折射率：2.417～2.419；无双折射。在所有天然无色宝石中其折射率最高。

密度：3.52g/cm^3。

硬度：钻石的莫氏硬度为 10，是迄今为止发现的最硬的天然物质，是红、蓝宝石的 140 倍，是水晶的 1000 倍。

脆性：性脆，易碎。

解理：三个方向中等的八面体解理。

色散：钻石的色散是天然无色宝石中最大的，为 0.044；钻石的折光率可有下列变化：红光：2.402；黄光：2.417；绿光：2.427；紫光：2.465。因此，当白光射入钻石后，由于不同色光折光率不同，经多次反

射后，可呈现彩虹一样的美丽光芒，即产生"火"。

热导率：钻石的热导率为 46.54 瓦/（米·度）[0.35 卡/（厘米·秒·度）]，是已知物质中最高的。

吸收光谱：不同颜色的钻石具有不同的吸收光谱。

荧光：多数钻石都有荧光，常见的为蓝色、浅黄色。

包裹体：钻石中常有磁铁矿、磁黄铁矿、石榴石、石墨、橄榄石、铬尖晶石、赤铁矿等矿物的细小包裹体。

根据钻石中所含微量元素的含量和种类，把钻石分为两个大类、四个小类，即 I_a 型、I_b 型、II_a 型、II_b 型，其特征及相互区别见表4-1。

表4-1　不同种类钻石的特征

性质 ＼ 类型	I_a	I_b	II_a	II_b
含氮量	较多，达0.1%~0.3%，在晶体中呈小片状	较少，呈分散状	极少或无	极少
荧光性	紫外线照射有蓝色荧光	同 I_a	大多无荧光	同 II_a
磷光性				紫外光照射有磷光
导电性	不导电	不导电	不导电	不导电
其他重要特征	占天然金刚石产量的98%以上	天然产出少、绝大多数为人造金刚石	数量极少，但有巨粒者，II_b 型常为珍贵的深蓝色	

4.1.2　钻石的评价

钻石是极其珍贵的宝石，通常以 4C 标准对其进行评价。所谓4C 即指净度（clarity）、重量（carat）、颜色（color）、切工（cat）。评价钻石 "4C" 的标准是由美国宝石学院（Gemological Institute of America，GIA）提出的。目前，GIA 是世界上最具有权威性、最具法律效应的钻石检测机构。

4.1.2.1　净度

钻石的净度是指钻石内、外部的洁净程度，即有无缺陷和瑕疵。内部缺陷包括在结晶过程中会渗入少许其他物质，使钻石内出现小气泡、裂隙、羽状纹、矿物包裹体；这些天然的特征称为"内含物"，也称钻石的内部特征。外部瑕疵主要指磨损、额外刻面、原晶面、伤痕、磨痕、刮痕外部生长线，可算是钻石的天然指纹。瑕疵的有无，以用 10 倍放大镜观察为准。

钻石的净度由内含物的数目、大小及位置所决定。内含物越少，钻石就越珍贵，价值就越高。其分级标准见表4-2。

表4-2　国际钻石净度对照

中　国	GIA　IDC	英　国	鉴　定　特　征
无　瑕	FL（无瑕）	无瑕 FL	10倍镜下干净无包裹体
VVS	VVS$_1$	极微瑕	10倍镜下可发现1~2个针状包裹体
	VVS$_2$	VVS	
一号花	VS$_1$	微瑕 VS	10倍镜下有少量细小包裹体
	VS$_2$		
二号花	SI$_1$	小瑕 SI	10倍镜下包裹体易见，肉眼可见包裹体
	SI$_2$		
三号花	P$_I$	一级不洁 PK$_1$	
四号花（大花）	P$_{II}$	二级不洁 PK$_2$	肉眼可见明显的包裹体和解理、裂隙
	P$_{III}$	三级不洁 PK$_3$	

一般来说净度可分如下5级：

（1）完全洁净级（Flawless）：简称 FL，其标准是内外无任何缺陷，但有些小的瑕疵者，仍可列入 FL 级，如亭部（底部）有多余的小刻面，但在台面上看不到；存在天然原生小晶面，其大小不超过腰围的宽度，或者腰部不圆；内部有极微细小点，既无色又不影响透视。

（2）内部洁净级（Internally Flawless）：简称 IF，内部无任何瑕疵，表面有一点瑕疵，非常非常轻微的内部瑕疵级（Very Very Slightly Included），有极微小的瑕疵，只有从亭部可以观察到或者表面有很小的瑕疵，通过抛光可以去掉。

（3）很轻微的瑕疵级（Very Slightly Included）：简称 VS$_1$、VS$_2$，可以见到非常微小的瑕疵，能看清大小及位置。VS$_1$ 和 VS$_2$ 的区别在于 VS$_2$，可能有微小的绵状物及毛茬。

（4）轻微瑕疵级（Slightly Included）：简称 SI$_1$ 和 SI$_2$，可明显见到瑕疵，瑕疵可能在台面以下中心位置，特别是 VS$_2$ 非常容易见到。

（5）不洁净级（Imperfect）：简称 I$_1$、I$_2$、I$_3$，可明显看到瑕疵，个别的有明显解理。

4.1.2.2 重量

在钻石的评价中，重量为重要因素之一，因为直径大的钻石十分难得。

钻石的重量单位为克拉（ct），1克拉等于0.2g，1克拉又分为100份，每一份称为一分。

因钻石价值极高，一般情况下，用精度很高的天平来准确称量它的重量。为了方便，可以用测量尺寸大小来计算钻石的重量（见表4-3)，如：

标准圆形钻石：重量＝腰围的平均直径×深度×0.0061（换算系数）

椭圆形钻石：重量＝平均直径×深度×0.0062（换算系数）

长方形钻石：重量＝长×宽×深×调整系数，调整系数的选取依下列条件：

长：宽	调整系数
1：1	0.008
1.5：1	0.0092
2：1	0.010
2.5：1	0.0106

心形钻石：重量＝长×宽×深×0.0059

榄尖形钻石：重量＝长×宽×深×调整系数，调整系数的选取依下列条件：

长：宽	调整系数
1.5：1	0.00565
2：1	0.00580
2.5：1	0.00585
3：1	0.00595

梨形钻石：重量＝长×宽×深×调整系数，调整系数的选取依下列条件：

长：宽	调整系数
1.25：1	0.00615
1.5：1	0.00600
1.66：1	0.00590
2：1	0.00575

表 4-3 钻石质量换算

钻石腰围直径/mm	粒重/克拉	1 克拉钻石的粒数
1.3	0.01	100
1.7	0.02	50
2.0	0.03	33
2.2	0.04	25
2.4	0.05	20
2.6	0.06	16
2.7	0.07	14
2.8	0.08	12
2.9	0.09	11
3.0	0.10	10
3.1	0.11	9
3.2	0.12	8
3.3	0.14	7
3.5	0.16	6
3.6	0.17	
3.7	0.18	
3.8	0.20	5
4.0	0.23	
4.1	0.25	4
5.15	0.50	2
5.9	0.75	
6.5	1	1
7	1.25	
7.4	1.75	
7.8	1.75	
8.2	2.00	
8.5	2.25	
8.8	2.50	
9.05	2.75	
9.35	3.00	
9.85	3.50	
10.3	4.00	
11.1	5.00	
11.75	6.00	

73

第 4 章　常见天然宝石

4.1.2.3 颜色

在钻石的评价中，颜色非常重要，宝石级钻石的颜色由好到坏的标准是：无色、微蓝、白色、淡黄色、浅黄色。一些特殊颜色的钻石如红色、粉红色、绿色、蓝色、金黄色等作为罕见的珍品，一般单独评价，其他颜色的钻石只能用于工业方面。

不同国家和地区，有不同的分级标准。中国采用数字表示法，以100色作为最佳的无色微蓝，85色以上的才能用来琢磨钻石。戴比尔斯公司及世界大多数国家采用美国宝石学院（GIA）提出的钻石颜色分级法，将颜色最好的定为D，依次到X（见表4-4）。

D ~ H类：无色白类（White Group），相当于中国的100 ~ 96；

D级：超特级无色白（Top White or Finest White），无色，极透明，微带蓝色光，相当于中国的100；

E级：中国的99色，特级无色（Fine White），无色透明，似冰块，无蓝色光；

F级：中国的98色，纯无色（White），无色透明；

G级：中国的97 ~ 96色，准无色（Commercial White），略出现似有似无的黄色；

I ~ L类：中国的95 ~ 92，为微带黄的白色；

M ~ X类：中国的91 ~ 88，黄色类。

R级以下的相当于中国的86以下，精确鉴定钻石的颜色，尤其是D ~ M级钻石的颜色，非常困难。目前一般采用对比法，即在标准白色钻石灯下，把要鉴定的钻石与GIA制作的标准钻石样对比，对比时的周围环境有严格的要求，如不能有其他光源干扰，辅助设备均应是白色或黑色。GIA标准钻石有0.33克拉、0.5克拉和0.95克拉三种规格。

表4-4　钻石色级对照

美国宝石学院（GIA）	国际钻石委员会（IDC）、国际珠宝联合会（CIBJO）	英国	德国	斯堪的那维亚半岛	中国	肉眼观察特征
D	极白色	极亮白	净水色	极罕白	100	一般肉眼观察无色
E	极白				99	

美国宝石学院（GIA）	国际钻石委员会（IDC）、国际珠宝联合会（CIBJO）	英国	德国	斯堪的那维亚半岛	中国	肉眼观察特征
F	优白	亮白	高级韦塞尔顿色	罕白	98	一般肉眼观察无色
G					97	
H	白	白	韦塞尔顿色	白	96	
I	淡白	商业白	高级晶钻色	淡白	95	小于0.2克拉的钻石感觉不到颜色。大颗粒钻石可感觉到有颜色存在
J					94	
K	微白	银白黄	高级开普色	微白	93	
L					92	
M	一级黄	微黄	开普色	微黄	91	一般肉眼能感觉到具有颜色
N					90	
O	二级黄	亮微黄	淡黄		89	
P					88	
Q					87	一般人均能感觉到黄色的存在，而且会感到色调越来越明显
R					86	
S～X	黄	暗黄	黄	黄	85色以下	

　　彩色钻石包括红钻、绿钻、蓝钻、紫钻和金黄色钻，因颜色鲜艳，产出极为稀少，深得收藏家的青睐，其身价倍增（见图4-3）。1989年在巴黎举行的珠宝展销会上，一颗重仅2.23克拉的红色钻石标价竟高达4200万美元。

　　蓝白钻：一种纯净得像水一样的无色透明钻石，其中尤其带淡蓝色为最佳。

　　红钻：一种粉红色到鲜红色的透明钻石，其中尤以鲜艳且深红者为稀世珍品。澳大利亚是其主要产地。

　　蓝钻：一种天蓝色、蓝色到深蓝色的透明钻石，其中以深蓝色者为最佳。这种钻石与所有其他颜色的钻石不同，它含有硼元素且具导电性。因其特别罕见，故为稀世珍品。

　　绿钻：一种淡绿色到绿色的透明钻

图4-3　彩钻

石，其中以鲜绿色的价值最为不菲。

紫钻：一种淡紫色到紫色的透明钻石，比无色钻石贵三倍，其中尤以紫红色者为稀世珍品，前苏联是其主要产地。

彩黄钻：一种金色的透明钻石，是有色钻石中的常见品种，颜色呈现金黄亮彩。

橘色钻：橘色为黄色和红色的混合体，通常色调较深呈棕色的感觉，而纯橘色于天然彩钻中至为稀少罕见。1977 年 10 月纽约苏富比拍卖会上，5.54 克拉的橘色钻以 130 多万美元的高价售出。

黑钻：黑色金刚石通常不能作为宝石级钻石，但世界名钻"黑色奥洛芙"据传在印度圣庙中镶于圣象，又称"梵天之眼"。

4.1.2.4　切工

切工是钻石四个要素中唯一受人为因素影响的一个。没有加工的钻石毫无光彩，只有经过精确的设计、巧夺天工的琢磨，才能揭开钻石神秘的面纱。因此，切工好坏，直接影响钻石的质量。目前流行的切工分级大多采用德国标准，分优（very good）、良（good）、中（medium）、差（poor）四类，评价时从切磨比例、对称修饰度、抛光等方面入手。

（1）切磨比例：包括台宽比、亭深等因素。台面过大，钻石火彩就显得不足；台面过小，钻石显得不够亮。台面主要是展示钻石亮度的。旁边的星刻面主要展示钻石的火彩。因此，台面太大或太小都不好，适中为好。一般大台面的会显得钻石大一点。亭深决定了光线通过钻石时是不是能达到全反射，展示出钻石闪亮的美感。亭深太浅被称为"鱼眼钻石"，亭深太深被称为"黑底钻石"，都是切割比例不对、钻石漏光造成的结果。

（2）对称修饰度：钻石各个刻面同样的刻画应该是等大、对称的。台面应该是居中的，水平而没有倾斜的。

（3）抛光：抛光的好坏对钻石的亮度等有一些影响，抛光不好的钻石在 10 倍放大镜下可见抛光纹。

4.1.3　钻石与其他相似宝石及仿制品的鉴别

现在市场上流行的假钻石和真钻石几乎没什么区别，这样，有真钻石的人为了安全或避免丢失等原因，购买假钻石作为代用品，但也有人用假钻石冒充真货，高价出售骗人。钻石的鉴定有肉眼鉴定和仪器鉴定。

4.1.3.1　肉眼鉴定

大于 1 克拉的钻石成品即属大钻，而大钻非常稀少。市场上常见的钻石多数为粒径小于 4.1mm、0.25 克拉以下的钻石，因此，当钻石较大时，首先应想到这点。钻石的最大特点是高硬度、高色散、高折光率及强金刚光泽。高硬度使钻石表面光洁、无擦痕；高色散、强金刚光泽使钻石看起来晶莹夺目，呈现"火"彩。另外，钻石对脂肪的吸附力极强，用手触摸后看上去有一层油膜。切磨好的钻石能使所有入射光都从台面反射出来；将台面对着光线从背后看，没有光从亭部漏出；如果将钻石对准窗棂或电灯，反射出来的影像清晰、不歪扭。

4.1.3.2　仪器鉴定

钻石的代用品极多，如人造金红石、立方氧化锆、锆石、无色蓝宝石、无色尖晶石、黄玉等。区别这些赝品可从以下几个方面入手：

（1）硬度：钻石是最硬的矿物，可将钻石和人工合成蓝宝石（硬度为 9）及碳化硅（硬度为 9.5）比较，如硬度大于蓝宝石和碳化硅，即为真钻石。

（2）热导性：钻石的热导性最高，因此，用热导仪鉴定钻石，既准确又迅速。

（3）折光率：用折光率可区分钻石与无色蓝宝石和无色尖晶石。蓝宝石和尖晶石的折光率分别为 1.76 和 1.73，与二碘甲烷溶液的折光率（1.74）相似，而钻石的折光率为 2.42，因此，在二碘甲烷溶液中，无色尖晶石、无色蓝宝石的轮廓不太清楚，而钻石则显示出清晰的外形。

（4）密度：钻石的密度为 $3.52g/cm^3$，而大多数代用品的密度都大于钻石的密度，如立方氧化锆（$5.6 \sim 6.0g/cm^3$）、镓石榴石（$7.05g/cm^3$）、钛酸锶（$5.13g/cm^3$）、锆石（$4.6g/cm^3$）、金红石（$4.26 \sim 4.30g/cm^3$）、白钨矿（$6.1g/cm^3$）、钇铝石榴石（$4.57g/cm^3$）。这些宝石与钻石比，手感比较沉重。另外，用密度为 $4g/cm^3$ 的克来利西重液也很容易将钻石分开。

（5）色散：钻石以高色散发出的彩色闪光为鉴定特征之一，但具有高色散的宝石矿物很多，如闪锌矿、锆石、人造金红石、立方氧化锆、钇铝榴石、镓榴石等。主要区别是：钻石的色散柔和，而其他宝石的色散看起来五彩缤纷，十分刺眼。

（6）包裹体：一般钻石都含有少量微细矿物包裹体，即有瑕疵，在10倍放大镜下可见黑色石墨、深红色铬尘晶石、镁铝榴石、小八面体钻石等。准确识别这些小包裹体，可作为鉴定钻石的佐证。

（7）X射线：钻石能在X射线照射下透光，将钻石和其他代用品同时放在照相底片上，放入X射线仪里照射10s，可见到钻石的底影透明，而其他代用品的底影为黑色。使用该方法时应注意，X射线对宝石有损伤。

4.1.4 合成、改色钻石及拼合石的鉴别

4.1.4.1 合成钻石

淡褐色或淡棕色，颜色不太均匀，可见色带；晶体中常含金属片，用磁铁可以吸起；颗粒小，一般3.8mm。

合成钻石与天然钻石的区别：合成钻石含白色似尘埃状包裹体，而天然钻石没有。在紫外线照射下合成钻石呈绿色强荧光且不均匀（中心绿、边缘无），而天然无色透明钻石呈淡蓝色荧光，带色钻石多发淡绿、浅黄或浅紫色荧光。合成钻石无吸收谱线，而天然钻石具特征吸收谱线。

4.1.4.2 改色钻石

用辐照与加热处理相结合的方法进行钻石的人工改色。

改色钻石与天然钻石的区别：天然褐色、粉红色钻石中，色带可为直线状或三角形状，并与晶面平行；改色钻石中的色带则平行于琢型宝石的小面。辐照处理的颜色仅限于钻石表面。经辐照的钻石在光谱的红区间有细的谱线，而天然致色钻石中通常见不到。天然蓝色钻石由硼元素致色，具半导体性，在钻石两端加电压，就会有电流通过；而辐照改色钻石的颜色由晶格缺陷的色心造成，不具半导体性，通上电压无电流通过。

4.1.4.3 拼合石（钻石二层石）

钻石二层石又称为夹心钻，是由钻石（作冠部）与廉价的水晶或人造无色蓝宝石（作亭部）黏合而成。然后将它镶在首饰上，并尽量将黏合缝隐藏或挡住，使人不易察觉。

钻石二层石与天然钻石的鉴别：在钻石二层石的台面上放置一个大头针尖，就会看到两个反射象，一个来自台面，另一个来自接合面。正常的钻石无论从顶面或斜面看，都因反光强，不可能被看穿，即不能看出钻石是透光的；而二层石由于底层的反光能力差，有可能被看穿。用放大镜或宝石显微镜仔细观察侧面，常能发现黏结缝，并可观察到上、下两层的宝石光泽和含包裹体的差异现象。

4.1.5 钻石的加工

最早出现在戒指上的钻石，是天然八面体形状的原石。大约从 14 世纪开始，人们将钻石进行一定的加工后再镶嵌，早期切割工匠将钻石设法磨出尖；15 世纪出现台面切割，到 16 世纪，玫瑰式切割开始出现，这种切割样式一直延续到 19 世纪。明亮式切割的出现是钻石切割的一大进步，使钻石有更美好的亮光与火彩。

目前常见的切割形状有圆形、方柱形（祖母绿形）、方形（公主方形）、榄尖形（马眼）、椭圆形、水滴形、心形、梨形等（见图 4-4）。

（1）标准圆形：标准圆钻型切工是波兰数学家马歇尔于 1919 年首先计算出理论上让钻石反射最大量光线的切割方程式。圆明亮型切工是由 57 或 58 个刻面按一定规律组成的圆形切工，也称理想式切工，顶部的平面被称为台面，直径最大的部位为腰围，腰围以上为冠部，腰围以下为亭部（见图 4-5）。托考夫斯基切割也称为美国琢型，其他有德国琢型、欧洲琢型等。

1）冠部：钻石上面的部分称为冠部，包括 1 个桌面、8 个星面、8 个风筝面与 16 个上腰面，总共 33 个切面。

2）腰围：钻石最宽的部位，也是分割钻石上面的冠部与底下亭部的交界处，腰围是珠宝镶嵌时用来固定钻石的地方。

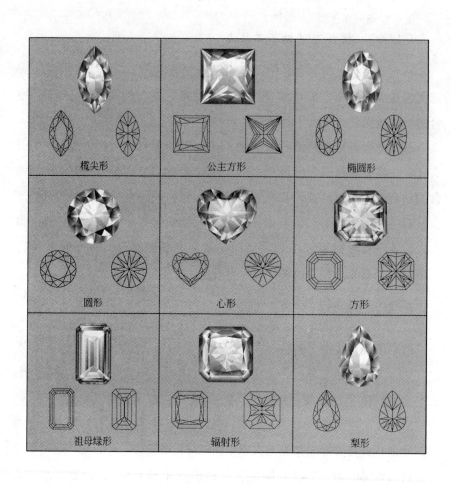

椭尖形　　　公主方形　　　椭圆形

圆形　　　心形　　　方形

祖母绿形　　　辐射形　　　梨形

图 4-4　钻石不同切割类型

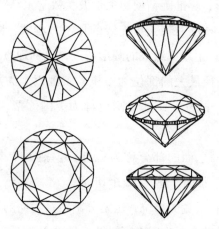

图 4-5　钻石标准圆形明亮式切割

3）亭部：钻石下面的部分称为亭部，也就是从腰围以下到钻石尖端的部分。包括 16 个下腰面、8 个亭部切面与 1 个最底下的尖底面，总共 25 个切面。因为钻石并不一定有尖底面，所以无尖底面的钻石亭部只有 24 个切面，切面总数则为 57 或 58 个。

（2）椭圆形：起源于 19 世纪，外形轮廓要求肩部对称，有领结效应。其原石留存率可达到 50% ~ 60%，适合长形八面体的钻石原石。也因为它可以保留钻石较高的质量，所以多用于许多重新切割的古代钻石。

（3）梨形：起源于 17 世纪，在法国路易十四时期十分流行。外形轮廓要求两侧翼对称，尖角无缺损，有领结效应。梨形也称为泪滴形切工（tear cut）或者坠形切工（pendloque cut）。历史上著名的钻石中有将近 20% 使用梨形切工，包括世界上最大的钻石库利南一号（Cullinan Ⅰ）。此种切工适合加工一端边角有破损或者有瑕疵的钻石原石。镶嵌时需注意尖角处的保护。

（4）榄尖形：起源于 17 世纪，外形轮廓要求尖角对称、无缺损，有领结效应。榄尖形也称为马眼钻或者舟形切工。此种切工的钻石两端都呈尖角，形似果核，因此得名。这种切工的原石留存率较低，其特色在两端尖角处，此处的包裹体能够被较好地遮掩，并且尖角处的闪亮度极高。镶嵌时需要注意尖角处的保护。

（5）方形：起源于 20 世纪中期，由比利时工匠发明。此种切工被不断完善，衍生出一系列改良形式。由于其改良形式兼有阶梯形切工的特点，所以也可归类于混合形切工。

方形切工拥有方形或长方形外形，通常有 76 个刻面。但也有 61 个、101 个或 144 个刻面的。其中，101 个刻面的方形明亮型切工为 E. F. D. 钻石公司的注册专利切工，即公主方。

方形切工可多样化，但普遍冠部较浅，台面较大，亭部较深。

此种切工原石留存率高于其他明亮型切工方式，但不适用亭部较浅的钻坯。尖角处和亭部刻面产生的亮度和闪烁降低了包裹体的可见度，也稍"提高"了钻石的颜色级别，并且同样重量的方形切工钻石与圆形切工钻石相比，外形显得要大 15% 左右。

方形的外形适合用于钻石紧密排列的无缝镶嵌，这是其他形状的钻石无法做到的，但镶嵌时需要保护尖角。

（6）心形：起源于近代，钻石外形以对称的两个翼瓣、正中的凹槽和底部的尖角组成，似心形。心形切工钻石全深较浅，适合形状不规则且整体较扁的钻石原石，原处凹槽位置的包裹体可以被剔除，以提高钻石净度，但此种切工原石留存率较低。心形钻石的外形评价主要注重两侧翼瓣对称、形状饱满。

（7）祖母绿形：起源于古代，典型阶梯形切工的衍生加工方式，所有切面均平行或垂直于钻石的方形外腰围，外形呈矩形，亭部和冠部较扁，底尖收成线状。因常用于宝石祖母绿的加工，因此得名。加工时应注意切去四角的大小，线面必须严格平行。

使用祖母绿切工的钻石，较难遮掩包裹体，适合净度较高、长方形、边角略带破损或包裹体的钻石原石，其原石留存率可达 60%~70%。

结晶成八面体的金刚石，最宜加工成标准圆钻。该式样的钻石，可使所有投射在钻石表面及射入内部的光线，全部反射向上，由顶面及上部斜面射出，并发生色散，使钻石表面光耀夺目。

钻石的价格与重量成正比，因此，一些大粒钻石在加工时，也要考虑使钻石保留下最大的重量，不一定都要加工成标准钻。

目前，比利时的安特卫普、以色列的特拉维夫、美国的纽约、印度的孟买并称为世界四大钻石加工中心。

比利时的安特卫普被称为"钻石之城"，该城市 80% 的居民均从事钻石及相关行业。安特卫普切磨的钻石，加工精良，精美绝伦，故而"安特卫普切工"又被称为"标准钻石切工"备受推崇。

以色列的特拉维夫有着悠久的钻石加工历史，也是当代最著名的钻石切磨地之一，尤以花式切工闻名。

纽约是世界金融贸易中心，许多知名的大珠宝商都汇聚于此，由于纽约人力资源昂贵，一般以加工 3 克拉以上的大钻为主。

印度孟买是近年来新兴的钻石加工中心，但印度切磨的钻石多为 0.2 克拉左右的小钻，品质较差，切磨工艺较一般。

4.1.6 钻石鉴定机构

4.1.6.1 IGI 认证

国际宝石学院（International Gemological Institute，IGI）是世界顶尖的宝石学院，同时也是全球最大的独立珠宝首饰鉴定实验室。作为世界钻石之都最古老的宝石学院，IGI 自 1975 年成立于比利时安特卫普。丰富的经验、专业的意见以及长期可靠正直的声誉使得 IGI 成为珠宝行业参照标准的代名词。作为全球最大的独立实验室，IGI 数十年鉴定中开发了激光刻字、暗室照片等专利技术并开创推广了 3EX 切工评价体系，长期以来一直是全球宝石学的领先者和规范制定者。IGI 刚开始的时候只为比利时的少数钻石世家做私人钻石鉴定，后来一些高品质的大钻被销往了欧洲的各个的王室，IGI 的名字渐渐在王室之间传开，欧洲、中东和亚洲的王室就把一些普通鉴定师难以鉴定的精细珠宝首饰送到比利时让 IGI 作分析。因为很多这类珠宝都已经镶嵌为非常复杂的头冠、项链、戒指等，IGI 也渐渐从只做钻石鉴定，发展为专门为钻石和高端首饰提供鉴定的全球宝石学机构。由于服务人群的特殊性，IGI 在提供宝石学信息的同时，每张证书沿用了奢侈品的手工制作程序，为的是保证各方面品质都与珠宝相匹配。基于在钻石切工领域的权威研究，IGI 制定了世界第一张完整全面的钻石切工评级表（cut grade chart），成为现代钻石切工体系评定标准的雏形。2007 年，IGI 首席鉴定师被比利时王室任命为比利时外交部钻石顾问。

4.1.6.2 GIA 认证

美国宝石学院（Gemological Institute of America，GIA）是把钻石鉴定证书推广成为国际化的创始者，在 1931 年由 Mr. Robert Shipley 创立，至今已有 80 多年的历史，其鉴定费用依旧十分高昂。GIA 在鉴定书内容品质方面，颇具公信力。GIA 是非赢利机构，其经费大部分由美国各大珠宝公司赞助，其证书的出现也符合了美国珠宝商的发展利益，同时它也为很多面向大众的消费品牌提供鉴定证书。如主打主流中产阶级男性的著名美国网店"蓝色尼罗河"，基本上都用 GIA 和 AGS 的证书。Tiffany 原

来在走中产阶级路线的时期也用大量美国宝石学院的证书，随着自身定位和品牌营销走高端路线的变化，与 GIA 的大众人群定位发生了偏移，也开始使用自己的证书。从证书的页面来看，明显的珠宝和街边小店的货品都统一使用同样的制版和设计，就像美国的麦当劳、GAP，是给全世界的每一个警察、老师、渔夫、工人的证书。因此可以说，美国宝石学院满足了现代工业化大部分民众的消费需求。

4.1.6.3　HRD 认证

比利时钻石高层议会（Diamond High Council），成立于 1973 年，主要协调比利时钻石业的活动。长年以来，HRD Antwerp 已经成为比利时和国际认可的官方组织，担当安特卫普钻石行业的组织者、发言人以及媒体的角色。

4.1.6.4　其他

其他还有中国 NJQSIC 证书、中国 NGTC 证书、中国 NGGC 证书、美国 GTC 证书、美国 GTA 证书、美国 EGL 证书、日本 CGL 证书、美国 GEMES 证书等。

4.1.7　金刚石主要产地

目前世界上共有 27 个国家发现钻石矿床，大部分位于非洲国家、俄罗斯、澳大利亚和加拿大。按产量由大到小排名：澳大利亚、刚果、博茨瓦纳、南非；按产值由大到小排名：博茨瓦纳、前苏联、南非、安哥拉、澳大利亚、加拿大、纳米比亚。

我国是世界上金刚石资源较少的国家。曾发现过金刚石的省有湖南、山东、辽宁、吉林、河北、河南、山西、江西、湖北、贵州等 16 个，其中最主要的产区只有湖南、山东和辽宁 3 个省。

历史上最著名的十颗钻石简述如下：

伟大的非洲之星　"非洲之星"是世界上最大的切割钻石。这颗钻石由美国一家公司切割，该公司在研究了这颗钻石 6 个月后，才确定如何切割。

光之山钻石　这颗钻石有最古老的记载历史，它的最早记载可以追溯到1304年。在维多利亚女王在位时被再度切割，之后被镶嵌在英国女王的王冠上，这颗钻石重108.93克拉。"光之山"钻石传说是上帝送给一名忠实信徒的礼物。

艾克沙修钻石 "艾克沙修"不光是世界上最大的钻石之一，它还是迄今为止全球发现的第二大钻石。

大莫卧儿钻石 "大莫卧儿"是17世纪在印度发现的钻石。大莫卧儿根据泰姬陵的建造者沙迦汗命名。但是，这颗钻石后来失踪了。

神像之眼钻石 这是一颗扁平的梨形钻石，大小如一颗鸡蛋。"神像之眼"重70.2克拉。传说它是克什米尔酋长交给勒索拉沙塔哈公主的土耳其苏丹的"赎金"。

摄政王钻石 摄政王钻石是一名印度奴隶于1702年在谷康达附近发现的。摄政王钻石以其罕见的纯净和完美切割闻名，它无可争议当属世界最美钻石。

奥尔洛夫钻石 奥尔洛夫钻石是世界第三大切割钻石。它有着印度最美钻石的典型纯净度，带有少许蓝绿色彩。

蓝色希望钻石 它被认为有著名的塔维奈尔蓝钻的特点，1642年被从印度带到欧洲。它曾属于法国国王路易十四。今天可以在华盛顿史密森学会看到这颗钻石。

仙希钻石 它最初属于法国勃艮第"大胆的查尔斯"公爵，公爵于1477年在战争中弄丢了这颗钻石。仙希钻石为浅黄色，显然出自印度，据说它是被切割成拥有对称面的第一大钻石。

泰勒·巴顿钻石 这颗梨形钻石是1966年在南非德兰士瓦省第一矿发现的。理查德·巴顿为伊丽莎白·泰勒花110万美元买下了这颗钻石，给它重新取名为"泰勒·巴顿"。

4.2 红宝石与蓝宝石

红宝石专指具有宝石质量的红色刚玉；而蓝宝石指具有宝石质量任何颜色的刚玉（红色除外），如蓝、绿、紫、黄及无色，使用时再冠以颜色，如黄色蓝宝石、无色蓝宝石等。红宝石、蓝宝石都是色美、透明的宝石级刚玉，早已成为国际上公认的仅次于钻石的名贵宝石（见图4-6）。

红宝石，英文名称为 ruby，源自拉丁文 ruber，意思是红色。在梵语中，红宝石还有许多溢美的名字，如宝石之王、宝石之冠等，说明当时印度民族对它十分珍爱。在《圣经》中红宝石是所有宝石中最珍贵的。红宝石炙热的红色使人们总把它和热情、爱情联系在一起，被誉为"爱情之石"，象征着热情似火，爱情的美好、

图 4-6　红宝石

永恒和坚贞。不同色泽的红宝石，来自不同的国度，却同样寓意着一份吉祥。红宝石是七月生辰石，结婚 40 周年称作红宝石婚。

蓝宝石，英文名称为 sapphire，源自拉丁文 saphirus 以及希腊词 sapheiros，皆是蓝色之意。对于佛教徒而言，蓝宝石代表友谊和忠诚；而对平常人来说，蓝宝石则是财富之石，可以消除恐惧及贫穷。在许多国家，蓝宝石一直被看做是忠诚和坚贞的象征。被称为"命运之石"的星光蓝宝石的三束星光带，也被赋予忠诚、希望和博爱的美好象征。蓝宝石是九月生辰石，结婚 45 周年也称为蓝宝石婚。

4.2.1　矿物学特征

化学成分：简单氧化物类，分子式为 Al_2O_3。有时含 Fe、Ti、Cr、Co 和 V 等。

结晶学特征：三方晶系，晶体常呈六边形桶状、腰鼓状、柱状及板状。常发育百叶窗式双晶纹。刚玉晶体如图 4-7 所示。

颜色：纯净的刚玉为无色。含 Cr^{3+} 为红色，含 Ti 和 Fe^{2+} 为蓝色，含 V 和 Co 为绿色，含 Ni 和 Fe^{3+} 为黄色。

红宝石：常用鸽血红来形容最优质红宝石的颜色，质量较差者为微暗红色（半血色）及樱桃色（比鸽血色浅）；蓝宝石：以鲜艳的天蓝色且颜色均匀者最佳。

透明度：透明至半透明。

光泽：玻璃光泽。

硬度：莫氏硬度为 9，性脆，碰撞易碎裂。

折射率：1.762～1.770。

多色性：二色性强。红宝石：红色-淡黄红色，紫色-橙色，粉红-红色；蓝宝石：亮蓝-暗蓝色，蓝-绿蓝或绿色。黄色蓝宝石多色性弱。

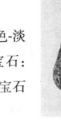

图 4-7　刚玉晶体

发光性：红宝石在紫外线和 X 射线下呈红色荧光，据此可区分其他红色的宝石（尖晶石除外）；某些黄色和橙色蓝宝石在各种射线照射下均呈淡黄色荧光，绝大多数绿色、蓝色蓝宝石极少显示荧光，但斯里兰卡蓝宝石呈带粉红色调的红色荧光。

密度：3.95～4.28g/cm^3；红宝石密度（3.98～4.28g/cm^3）比蓝宝石（3.90～4.16g/cm^3）稍大些。

吸收谱线：铬致色的红宝石，红区 692nm、694nm 双线、668nm、659nm 线吸收，以 550nm 为中心宽带吸收，蓝区 476nm、475nm、468nm 线吸收，694nm 有一条发射光谱；铁、钛致色的蓝宝石有 450nm、460nm、470nm 吸收线，热处理的蓝宝石往往在蓝区只有一条吸收带。

解理：多沿双晶面裂开。

断口：贝壳状或参差状。

包裹体：常见金红石包体，可见锆石包体及羽状、指纹状液态包体。较多细针状金红石包裹体常定向排列成三组或六组，其交角分别为 60°或 30°。在弧面形宝石上可见六射星光或十二射星光。

4.2.2　红宝石、蓝宝石的评价

刚玉宝石依据其颜色和特殊光学效应，分为红宝石、星光红宝石、蓝宝石和星光蓝宝石。对刚玉宝石的质量评价，我们可以从宝石颜色、透明度、切工、大小、包裹体和杂质、星光效应等几个方面加以评价。

4.2.2.1　颜色

红、蓝宝石的最终市场价值主要取决于宝石的颜色，其权重在 50%

以上。红、蓝宝石的颜色分级与钻石的分级相比，具有更强的主观性，准确而客观地对红、蓝宝石分级有一定的难度。

红蓝宝石的颜色分级主要综合考虑宝石的色调、色度以及饱和度三要素，这三个要素是既彼此独立又相互关联的基本因素。

红宝石的红色色调变化很多，有粉红、鲜红到紫红、暗红等。一般红色都较浅淡且不均匀，以色鲜红且均匀者为最佳，尤其是一种略带蓝色调的纯红色红宝石，称作"鸽血红"，是最罕见的珍品（见图4-8）。非常透明而又带粉红色的红宝石，也是名贵品种。天然产出的红宝石颗粒一般都很小，达到 1 克拉的已不多见，大于 5 克拉的则为罕见。迄今为止，世界上发现的最大的红宝石为 3450 克拉，产于缅甸。而"鸽血红"最大仅重 55 克拉。

顶级质量的红宝石色调特纯，饱和度好，不带任何或棕或蓝的次要色调。优质红宝石的颜色强度就像燃烧的焦炭。红宝石颜色的深浅主要与宝石中的微量铬元素密切相关，深红色红宝石的氧化铬含量可达 4%，一般的在 1% ~ 2% 之间。

红宝石颜色分级：

A 级：鸽血红色。这是一种红如鲜血的颜色。特优者如鸽血红宝石，这是一种碧血。

图4-8　鸽血红宝石

B 级：带玫瑰色的鸽血红色。

C 级：玫瑰红色。

D 级：桃红色，浅玫瑰红色。

E 级：又可以分为 3 个亚级：

E_1 级：略带紫罗兰色或褐色的红色，刻面交棱几乎总呈黑色调。

E_2 级：粉红色略带紫罗兰或橙色，在白炽光下明显变红。

E_3 级：红色带较深的橙色。

F 级：略带紫罗兰或褐色的红色，与 E_1 不同之处是刻面交棱不呈黑色调。在其他条件相同时，价格从 A 级到 F 级递减。

只有颜色为鸽血红色，并且全透明时，才能称为鸽血红宝石，也只有全透明时，才能隐约看到碧血。

蓝宝石的颜色除蓝色外，还有无色、粉红、黄、绿、橙、紫、褐等色，蓝色者色调极多，由浅蓝逐渐加深到黑蓝皆有，以鲜艳的天蓝色且颜色均匀者为最佳（见图4-9）。

蓝宝石的蓝色纯度与宝石中Ti、Fe比值有关，比值越高，色越蓝，浓度越高，色越浓。含Fe高的蓝宝石往往呈蓝黑色。

蓝宝石颜色分级：

图4-9　蓝宝石

A级：矢车菊蓝色。这是一种不十分透明的天鹅绒状、紫蓝色蓝宝石，宝石中含有雾状气液包裹体，所以呈现一种"睡眼惺忪"的外貌，标准切工时呈现一种温柔的闪光。

B级：深蓝色。刻面交棱处带黑色调，或微带紫的蓝色。

C级：蓝色。刻面交棱处无黑色调，从亭部向冠部看，常有轻微的绿色调。

D级：墨水蓝色。山东蓝宝石中颜色浅的一种即呈此色，经常见到深浅相间的色带。墨水蓝颜色较暗，远不如B、C级鲜艳。

E级：白色。要注意的是许多白色蓝宝石中混有合成的无色蓝宝石。

F级：黄色。色彩明艳，多数透明度好，少棉和固体包裹体，有时有平行色带。

G级：绿色和黄褐色。黄褐色蓝宝石中常有指纹状包裹体和羽状棉。在常波紫外线下呈橙色，在短波紫外线下呈极浅的橙色。

H级：黑色，近黑的蓝色或带灰的蓝色。

在其他条件相同时，价格从A级到H级递减。F、G、H级色的蓝宝石，价格通常比A、B、C、D、E级色的蓝宝石低一个数量级左右。

4.2.2.2　透明度

除了颜色外，红、蓝宝石的净度是决定其价值的第二重要因素，在分级系统中占据20%～30%的权重。在评价宝石原料时，除星光红宝石、蓝宝石外，晶体的透明度越高，质量越好。不透明者，视为劣等品。

红、蓝宝石的透明度分级：

透明级（TR）：在标准切工时出火强烈。

半透明级（TL）：TL级的刻面红宝石仅有微弱的出火。

次半透明级（STL）：STL级红宝石加工成标准刻面时不出火。

不透明级（OP）：将宝石翻转，从亭部不能看到台面下的黑色划痕，对于素面宝石，从顶部不能看清楚底部的笔痕。这类宝石在投射光照射下仍可以透光。

在其他条件相同时，宝石价格从TR级到OP级迅速下降。对于红宝石，透明度高低对价格的影响，远大于色级。

4.2.2.3 切工

切工是红、蓝宝石评价中第三重要因素，在分级系统中占据10% ~ 20%的权重。切工包括切工比率、角度和抛光。

当透明度为透明（TR）和半透明（TL）级时，要求有标准或近于标准的切工。其中最重要的是亭部角和冠部角的大小。红、蓝宝石的亭部角和冠部角都是40°，大于或小于40°都会影响全反射。

对于次半透明（STL）和不透明（OP）级的红、蓝宝石，多加工成弧面形；如果加工成刻面形，一般无严格要求，多因材加工。

4.2.2.4 大小

一般来讲，高档宝石晶体越大越珍贵，刚玉宝石亦如此。红宝石的个体通常比蓝宝石小。宝石单粒重在1克拉以下时，每克拉价格随单粒重的增加逐步增加；单粒重达到1克拉，价格猛升一个档次，红宝石单粒重为1~4.99克拉时，每克拉价格也随单粒重的增加逐步增加，在红宝石单粒重达5克拉时，每克拉的价格又上一个档次。蓝宝石比红宝石产量要多些，几克拉者常见，但达到100克拉以上者为罕见的珍品。世界上发现的最大的蓝宝石重19kg，产于斯里兰卡。蓝宝石磨成面积较大的平板状戒面者（俗称老板戒），是不透明的低档原料，价格较低。

一般粒径大于5mm，重量达0.6克拉以上的刚玉晶体，可视达到宝石级。质量特优者，其下限可降至0.3克拉，重量超过2克拉的，可视为珍品。

4.2.2.5　包裹体及杂质

红宝石、蓝宝石中的气液包裹体和固体包裹体都比较常见，如针状金红石晶体或细长的刚玉晶体及指纹状的气液包裹体等。另外，还常见锆石、尖晶石、云母、石榴石、赤铁矿等晶质包体及细小管状裂隙等，这些包裹体和杂质的存在，将影响红宝石、蓝宝石的质量。

4.2.2.6　星光效应

具有星光效应的红宝石、蓝宝石，比同等质量的红宝石、蓝宝石价值要高得多。星光宝石的评价一是星光越亮越好；二是星光光线交点应位于弧面宝石的顶点，一旦磨歪了，交点偏于弧面的一侧，宝石的价值就大大降低；三是星光的光线要笔直，不要有缺、断、弯曲等情况（见图4-10）。

星光的明显与否，与宝石的透明度和颜色有关。当宝石透明度较差，颜色又较深暗时，星光会更明显。红、蓝宝石当包裹体少或包裹体定向性差时，虽磨成弧面琢形，也不显星光。

图4-10　星光蓝宝石

所有的刚玉质宝石都可能出现六射星光。其中有一种称为"黑星石"，呈黑色透明又具星光，是非常名贵的宝石，因其独特的美，深得珠宝鉴赏家的钟爱。

4.2.3　与合成红、蓝宝石的区别

合成红、蓝宝石的颜色和透明度比天然宝石要好得多，它们的物理性质、化学成分与天然刚玉是完全相同的，一般常用硬度、折光率、密度等区分方法难以奏效，要想进行区分则需对其其他特征进行观察、判别。

天然红、蓝宝石与合成红、蓝宝石的主要区别：

（1）形态：未经加工的天然刚玉常具有六边形桶状或柱状晶形，有天然生成的晶面和晶棱；合成刚玉因是在高温的火焰中融化后急速冷凝而成，外观上好像一个倒置的梨或一根短粗的胡萝卜，没有清楚的晶面

和晶棱。即使一些合成产品有晶面产品，但晶形大多不佳。

（2）结晶生长纹：天然刚玉在自然界中生成，结晶速度非常缓慢，具平直的六边形生长纹（或生长色带）；合成红、蓝宝石的生长线呈弯曲状且线间无交叉现象。天然宝石的生长纹粗细不一、间距不等、颜色不匀；合成宝石的生长纹纤细、比较规整、颜色均匀。

（3）包裹体：天然宝石含有大量的天然矿物包裹体（如锆石、金红石、尖晶石、磷灰石等），这些小包裹体有带棱角的晶形且常按一定方向排列。同时有许多细小的液体包裹体，如缅甸蓝宝石中由液滴组成的指纹状包裹体。而合成宝石中没有固体包裹体，大多含气态包裹体，外形多呈圆形。用熔融法生产的合成红、蓝宝石中可见云烟状或丝缕状包裹体。

（4）吸收光谱：使用分光镜观察吸收光谱是区分天然和合成蓝宝石的有效方法，而红宝石无法区别。在天然蓝宝石的吸收谱中，蓝色部分有波长245nm的三条常挤在一起的黑吸收带，而合成或人造品则没有。

（5）发光性：蓝宝石在用紫外灯照射时，合成品会出现蓝白色或带绿色的荧光，而大多数天然品却不发荧光。发荧光时，合成蓝宝石的弯曲弧线生长纹特别清楚，利于观察。而对于红宝石在用紫外灯照射时，天然的和合成的红宝石均发出明亮的红色荧光，但合成品比天然品更明亮，有些含 Cr 高的合成红宝石荧光很弱，故仅用此法不能准确区别天然和合成红宝石。

（6）二色性：在二色镜下观察，凡是对着宝石的台面（或顶面）观察时出现二色性的，是合成品，不出现二色性的可能是天然品；凡是对着宝石侧面观察时显示二色性的是天然品，否则是合成品。

天然星光红宝石、蓝宝石和人工合成星光宝石的区别是：天然星光宝石的星光显得不太规整，常常偏离台面的中心，星线很少延伸到戒面的腰部。而人工合成的星光宝石，星线较细，线与线之间的比例恰当，星线全部伸延到戒面腰部。

4.2.4 与其他相似宝石及仿制品的区别

红宝石与红色尖晶石、红色电气石、红色绿柱石、镁铝榴石等容易混淆。蓝宝石易与蓝色尖晶石、蓝色电气石、坦桑尼亚石、蓝色锆石、蓝锥矿、蓝晶石、堇青石等相混淆。但红宝石、蓝宝石都具有独特的识别特征，即具有明显的、平直的生长线。这些生长线交叉呈六边形。虽然在一个宝石戒面上很难发现完整的六边图形，但常常可以找到其中两条直线交叉的硬直角。从这一点很容易将红、蓝宝石和其他宝石相区别。

与尖晶石的主要区别：尖晶石为均质体，无二色性；从折光率角度来看，尖晶石只有一个折光率值 1.72，而红、蓝宝石有两个折光率值 1.76～1.77；在分光镜下进行观察，红宝石有两条明亮的红色荧光，而红色尖晶石有五条或以上；天然蓝色蓝宝石有一条黑吸收带，而天然蓝尖晶石有多条黑吸收带。

与锆石的主要区别：红色锆石很少见。从折光率来看，锆石的折光率为1.92～1.985，已超出光率计的测定范围，而红、蓝宝石的折光率是可以由光率计测定的；成品锆石表面闪光非常明亮，并有五颜六色的变彩，而红、蓝宝石没有；锆石的双折射强烈，底面及棱线出现明显的双影，而红、蓝宝石见不到。

与电气石的主要区别：从折光率来看，电气石的折光率比红、蓝宝石低得多，成品在折光仪上测试立即可区别；从双折率来看，电气石双折率较大，棱面石底部的棱线具双影，而红、蓝宝石没有；此外，电气石具有特征的充满液体的扁平状包裹体和不规则的管穴。

红宝石与镁铝石榴石的主要区别：从颜色上看，石榴石的颜色带有棕褐色，而红宝石的红虽有深浅，但较纯正；紫外线照射下，红宝石发出很明亮的纯红色荧光，而红色石榴石则没有；二色性：石榴石是均质体，无二色性，而红宝石为非均质体，具显著的二色性。

红宝石与红色绿柱石的主要区别：红色绿柱石具有肉眼可见的强多色性，即褐黄绿、褐橙和褐红色，而红宝石具有显著的二色性；当用短波紫外光照射红色绿柱石具无至中等绿色、黄绿色荧光，而红宝石具无至中等红色荧光；红宝石在红区有明显的 Cr 吸收线，而红色绿柱石只在蓝紫区有吸收线。

蓝宝石与蓝锥矿的主要区别：蓝锥矿呈蓝色到紫色。折光率及密度均与蓝宝石相近，亦具强二色性。但蓝锥矿的双折射率高达 0.047，成品

宝石具明显的后刻面重影；且在短波紫外光照射下蓝锥矿可具有亮蓝色荧光，而蓝宝石则表现为荧光惰性。

　　蓝宝石与堇青石的主要区别：堇青石具有肉眼就可观察到的强多色性，即蓝、紫和浅黄；堇青石的密度明显低于蓝宝石，在$2.65g/cm^3$的重液中堇青石悬浮，而蓝宝石下沉。

　　蓝宝石与坦桑石的主要区别：坦桑尼亚石是最近在坦桑尼亚发现的宝石级黝帘石，又称坦桑石，呈红褐色、深紫色、透明、晶体较大，经热处理后可变成像蓝宝石一样的鲜艳蓝色（见图4-11）。但它具有明显的三色性，呈深蓝-紫红-黄绿色；另外，它的密度（$3.35g/cm^3$）、硬度（$6.5\sim7$）都比蓝宝石低。

图4-11　坦桑石

　　红宝石与红色玻璃的区别：红色玻璃颜色均匀、无二色性、包裹体呈单一的圆形气态，偏光镜下显均匀性。有时还可见到流线状流动构造。在三溴甲烷溶液中，红色玻璃漂浮而红宝石下沉。

　　人工改色红宝石、蓝宝石常常采用表面渗色法进行处理，来改变宝石的颜色。改色宝石在显微镜下有如下特征：一是颜色不均，有的地方深，有的地方浅。在宝石的小麻坑和绺裂处、宝石的棱部、腰部等，颜色较深。另外一个特点是表面光泽有点钝。

　　与天然红宝石、蓝宝石相混淆的还有加层宝石，即冠部、亭部是红宝石、蓝宝石，而其他部分是石榴石、人工合成宝石、水晶等。最简单的检测方法是，将加层宝石投入亚甲基碘化钾溶液中观察会有层次分明的感觉。在显微镜下观察，夹层之间一定有气泡出现，而且气泡分布在一个平面上。

4.2.5　加工与检测

　　透明的刚玉原料常常加工成阶梯形、多面形、混合形和标准形。深色或不透明的原料常加工成腰圆形。为了使宝石呈现出最绚丽的颜色，宝石的顶面必须垂直于光轴。加工有定向的星光宝石时，必须使宝石腰棱垂直于光轴。

加工时的理想角度为：主要顶部反光面为 37°，主要底部反光面为 42°。

仪器检测：

（1）偏光器中，转动物台一周有四次明暗变化。

（2）用二色镜观察其二色性。

（3）在宝石显微镜下观察其包裹体和平直的生长线。

4.2.6　主要产地

现在市场上见到的红宝石、蓝宝石主要来自澳大利亚、巴西、缅甸和斯里兰卡、泰国、印度及中国等。与钻石不同，不同产地的红、蓝宝石具有不同的特征和价值。

缅甸莫谷红宝石　莫谷是世界上最著名的刚玉类宝石产地，其面积达几百平方千米，莫谷红宝石的颜色和质量最佳，"鸽血红"即产于此地。莫谷出产的红宝石多呈鸽血红、玫瑰红、粉红色，颜色鲜艳但不均匀，常见到平直的色带；多色性明显，用肉眼从不同角度可见到两种不同的颜色；红色荧光强烈；常具有大量的针状金红石固态包裹体，较短较粗，定向排列时素身石可出现六射星光；常含指纹状气态包裹体。

斯里兰卡红宝石　颜色比缅甸产品浅，鲜艳程度略差，质量不如缅甸产品。斯里兰卡出产的红宝石所含的金红石包裹体特别细而长，称为"丝状包裹体"；素身石呈明亮的六射星光；独有的锆石和磷灰石包裹体，尤其是锆石包裹体因具放射性在宝石中产生褐色的放射性晕圈。其他特点与缅甸产品相似。

泰国红宝石　颜色常带有棕褐，类似石榴石，不发荧光。最大特点是没有针状或丝绢状金红石包裹体，不会出现星光；常含有磷灰石、石榴子石、斜长石、磁黄铁矿的包裹体。

中国红宝石　质量及产量均不理想，主要产于云南和青海。云南红宝石产于大理岩中，呈紫红到鲜红色，颗粒可达到 $(2\sim3)\,cm\times(5\sim6)\,cm$，透明度欠佳，最多只能磨成素身宝石。青海红宝石产于刚玉云母斜长岩中，深暗红色，颜色会变化，常有同一晶体一头为红另一头为蓝，或外皮红而

内部蓝。透明度很差，晶体大的可达(5～10)mm×(20～30)mm。

克什米尔蓝宝石　呈矢车菊的蓝色，即微带紫的靛蓝色。颜色的明度大，色泽鲜艳。有雾状包裹体的具乳白色反光效应。属优质的蓝宝石品种。但由于矿区位于喜马拉雅山脉的西北端，海拔5000多米，终年被雾笼罩，近几年没有产出，故产品更为珍贵。

缅甸莫谷蓝宝石　和红宝石产于同一矿区，除颜色不同外，其他特点完全相同。透明度高，裂隙少，呈鲜艳的蓝色，是质量仅次于克什米尔蓝宝石的佳品。

斯里兰卡蓝宝石　和红宝石产于同一矿区，除颜色不同外，其他特点完全相同。呈鲜艳的蓝色，丝绢状包裹体与缅甸蓝宝石特点相似，但纤维细而长，可呈现六射星光。

泰国蓝宝石　呈带黑的蓝色、淡灰蓝色，晶体中没有丝绢状包裹体，但指纹状液体包裹体发育。最显著的特征是褐色固体包裹体周围有呈荷叶状展布的裂纹。因颜色很暗，刻面宝石反光效果也不好，一般需经过加热改色处理才能使用。

中国蓝宝石　产地较多，虽质量欠佳，但产量较大。主要产于山东昌乐和海南岛的文昌。山东昌乐出产的蓝宝石粒径较大，粒径一般在10mm以上，最大的可达数千克拉。蓝宝石因含铁量高，多呈近于炭黑色的靛蓝色、蓝色、绿色和黄色，以靛蓝色为主。宝石级蓝宝石中包裹体极少，除见黑色固态包裹体之外，尚可见指纹状包裹体。没有绢丝状金红石及弥漫状液体包裹体。山东蓝宝石因内部缺陷少，属优质蓝宝石。海南岛文昌出产的蓝宝石粒径较小，粒径一般在5mm以下，色美透明，除含极少的气液包裹体之外，很少含其他缺陷。但颗粒大于5mm的晶体的外缘，均不同程度的含有一层乳白色、不透明、平行六方柱面的环带。晶体中还有较多的聚隙和蚕籽状金红石包裹体。

澳大利亚蓝宝石　澳大利亚是产量丰富的蓝宝石产地。但由于铁的含量高，宝石颜色暗。多呈近于炭黑的深蓝色、黄色、绿色或褐色。含尘埃状包裹体。其宝石特点与泰国、中国相同，均需改色后才能使用。

4.3　祖母绿与海蓝宝石

凡是透明少瑕的绿柱石均可当做宝石。由于绿柱石中含有不同的过渡金属元素，而呈现不同的颜色，因此，绿柱石类宝石品种甚多，主要有祖母绿、海蓝宝石、铯绿柱石、金色绿柱石及暗褐色绿柱石，其中以前两者较常见。

祖母绿（见图4-12），英文名称emerald，源于古波斯语zumurud，原意为"绿色之石"，古希腊人称其为"发光的宝石"，后演化成拉丁语Smaragdus。约在公元16世纪时，祖母绿有了今天的英文名称。

祖母绿是一种有着悠久历史的宝石。据考证：约在4000多年前，祖母绿就被发掘于埃及的尼罗河上游红海西岸地区。祖母绿价值十分昂贵，与钻

图4-12　祖母绿

石、红宝石、蓝宝石、金绿宝石并列为世界五大珍贵宝石，优质的祖母绿其价格可与优质的钻石相比。国际珠宝界更将其定为五月诞生石，象征着幸运、幸福，佩戴它会给人带来一生的平安。它也是结婚55周年的纪念石。

海蓝宝石，英文名称aquamarinl，源于拉丁语aquamarina，原意为海水。传说，这种美丽的宝石产于海底，是海水之精华，所以航海家用它祈祷海神保佑航海安全，称其为"福神石"。我国宝石界称海蓝宝石为"蓝晶"。海蓝宝石长期以来被人们奉为"勇敢者之石"，并被看成幸福和永葆青春的标志。世界上许多国家把海蓝宝石定为三月诞生石，象征沉着、勇敢和聪明。

4.3.1　矿物学特征

化学组成：属环状硅酸盐类矿物，分子式为 $Be_3Al_2(Si_6O_{18})$。

结晶学特征：六方晶系，晶体常为六方柱状（见图4-13），有时呈锥状。

颜色：含不同金属元素的绿柱石，呈不同的颜色，如翠绿色、红色、

粉红色、天蓝色、黄色、绿色、无色等。祖母绿为翠绿色，海蓝宝石为蔚蓝色。

光泽：玻璃光泽。

硬度：莫氏硬度为 7.5 ~ 8，性脆，极易发生裂纹。

密度：$2.67 \sim 2.78 \mathrm{g/cm^3}$。

折射率：1.565 ~ 1.600，双折射率：0.005 ~ 0.009。

多色性：不明显，只有颜色深的绿柱

图 4-13　绿柱石晶体

石可见。如祖母绿具蓝绿-黄绿色二色性；海蓝宝石具浅蓝绿-蓝色二色性。

发光性：部分祖母绿在长波紫外光下由无色到弱橙红到带紫的红色，海蓝宝石无荧光。

查尔斯滤色镜下：哥伦比亚和前苏联天然祖母绿呈红到粉红色，其他地区的祖母绿呈绿色。

吸收谱线：哥伦比亚祖母绿在红色区有 3 ~ 5 条密集排列的吸收线，蓝色区有一条吸收线，橙、紫、蓝区有宽的吸收带。海蓝宝石在 462nm、500nm 处有两条吸收线，在蓝、紫和红色区有吸收带。

透明度：透明，具猫眼效应和星光效应的绿柱石呈半透明。

包裹体：祖母绿产地不同，包裹体各异：哥伦比亚祖母绿常含三相包裹体及方解石、黄铁矿包裹体；俄罗斯祖母绿含针状和竹节状阳起石包裹体，云母片状包裹体；赞比亚、南非、巴勒斯坦祖母绿常含云母类包裹体；津巴布韦祖母绿含透闪石针状包裹体；巴西祖母绿较纯净，一般不含包裹体。海蓝宝石含气-液两相包裹体，有时见云母包裹体。许多海蓝宝石中是不含包裹体的。褐色半透明绿柱石中常含金红石包裹体。

4.3.2　祖母绿的鉴定特征及其评价

4.3.2.1　祖母绿与天然绿色宝石的区别

祖母绿与天然绿色宝石的区别见表 4-5。

表 4-5 祖母绿与天然绿色宝石的区别

宝石名称	光 性	硬度	密度/g·cm^{-3}	折光率	双折射率
祖母绿	一轴（－）	7.5	2.63 ~ 2.90	1.564 ~ 1.602	0.005 ~ 0.009
钙铝榴石	均质体	6.5	3.85	1.74	无
电气石	一轴（－）	7	3.05	1.620 ~ 1.640	0.018
翡翠	不消光	7	3.33	1.660 ~ 1.680	0.014
萤 石	均质体	4	3.18	1.43	无
磷灰石	一轴（－）	5	2.90 ~ 3.10	1.632 ~ 1.667	0.002 ~ 0.005
合成祖母绿	一轴（－）	7.5	2.65 ~ 2.66	1.560 ~ 1.567	0.003 ~ 0.004
玻 璃	均质体	7	2.47	1.52	无

天然绿色矿物中易与祖母绿混淆的有萤石、绿色电气石、磷灰石、翡翠、含铬钒钙铝榴石。

萤石：萤石硬度太低，很易被小刀或钢针划伤，不能作宝石，但因颜色惹人喜爱，优质品常被收藏。某些绿色萤石外观与祖母绿很相似，且在查尔斯滤色镜下也呈淡红色。主要区别：折光率仅为 1.434，比祖母绿（1.57）低得多，用折光仪一测即知；萤石为均质体，偏光器中视域黑暗，而祖母绿在偏光器中有明显的四次明暗变化；萤石的密度较大（3.18g/cm^3），在三溴甲烷溶液中下沉，而祖母绿上浮；荧光下萤石有较强的浅蓝色荧光，而只有少量的祖母绿有微弱的红色荧光。

绿色电气石：电气石二色性明显，双折射率高，在亭部底刻面处有双影；在三溴甲烷溶液中下沉。

磷灰石：磷灰石的硬度较低，莫氏硬度为 5；折光率较高，为 1.632 ~ 1.667。

翡翠：优质半透明的翠绿色翡翠很似祖母绿，但仔细观察翡翠具有特殊的纤维交织结构，有较多的细纤维；绿色翡翠在查尔斯滤色镜下呈绿色，而天然哥伦比亚祖母绿或合成祖母绿呈红色。另外，翡翠的颜色明显不均匀。

含铬钒钙铝榴石：均质体、强色散、强的亚金刚光泽易与祖母绿区别。

4.3.2.2 祖母绿与合成祖母绿、赝品的区别

祖母绿产出稀少，远远不能满足人们的需求，因此，出现了多种合

成祖母绿及仿制品。

合成祖母绿：最主要的区别是，天然祖母绿具有特殊的三相包裹体及阳起石、云母包裹体，而合成祖母绿含云团状不透明白色未融化的熔质包裹体、银白色不透明三角形铂片包裹体、柱状硅铍石包裹体；另外，合成祖母绿颜色浓艳，有较强的红色荧光；在查尔斯滤色镜下合成祖母绿呈现鲜艳的红色，较天然祖母绿明亮，但较难区别。

二层石或三层石：冠部为绿柱石类宝石，而亭部为水晶或合成尖晶石，其间有时有一层有色材料。主要鉴别方法：宝石腰围处可能有黏合的痕迹或明显的气泡；亭部和冠部的光泽、颜色、包裹体不一样；从旁边观察，尤其是泡入水中观察时，可见到顶底的分层特征；紫外光下，各部分的荧光现象显示不同。

染色、注油祖母绿：染色祖母绿颜色分布不均匀，裂隙处色浓，其吸收光谱比祖母绿标准吸收谱模糊，并有缺失现象；注油祖母绿：在放大镜下仔细观察，其裂隙处会产生干涉，如果把宝石放在台灯下缓慢加温会有油珠流出，在紫外光下注油祖母绿发黄色荧光。

绿色玻璃：用以冒充祖母绿的玻璃，多半为铅玻璃，其折光率和密度均高于祖母绿，折光仪测定即可区分；玻璃为均质体，偏光镜下无明暗变化；玻璃内的包体为圆形气泡，有的成串分布，有时可见到融化玻璃时生成的弯曲线纹；绿色玻璃纯净，很少见到裂隙；祖母绿硬度7.5，能在水晶硬度标准片上划出伤痕，而玻璃则不能；玻璃热导性差，舌舔之有温感，而祖母绿有较长时间的凉感。

4.3.2.3 不同产地祖母绿的鉴定特征

产地不同，祖母绿的价值差别很大。2014年，哥伦比亚优质祖母绿每克拉平均价格为7500~9000元，而赞比亚祖母绿每克拉平均价格为5000元左右。因此，准确鉴定祖母绿的产地也是很重要的。

哥伦比亚祖母绿　哥伦比亚祖母绿享誉世界，因为它拥有最好的颜色，就算成色顶级的赞比亚、巴西、阿富汗祖母绿也难以和哥伦比亚优质祖母绿的颜色相媲美。与世界其他地方所产的祖母绿相比，哥伦比亚的祖母绿除了颜色之外，透明度也非常好，同时颗粒也大，以契沃尔矿区的质量最佳。主要特征：微蓝翠绿色，玻璃光泽，具有特殊的气、液、固三相包裹体，管状液态包裹体及黄铁矿、水晶、铬铁矿、磁黄铁矿、辉钼矿等固体包裹体。

乌拉尔祖母绿　亦称西伯利亚祖母绿，产于前苏联乌拉尔山脉。主要特征：比哥伦比亚祖母绿稍黄，为带黄的绿色，固体包体有呈竹片状阳起石和呈叶片状、鳞片状黑云母。

巴西祖母绿　淡黄绿色和绿色，彩度较差，一般不太鲜艳，属劣质祖母绿。主要包裹体有气液两相包裹体呈不规则状或层状分布；平行排列的管状包裹体发育，如果密集排列，经琢磨后可呈现猫眼效应；可有黑云母及磁铁矿包裹体。

4.3.2.4　加工与检测

祖母绿加工：理想模式为"祖母绿"形；加工时应注意，祖母绿性脆，在琢磨和镶嵌时不宜过热，否则会产生裂纹；在洗涤祖母绿首饰时，不能用超声波洗涤器，否则易产生或扩大裂纹。

祖母绿的仪器检测：祖母绿属非均质体，在偏光器中转动360°，有四次明暗变化，二色镜下观察多色性不明显，在查尔斯滤色镜下呈粉红色。

4.3.2.5　评价

在传统的国际市场，衡量祖母绿价格主要基于四要素：颜色（color）、光泽度（brightness）、纯净度（diaphaneity）和重量（weigh）。

颜色：颜色是评价祖母绿的首要因素，高档的祖母绿要求颜色为浓艳纯正的翠绿色，无色带。优质的祖母绿要求颜色均匀分布，中至深绿色，中亮至中暗的明度，同时可带稍黄或稍蓝的色调，有柔软绒状外观。如果色浅，即使无裂纹、5克拉以上的祖母绿，其价格也低。

光泽度：在哥伦比亚，祖母绿的光泽度是仅次于颜色的第二重要的价格评估标准，光泽度高的祖母绿，让人感觉宝石的光芒非常鲜艳生动，不会有黯然无光之感。光泽度越好其价格越高。

纯净度：祖母绿在生成的过程中，有多种其他元素如云母、黄铁矿、方解石等混入其中，故多杂质和裂纹。祖母绿俗称包裹体的"花园"，杂

质愈少的祖母绿就愈加珍贵，在挑选祖母绿的时候，杂质和细纹不在中间窗口部分的为佳。

重量：祖母绿绿柱石的生成，需要极其特殊的地理环境，一般在10万个祖母绿矿石中才能发掘出一个祖母绿裸石，而把祖母绿裸石制成刻面宝石的成品率只有10%~30%，有时几十克的一块原料，只能磨得2~3克拉重的少许成品，成品中常见重量为0.2~0.3克拉，一般小于1克拉。因此，优质祖母绿的价格随重量增加的幅度十分明显，大于0.5克拉的优质祖母绿价格已高于同重量的钻石。

在祖母绿质量评价的实践中，颜色、透明度和净度往往被作为一个综合性指标。根据这一综合性指标，祖母绿可分为下列三个档次：

（1）第一档次：颜色为纯正的深翠绿色，透明，包裹体少，裂隙少，10倍放大镜下少见。

（2）第二档次：颜色为翠绿色或带蓝、带黄的绿色，透明，包裹体较少。

（3）第三档次：颜色为带蓝、或带黄的翠绿色，透明稍差，包裹体也较多。

4.3.3 海蓝宝石的鉴定特征及其评价

海蓝宝石以淡雅的天蓝色赢得人们的喜爱，是近期十分畅销的宝石品种之一。

海蓝宝石常为明澈的天蓝色，这主要是因为其内部含有微量的二价铁，珠宝市场上还有很多海蓝宝石带有一种微蓝绿色，也常见淡天蓝色（见图4-14）。海蓝宝石所含包裹体较少，用肉眼不易察觉，因都产在伟晶岩中故包裹体特征相同。优质大粒海蓝宝石较多，但由于产量也较大，因此价格远不如祖母绿昂贵。

海蓝宝石与其他颜色的绿柱石均产在伟晶岩中，除颜色之外，其余物理性质及识别特征与祖母绿完全相同。

图4-14　海蓝宝石

4.3.3.1 海蓝宝石与相似天然蓝色宝石的区别

自然界中与海蓝宝石相似的天然蓝色宝石有天然黄玉、改色黄玉、改色锆石等，其主要区别见表4-6。

表4-6　海蓝宝石与相似天然蓝色宝石的区别

宝石名称	硬　度	密度/g·cm⁻³	折光率	光　性
海蓝宝石	7.5~8	2.67~2.78	1.56~1.60	非均质
锆　石	7.5~8	3.90~4.80	1.92~1.98	非均质
黄　玉	8	3.53~3.56	1.61~1.64	非均质
人造尖晶石	8	3.60	1.71~1.73	均　质
玻　璃	7	2.63~3.85	1.57~1.64	均　质

蓝色锆石：锆石具有较高的双折射率，从刻面宝石的台面用放大镜观察，宝石的底刻面棱角处有明显的双影，并有较高的色散和密度。

天然黄玉与改色黄玉：与海蓝宝石较难区别，但它们的包裹体特征明显不同。黄玉的气液包裹体中有两种不相混溶的液态包裹体，即同一个包裹体的空隙中，除气泡外，尚有两个同心圆状圈，而海蓝宝石的气液包裹体中除气泡外再没有多余的圈。海蓝宝石中常见的包裹体有管状包裹体：宝石中常有气液或中空的细长管状包裹体，如果密集排列，可呈现猫眼效应；雪花状气液包裹体：由无数气液包裹体聚集在一起，呈不规则的放射状分布；星点状气液包裹体：气液包裹体呈星点状分布；云母包裹体：可含有细小褐色云母包裹体。

4.3.3.2 海蓝宝石与赝品的区别

海蓝宝石的赝品主要有人造尖晶石和玻璃。

人造尖晶石：查尔斯滤色镜下，人造尖晶石呈亮橙红色或红色，而海蓝宝石呈清楚的绿色。此外，人造尖晶石为均质体，没有二色性，海蓝宝石的二色性明显。

玻璃：玻璃是均质体，偏光镜下无明暗变化；玻璃无二色性；用放大镜或显微镜观察，玻璃中常有少量气泡，还可能有熔融时成分混合不匀而产生的弯曲线纹。海蓝宝石是天然晶体，其中有成层的细小矿物晶体组成的羽状物或管状的液态包裹体；玻璃的导热性差，而海蓝宝石晶

体的导热性好，因此，可用舌舔宝石法来区别，用舌舔海蓝宝石时，有一种冰冷的感觉，而玻璃则有温感。

4.3.3.3 海蓝宝石的评价

海蓝宝石的原料粒度一般较大，另外，人们喜爱的是它的天蓝色及清澈透明，因此，评价海蓝宝石的主要因素是颜色、透明度和重量。颜色深、无缺陷、无包裹体及杂质、粒度大者为佳品。海蓝宝石最好的颜色是像海水一样的深蓝色，次为天蓝色、浅蓝色。不透明或透明度很低者一般不能用做宝石，但有些具有"云雾"状的海蓝宝石可出现猫眼效应，以眼线清晰、色深者为佳品。

4.3.3.4 加工

海蓝宝石主要被琢磨成棱面石出售。少量不太透明的海蓝宝石，在琢磨呈半球面的素身面宝石后，有时会出现雪花状闪光、猫眼闪光、四射星光，而使价格提高。

4.3.4 祖母绿与海蓝宝石主要产地

世界上主要祖母绿的产出国有哥伦比亚、巴西、赞比亚、津巴布韦、巴基斯坦、俄罗斯等。祖母绿以哥伦比亚产出的为最佳，优质者0.2～0.3克拉就可以作为高档首饰戒面，大于0.5克拉者，其价格高于同重量的钻石。其次是坦桑尼亚祖母绿，优质者可与哥伦比亚祖母绿相比，其他地区产祖母绿的价格依具体质量而定。不同产地的祖母绿具有不同的特征，尤以包裹体特征最为显著，因此将其视为祖母绿产地鉴别的关键。在放大镜和显微镜下，哥伦比亚祖母绿裂纹较多，裂隙内有时充满褐色铁质薄膜，具典型的气、液、固三相包裹体，还有纤维状包裹体、黄褐色粒状氟碳钙铈矿包裹体、黄铁矿包裹体、磁黄铁矿包裹体和辉钼矿包裹体等。俄罗斯祖母绿裂隙稍少，具阳起石包裹体，外观很像竹筒（俗称竹节状包裹体），另外还常见页片状黑白云母包裹体，亦是祖母绿呈褐色的原因。印度产祖母绿呈"逗号"状包裹体。巴基斯坦祖母绿具云母片和两相包裹体等。

世界优质海蓝宝石主要来自巴西，占世界海蓝宝石产量的70%。俄罗斯乌拉尔山脉也是海蓝宝石的供应地。美丽的宝石级海蓝宝石在马达加斯加有 50 多处不同产地。另外，美国、缅甸、西南非、津巴布韦和印度均出产海蓝宝石。

我国新疆阿勒泰、云南哀牢山、四川、内蒙古、湖南、海南等地均找到了海蓝宝石。特别是绵垣数百千米长的阿尔泰山麓，海蓝宝石蕴藏量十分丰富。宝石透明至半透明，颜色浅天蓝色至深天蓝色，还发现有海蓝宝石猫眼和水胆海蓝宝石。但我国海蓝宝石一般颜色太浅，在国际宝石市场上缺乏竞争力。

4.4　猫眼石与变石（金绿宝石）

金绿宝石，也称金绿玉、金绿铍，英文名称为 chrysoberyl，源于希腊语的 chrysos（金）和 beryuos（绿宝石），意思是"金色绿宝石"，这一名称高度概括了金绿宝石的颜色特征。一般情况下金绿宝石呈浅茶水一样明亮的褐黄色和绿黄色（见图 4-15）。

图 4-15　金绿宝石晶体

金绿宝石是自然界中非常少见的宝石，从数量上看比红、蓝宝石还要稀少。此外，它之所以位列名贵宝石也是由于它的两个具有特殊光学效应的变种：猫眼和变石。金绿宝石本身就是较稀少的矿物，能形成猫眼和变色效应的就更少，因而十分珍贵。

猫眼石是金绿宝石中的著名品种，是指具有猫眼效应的金绿宝石。因宝石在光线照射下呈现绮丽的猫眼效应而得名，英文名 cat's eyes。猫眼效应归因于其内部具平行 c 轴排列的针状结晶包裹体，由于金绿宝石与包裹体存在折射率上的差别，使入射到宝石内的光线经包裹体反射出来，经特别定向切磨后，反射光集中成一条光带，而这条光带随着照射线移动而移动，故称为"猫眼活动"。更为神奇的是，当把猫眼石放在两个光源下，随着宝石的移动，眼线会出现张开与闭合的现象，宛如灵活而明亮的猫的眼睛。

金绿猫眼在我国古代称为"狮负"，意思是狮子背负过。"狮负"一词源于"狮子国"（斯里兰卡旧称）的神话故事，亚洲国家最负盛名的金

绿猫眼深受人们喜爱。猫眼石常被当做好运气的象征，人们相信它会保护主人的健康，使其免于贫困，斯里兰卡人认为猫眼石具有镇妖压邪的魔力。有一个时期，人们把金绿猫眼雕刻成某种动物头的形状，以突出其猫眼闪光效果。

变石也称亚历山大石，原石最早于 1830 年发现于沙皇俄国，即以沙皇亚历山大二世的名字命名为亚历山大石。变石因变色效应而得名，素有"白昼的祖母绿，黑夜的红宝石"之美誉。变石产量稀少而非常珍贵，0.3~0.4 克拉颗粒属中级品，大于 5 克拉的晶体十分罕见，变石的颜色以白昼光亮绿色-蓝绿而白炽光紫红色的变色效应最佳。

变石的颜色及其变色效应起因于金绿宝石矿物中含有微量铬（Cr）元素，铬（Cr）元素对绿光的投射最强，对红光透射次之，而对红光和绿光之外的其他光线则全部强烈吸收，但当光源中的红光成分多时，它就呈现红色，绿色成分多时，它就呈现绿色。因为日光中绿色成分多，白炽灯中红色成分多，所以它在日光或日光灯照射下呈绿色，而在白炽灯下呈红色。世界上不同产地的变石在白光下的呈色也不尽相同，如俄罗斯的变石为蓝绿色，斯里兰卡的为深橄榄绿色，而津巴布韦的变石则呈现美丽的祖母绿色。

一些西方国家将变石定为六月的生辰石，象征健康、富裕和长寿，被誉为"康寿之石"。

4.4.1 矿物学特征

化学组成：$BeAl_2O_4$，常含微量的色素离子铁、钛、铬。

结晶学特征：斜方晶系，晶体多呈短柱状、板状、放射状等（见图 4-16）。

颜色：棕黄色、绿黄色。

光泽：玻璃光泽。

硬度：莫氏硬度为 8.5。

折光率：1.746~1.755。

双折射率：0.008~0.010。

多色性：黄绿色-橙黄色-浅紫

图 4-16　金绿宝石晶形

红色。

密度：3.71~3.75g/cm³。

光性：二轴晶正光性。

断口：贝壳状。

透明度：透明-不透明。

发光性：变石在紫外线下发弱深红色荧光。

查尔斯滤色镜：变石呈红色。

包裹体：主要为指纹状气液包裹体和少量的固体包裹体，猫眼石中具密集定向排列的管状包裹体。

4.4.2 猫眼石的鉴定特征

猫眼石的主要特征是具有清晰的褐黄色猫眼效应，其闪光细窄，灵活（见图4-17）。猫眼石的绢丝状包裹体有的是金红石，在漫射光下亦十分清楚，这是具猫眼效应的其他宝石所不能比拟的。另外，如果用单光源照射猫眼石的侧面，两侧的颜色会明显不同：蜜黄色的猫眼石，从侧面照射，一面呈蜜黄色，另一面呈乳白色。

图4-17　猫眼石

自然界能产生猫眼效应的宝石还有碧玺、绿柱石、磷灰石、石英、蓝晶石等，但是都不如金绿猫眼珍贵。碧玺猫眼：硬度较小，为7~7.5，密度3.0673g/cm³，折光率1.624~1.644。褐黄色、褐绿色石英猫眼：硬度低，6.5左右，密度小，为2.78g/cm³，折光率小，为1.44，石英猫眼呈玻璃光泽、光带较宽，疏水性强，滴上水滴很快散开；而猫眼石光泽明亮、光带细且均匀，用手掂有重感。

人造猫眼石与真品的区别是：人造猫眼石在弧形顶端有2~3条亮带，而天然猫眼石仅有一条。市场上销售的人造猫眼其成分多半是玻璃纤维，放大镜下观察其两侧可见六边形蜂窝状结构。另外，人造猫眼石的密度较小，为2.46g/cm³，硬度低，为5。因此，通过测量密度、硬度易于将二者区分。

4.4.3 亚力山大石（变石）的鉴定特征

日光照射下呈绿色，白炽灯照射下呈红色。这种专有的特性可以与自然界中任何宝石相区别（见图4-18）。

天然变石因产出稀少，价格昂贵。自然界中与变石相似的矿物较少，而人造品种颇多，主要有人造尖晶石变石和人造刚玉变石。

人造刚玉：人造蓝宝石常被用来冒充变石。变石与它的主要区别是：人造蓝宝石常见圆形或成串的气泡，并有弧形色带；而变石中的包裹体为不规则分布的气液包裹体。人造蓝宝石的折光

图4-18　变石

率高于变石，用折光仪易于区分。另外，二者的密度也有差别（见表4-7），用重液法也可将二者区别开。

表4-7　变石与相似宝石的物理性质

宝石名称	硬　度	密度/g·cm^{-3}	折光率	多色光
变　石	8.5	3.73	1.745～1.754	二色性明显
人造宝蓝石	9	3.99	1.761～1.770	二色性明显
人造尖晶石	8	3.63	1.727	无

用肉眼观察，人造蓝宝石在日光下为带紫的蓝色，而变石的色调以绿色为主；在烛光下，人造蓝宝石的红色要比变石的红色鲜艳得多。

人造尖晶石：人造尖晶石与变石的主要区别是人造尖晶石为均质体，无多色性，用二色镜观察两个视域为同一颜色，而变石的多色性明显。区分二者较可靠的方法是测定密度和折光率。

4.4.4 评价

猫眼石的评价是从颜色、眼线的位置、宝石的形状、重量等因素考虑。

（1）颜色：基底色由优到劣为：蜜黄色、黄绿色、绿色、棕色、黄白色、绿白色、灰色。各颜色品种的较鲜亮者，价值相对较高。但即使

是最差的猫眼石，也比其他有猫眼效应的宝石价格高得多。

（2）眼线形状：光带居中、竖直，光带狭窄，界线清晰，并显出游动活光；猫眼线有一、二、三条之分，具二条猫眼线的最佳；猫眼光带闪光要强，与宝石背景形成鲜明对照，十分明显而干净的为上品；猫眼要能张得大，越大越好，合要合得拢。

（3）眼线的光泽色：金黄-银白-绿-蓝白-蓝灰；能与基底色形成鲜明对照；有明显的"乳白-蜜黄"效应。

（4）重量：重量越大越珍贵，价值越高。

天然变石的评价中最主要的因素是颜色及颜色变化的美丽程度。最受欢迎的两种颜色是日光下呈现优质祖母绿的绿色，而在灯光下呈现红宝石浓艳的红色，但实际上变石很少能达到上述两种颜色。白天颜色好坏依次为翠绿、绿、淡绿，晚上颜色好坏依次为红、紫、淡粉色。变石只要颜色变化好，都属于高档之列。变石稀少而珍贵，一般颗粒都比较小，0.3克拉、0.4克拉的粒度就属中档宝石，大于5克拉的晶体则十分罕见。如果颜色变化明显，透明，没有裂纹且切磨适中，都可称为变石珍品。

4.4.5　加工

变石主要被琢磨成钻石或祖母绿式的棱面石，猫眼石加工时，为了显示出猫眼效应，一般琢磨呈半球形的素身面，切割时要将猫眼闪光放在球面的正中。

4.4.6　主要产地

世界上最著名的猫眼石产地为斯里兰卡西南部的特拉纳布拉和高尔等地，素有"锡兰猫眼"之称。巴西和俄罗斯等国也发现有猫眼石，但是非常稀少。斯里兰卡产的猫眼质量最佳，以蜜黄色，光带呈三条线者为特优珍品。该国的猫眼为世人珍爱，且非常出名，斯里兰卡猫眼有专门的英文名：Cymophane。

世界上最好的变石产于俄罗斯的乌拉尔地区，质地透明，颜色在日光下呈蓝绿色。目前变石最主要的来源是巴西和斯里兰卡，其他的有缅

4.5　碧玺(电气石)

　　碧玺的颜色最为丰富多彩，它以鲜艳的颜色和高透明度在宝石大家族中别具一格，深受人们的喜爱，被称为"风情万种的宝石"。碧玺受热会产生电荷，因而矿物学名称为电气石。电气石是自然界中成分最复杂的宝石之一，品种也较多，但用来做宝石的仅是红色电气石、绿色电气石、蓝色电气石、杂色电气石和电气石猫眼，其中红色电气石最受欢迎（见图 4-19）。

图 4-19　各种颜色电气石

　　18 世纪的一个夏天，几个小孩在荷兰阿姆斯特丹玩弄航海者带回来的石头，惊奇地发现这些石头在阳光下能吸引或排斥轻物质（灰尘、草屑等）。因此，荷兰人把这种石头称为"吸灰石"，并发现碧玺与祖母绿有所差异。1768 年，瑞典科学家发现了绿色电气石和黑色电气石之间的关系，但人们仍然怀疑各种颜色的电气石是否为同一物质。所以，就给它取了名字"tourmaline"，意为"混合宝石"。

　　现在，碧玺是受人喜爱的中档宝石品种，碧玺（红色）用作十月诞生石，以象征安乐、平安。

4.5.1　矿物学特征

　　化学组成：分子式为 $(Ca,Na)(Mg,Fe,Li,Al)_3Al_6(Si_6O_{18})(BeO_3)_3$-

（OH,F)$_4$，属硅酸盐矿物。

结晶学特征：六方晶系，晶体呈棱柱状，有纵纹，横截面呈球面三角形（见图4-20）。

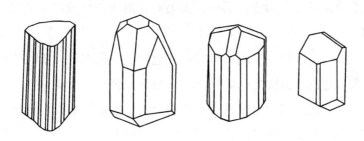

图4-20　电气石的晶形

颜色：随成分而异，富含 Fe 的呈深蓝、暗褐或黑色；富含 Cr 的呈绿色；富含 Mg 的呈黄色或黄褐色；富含 Li、Mn 的呈玫瑰红色。有的电气石外面为绿色，里面为红或黄色，或者一头红一头绿。作为宝石用碧玺的颜色主要有三个系列：

（1）红色系列：红、紫红、玫瑰红、粉红色。

（2）蓝色系列：蓝、紫蓝色。

（3）绿色系列：蓝绿、黄绿、绿色。

光泽：玻璃光泽。

硬度：莫氏硬度为 7 ~ 7.5。

密度：3.04 ~ 3.20g/cm^3。

折光率：1.624 ~ 1.644，双折射率为 0.022。

二色性：明显。

解理：无。

透明度：透明，具猫眼效应的半透明。

包裹体：碧玺的包裹体特征是含有较多的气液包裹体，并且包裹体的气液比较大，即包裹体中气泡所占的比例较大，这些包裹体多单独出现，或交织成松散的网状。另外，在电气石中还可见到长管状、纤维状包裹体分布。

4.5.2　评价

评价碧玺一般以颜色、透明度、内部缺陷的含量、重量作为依据，其中颜色是最重要的因素。另外，如果有猫眼或变色效应，可相应提高其价格。

颜色：以色泽明亮、纯正为佳。红色碧玺中玫瑰红、紫红色价格很昂贵，粉红色的价值次之；绿色碧玺以祖母绿色最好，黄绿色次之；纯蓝色和深蓝色碧玺因少见而具有很高的价值；通常好的红色碧玺的价格比相同大小的绿色碧玺高出三分之二（见图4-21）。

透明度、内部缺陷含量：要求内部瑕疵尽量少，晶莹无瑕的碧玺价格最高，含有许多裂隙和气液包裹体的碧玺通常用作玉雕材料。

重量：颗粒大者为上品。

图 4-21　红色碧玺

4.5.3　碧玺与其他相似宝石及仿制品的区别

碧玺属中档宝石，仿制品极少，假冒者只有玻璃制品，玻璃为均质体，易与碧玺区分。与红色碧玺相似的宝石有红色尖晶石、锂辉石、淡红色黄玉、红色绿柱石等；与绿色碧石相似的宝石有透辉石、祖母绿及绿色绿柱石；与蓝色碧玺相似的宝石有蓝色尖晶石。

碧玺与上述宝石的区别是：碧玺的二色性明显，从宝石的不同方向观察，可看到不同的颜色。杂色碧玺颜色不均，即同一个晶体的内部和外部、上端和下端其颜色不一样，如我国新疆阿勒泰产的电气石，中间为红色，外表为绿色；第二，碧玺的双折射率大，用放大镜观察棱角处有明显的双影；第三，碧玺的气液包裹体较多，气液比较高，气泡可占包裹体总体积的1/3；第四，碧玺具有静电和热电效应：用绸布摩擦，可使碧玺一端带正电，另一端带负电，如在碧玺的一端加热，另一端也会产生静电；带有静电的碧玺可以吸引纸屑、灰尘等。表4-8所示为红色碧玺与相似宝石的物理性质。

表4-8　红色碧玺与相似宝石的区别

宝石名称	密度/g·cm^{-3}	硬　度	折光率	双折射率	多色性
尖晶石	3.59	8	1.715		无
锂辉石	3.29	5.5~6	1.665	0.014	三色性明显
黄　玉	3.53	8	1.630	0.008	二色性明显
绿柱石	2.80	7~7.5	1.590	0.008	二色性明显
碧　玺	3.01~3.06	7	1.625~1.644	0.018	强二色性

4.5.4　加工与检测

碧玺可切磨成各种形状：祖母绿形、椭圆形、圆钻形和混合形，其中祖母绿形最能体现碧玺美丽的颜色，是最佳切工，相对来说价格也最高。还可制成鲜花、叶片形等式样，透明度较好的电气石可琢磨成棱面石，透明度较差者可磨成半球形的素身石。电气石一般具有较强的二色性，所以切磨时要选择正确的方位，才能有诱人的色彩，垂直于电气石的棱柱柱面延长方向作切面，会使颜色加深，平行于柱体方向作切面，颜色会变浅些。

电气石的检测，最为关键的两个因素是它的强二色性和双折射率。电气石的二色性常常用肉眼可观察到，电气石的折射率在1.625~1.644之间，高指数值固定不变。在此范围内，其他常见宝石一般没有这样大的双折射率。

4.5.5　主要产地

世界上许多国家都盛产碧玺，如巴西、斯里兰卡、缅甸、原苏联、意大利、肯尼亚、美国等。巴西以产红、绿色碧玺和碧玺猫眼而著称于世；美国则以产优质的粉红色碧玺而著称；意大利以产无色碧玺而闻名；斯里兰卡以产黄色碧玺和褐色碧玺而闻名；缅甸则以红色-粉红色碧玺而闻名。

中国的碧玺矿主要产于新疆阿勒泰和云南哀牢山。主要颜色有红色、绿色、黄色、褐色，并常有双色和三色的碧玺产出。

4.6　橄榄石

橄榄石因其颜色多为橄榄绿色而得名。其英文名称为 peridot 或 oli-

第4章　常见天然宝石

vine，前者直接源于法文 peridot，后者为矿物学名词。橄榄石是一种古老的宝石品种，古埃及在公元 1000 多年前就用它做饰物，将其称为"黄昏祖母绿"，古罗马人认为橄榄石具有太阳一般神奇的力量，可以去除邪恶，降魔伏妖，给人类带来希望与光明，把它称为"太阳的宝石"，并用作护身符。宝石级橄榄石分为浓黄绿色橄榄石、金黄绿色橄榄石、黄绿色橄榄石、浓绿色橄榄石（也称黄昏祖母绿或西方祖母绿、月见草祖母绿）和天宝石（产于陨石中，十分罕见）。优质橄榄石呈透明的橄榄绿色或黄绿色，象征着和平、幸福、安详等美好意愿。古代的一些部族之间发生战争时常以互赠橄榄石表示和平。在耶路撒冷的一些神庙里至今还有几千年前镶嵌的橄榄石（见图 4-22）。

图 4-22　橄榄石晶体

橄榄石颜色艳丽悦目，为人们所喜爱，给人以心情舒畅和幸福的感觉，故被誉为"幸福之石"。国际上许多国家把橄榄石和缠丝玛瑙一起列为八月诞生石，象征温和聪敏、家庭美满、夫妻和睦。

4.6.1　矿物学特征

化学组成：分子式为 $(Fe，Mg)_2SiO_4$，属硅酸盐矿物。用作宝石原料的为镁橄榄石（Mg 占 90% 以上）和贵橄榄石（Mg 占 70% ~ 90%）。

结晶学特征：斜方晶系，短柱状，常见不规则粒状（见图 4-23）。

颜色：微带黄的绿色（中国产）、黄绿色（美国产）、褐绿色。

光泽：玻璃光泽。

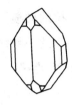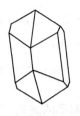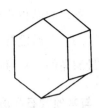

图 4-23　橄榄石的晶体形态

硬度：莫氏硬度为 6.5～7。

密度：3.27～3.48g/cm³，且随铁含量增大而增大。

折射率：1.654～1.690，双折射率为 0.035～0.038。

多色性：橄榄石在透射光下呈无色或浅绿色，含铁较多时有下列颜色变化：绿色-弱绿黄-绿棕色-淡棕-深棕。

查尔斯滤色镜下：呈绿色。

透明度：透明。

解理：无。

包裹体：睡莲叶状包裹体和星点状液态包裹体。

4.6.2　评价

橄榄石以纯朴、柔和、亲切、自然的美感而深受人们的喜爱（见图4-24）。颜色、净度、重量是评价橄榄石的重要因素。

颜色：以中-深绿色为佳品，色泽均匀，有一种温和绒绒的感觉为好；绿色越纯越好，黄色增多则价格下降。

净度：橄榄石中往往含有较多的黑色固体

图 4-24　橄榄石

包裹体和气液包裹体，这些包裹体都直接影响橄榄石的质量评价。没有任何包裹体和裂隙的为佳品，含有无色或浅绿色透明固体包裹体的质量较次，而含有黑色不透明固体包裹体和大量裂隙的橄榄石则几乎无法利用。

重量：大颗粒的橄榄石并不多见（当然比钻石、红宝石、蓝宝石、

祖母绿等高档宝石多见），半成品橄榄石多在 3 克拉以下，3～10 克拉的橄榄石少见，因而价格较高；而超 10 克拉的橄榄石则属罕见。据记载，产自红海的一粒橄榄石重 310 克拉，缅甸产的一粒绿色刻面宝石重达 289 克拉，最漂亮的一粒绿黄色橄榄石重 192.75 克拉。

4.6.3　与其他宝石及仿制品的鉴别

橄榄石因其独特的物理性质而比较容易鉴定。首先是其特征的橄榄绿色（略带黄的绿色），它与几乎所有的绿色矿物的特征都不同，而且橄榄石多色性微弱，这在中-深颜色的非均质矿物晶体中是很少见的。其次是具有较强的双折射，用放大镜很容易透过一个面看到另一个面上棱的双影。第三，橄榄石的折射率为 1.65～1.69，在折光仪上很容易测定。与橄榄石相似的宝石有碧玺、绿色锆石及透辉石，仿制品有黄绿色玻璃等（见表4-9）。

表4-9　橄榄石与相似宝石的区别

宝石名称	颜　色	密度/g·cm⁻³	折光率	硬　度
橄榄石	黄绿色	3.72～3.48	1.654～1.690	6.5～7
透辉石	淡绿、褐绿色	3.29	1.675～1.701	5.5～6
碧　玺	黄绿、褐绿色	3.06～3.26	1.624～1.644	7～7.5
锆　石	暗褐绿色	4.60～4.80	1.925～1.948	7～7.5
玻　璃	艳黄绿色	2.63～3.85	1.500	5～6

透辉石与橄榄石最易混淆，其区别是：透辉石双折射率较低（0.030），且为正光性。另外，透辉石密度低（3.29g/cm³），将两者放入二碘甲烷溶液中，透辉石漂浮，而橄榄石下沉。透辉石呈淡绿、褐绿色，其颜色和光泽不如橄榄石明亮。

绿色碧玺与橄榄石的区别：绿色碧玺为黄绿色、褐绿色，且具有较强的多色性（肉眼即可观察）。绿色碧玺折射率（1.624～1.644）和密度（3.06g/cm³）均较低。

绿色锆石与橄榄石的区别：绿色锆石有明显的二色性及较高的色散，看起来比橄榄石明亮。两者吸收谱线不同。

近年来，有人用绿色合成刚玉、草绿色合成立方氧化锆、绿玻璃和绿色合成尖晶石来冒充橄榄石，但稍加小心也容易鉴别它们。绿色合成刚玉和草绿色合成立方氧化锆有较高的折射率和较大的密度；绿玻璃和绿色合成尖晶石都属均质体，都无多色性和双影现象，而且绿玻璃通常折射率较小，而绿色合成尖晶石折射率较大。

4.6.4　加工

橄榄石最重要的价值在于颜色，加工款式居次要地位。可加工成明亮式、混合式、祖母绿式，也可以根据其自然形状进行加工。

加工过程中最好用氧化铝在锡盘上抛光，注意棱角及面与面之间交接处的抛光。

橄榄石的理想模式为：冠部角 42°，亭部角 40°。

4.6.5　主要产地

世界上出产宝石级橄榄石的国家有：埃及、缅甸、印度、美国、巴西、墨西哥、哥伦比亚、阿根廷、智利、巴拉圭、挪威、俄罗斯以及中国。

埃及的扎巴贾德岛自古以来就是世界上优质宝石级橄榄石的主要产地；缅甸的莫谷地区出产优质巨粒宝石级橄榄石，其晶体呈深绿、绿或淡绿色；美国的亚利桑那州出产世界上呈淡绿色至中等棕色、小颗粒的宝石级橄榄石；巴西的米纳斯吉拉斯州北部出产滚圆卵石状的橄榄石；墨西哥的奇瓦瓦州分布有世界上一个大型橄榄石矿床，其橄榄石呈褐色。

中国著名产地有河北、山西、吉林等地。河北橄榄石主要分布于张家口地区万全一带，宝石级橄榄石质量好。吉林省橄榄石主要分布于蛟河市大石河一带的林区。河北、吉林出产的宝石级橄榄石呈绿色至黄绿色。

4.7　尖晶石

尖晶石是一族矿物，它的英文名称为 spinel，源自希腊文 spark，意思是红色或橘黄色的天然晶体；另一种说法认为可能来自拉丁文 Spinella，意思是荆棘。

尖晶石自古以来就是较珍贵的宝石，由于它美丽和稀少，所以也是世界上最迷人的宝石之一。尖晶石晶莹透明，反光强，颜色鲜艳的红色品种与红宝石相似，并且红色尖晶石与红宝石往往共生在一起，历史上很长一段时间内误把红色尖晶石当成了红宝石（见图 4-25）。目前世界上最具有传奇色彩、最迷人的重 361 克拉的深红色的"铁木尔红宝石"（Timur Ruby）和 1660 年被镶在英帝国国王王冠上重约 170 克拉的"黑王子红宝石"（Black Prince's Ruby），直到近代才鉴定出它们都是红色尖晶石。我国清代一品官员帽子上用的红宝石顶子，几乎全是用红色尖晶石制成的。

图 4-25　尖晶石晶体

4.7.1　矿物学特征

化学组成：宝石级的尖晶石一般指镁尖晶石，其分子式为 $MgAl_2O_4$，属氧化物类。

结晶学特征：等轴晶系，多呈八面体和双晶（见图 4-26），均质体。

颜色：无色、粉红、玫瑰色、红色、紫色、淡蓝、深蓝及黑色等。

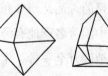

图 4-26　尖晶石的晶形

光泽：玻璃光泽。

硬度：莫氏硬度为 7.5～8.0。

透明度：宝石级尖晶石一般为透明的，星光尖晶石为半透明。

折光率：1.715～1.720。

发光性：红色及粉红色尖晶石在紫外光下发红色荧光，其他颜色的尖晶石无反应。

吸收光谱：红色尖晶石在红色区 639nm 处有 4 条黑色吸收线。

包裹体：尖晶石中有较多成群分布的小八面体或锥状尖晶石的固体包裹体，它们一般呈线状排列，除细小尖晶石包裹体外，部分尖晶石晶体内还有磷灰石、金红石和榍石等矿物包裹体，另外，指纹状的气液包裹体在部分尖晶石中也常见。

4.7.2 评价

颜色、透明度、重量是评价尖晶石的重要依据。优质的尖晶石要求颜色好、透明度高、净度好、切工比例及抛光修饰程度好。

颜色：一般红色的比蓝色的贵重，无色和其他颜色的价值更低。在红色的当中，以深红色最佳，其次是紫红、橙红、浅红。要求色泽纯正、鲜艳。

透明度：质量好的尖晶石应内、外尽可能少瑕疵，裂隙和包裹体都会影响透明度，妨碍美观，进而影响其价值。

重量：大颗粒尖晶石少见，市场上出售的尖晶石宝石一般都在 5 克拉以下，质量好的超过 10 克拉就是收藏品。但是重量在尖晶石的价格上影响不大，不像其他宝石，每增加 1 克拉，价格增许多。尖晶石除红色、橘黄色和粉色的以外，一般每克拉单价差不多。

4.7.3 尖晶石的主要品种

尖晶石的品种以颜色区分，宝石级尖晶石主要是红、蓝色，偶尔见其他颜色。

红色尖晶石：主要含微量致色元素 Cr^{3+} 而呈各种色调的红色，包括红、紫、粉、橙以及其间的过渡色，如紫红或红紫（见图 4-27）。有的像红宝石，有的像石榴石。商业上还有不同的名称：红色透明，类似优质红宝石"鸽血红"品种的，称红宝石尖晶石（ruby spinle）；具猩红色调，质量略差的，称尖晶石红宝石（spinel ru-

图 4-27　红色尖晶石

by），也属优质尖晶石；淡红-玫瑰红色，称玫瑰红尖晶石（balas spinel），古称"琅玕"，简称"巴拉斯"；橙红尖晶石（rubicell 或 ruby cell），又称橘红尖晶石，古称橙尖晶石，具亮艳色（黄-橘黄-红）者称为火焰尖晶石；紫-红紫色，似贵榴石者，称贵榴石尖晶石（almandine spinel），有的带蓝色调。

蓝色尖晶石：主要含有 Fe^{2+} 和 Zn^{2+} 而呈蓝色，又称蓝宝石尖晶石（sapphire spinel）。漂亮的蓝尖晶石像蓝宝石一样受人青睐，但真正好的蓝颜色太少，通常是灰暗蓝到紫蓝或带绿的蓝色，而这些不太纯正的蓝色价值较低（见图4-28）。

图 4-28　蓝色尖晶石

4.7.4　与相似宝石的区别

与红色尖晶石相似的宝石有红宝石、红色石榴石。与红宝石的区别是：红宝石的颜色不均匀、有二色性、含有绢丝状气液包裹体；红色尖晶石的颜色均匀、没有二色性、有八面体或锥状尖晶石的固体包裹体。紫红色调至深红色的尖晶石，很像石榴子石中的镁铝榴石，可从以下几方面区别两者：石榴子石在紫外光下一般无荧光，查尔斯滤色镜下无反应，而红色尖晶石一般有由弱至强的红色或橙色荧光，查尔斯滤色镜下呈红色；尖晶石内部常见八面体形的包裹体，单个或成排排列，而石榴子石中的固体包裹体常呈浑圆状，或称"糖块状"；两者的吸收光谱也不同。

与蓝色尖晶石易混淆的宝石有蓝宝石。二者的主要区别是：蓝宝石颜色布局不均匀，有平直的色带、具丝绢状气液包裹体、有明显的二色性，而蓝色尖晶石颜色均匀、多带有褐紫色调、具细小尖晶石的固体包裹体，无二色性。

4.7.5　与人造尖晶石的区别

尖晶石与人造尖晶石的区别在于：人造尖晶石的颜色浓艳、更均一，包裹体较少，偶见弧形生长线，人造尖晶石具有强烈的异常非均质性（波状消光）。另外，人造蓝色尖晶石在转动时泛出红光，天然尖晶石为纯灰蓝色，转动时不会泛红光。在查尔斯滤色镜下观察，人造蓝色尖晶石为血红色，而天然尖晶石为略带红色的灰色。此外，二者在密度、折光率等方面也有区别，见表4-10。

表 4-10 人造尖晶石与天然尖晶石对照

宝石名称	$Al_2O_3 : MgO$	密度/$g \cdot cm^{-3}$	折光率
人造尖晶石	3.5 : 1	3.64	1.728
天然尖晶石	1 : 1	3.60	1.715 ~ 1.720

4.7.6 加工与检测

尖晶石多采用钻石形或阶梯形刻面加工，也可采用橄榄形、多面体形等刻面琢型。具星光以及色美但有缺陷者，采用弧面形加工。除星光外，加工时无定向要求。弧面石的顶面若与尖晶石的四次对称轴垂直，可以出现四射星光；若与三次对称轴垂直，则可能出现六射星光。有些有缺陷但颜色较好的尖晶石，可磨成腰圆戒面，或用来制作念珠。

4.7.7 主要产地

世界上的尖晶石大多与红、蓝宝石相伴产出并开采。缅甸出产最优质尖晶石；斯里兰卡主要产蓝、紫色尖晶石，还有一些红、粉红、暗绿、棕绿色品种；柬埔寨西部和泰国的拜林产几种不同色调的尖晶石；阿富汗产优美的红色尖晶石；尼日利亚产深蓝色尖晶石。此外，前苏联西南帕米尔的库希拉拉、印度、澳大利亚、马达加斯加等地也有尖晶石产出。我国的河南、河北、福建、新疆、云南等省（区）发现了类型多样的尖晶石矿床。

4.8 石榴石

石榴石，也称为石榴子石。作为一个矿物族的总称，其英文名称为 garnet，源自拉丁语 granatum，意思是粒状、像种子一样。中文名字石榴

石，形象地刻画了这个矿物的外观特征，从形状到颜色都像石榴中的"籽"。相传，石榴树来自安息国，史称"安息榴"，简称"息榴"，并转音为"石榴"。在我国珠宝界，石榴石的工艺名"紫牙乌"。"牙乌（雅姑）"源自阿拉伯语 yakut（红宝石），又因石榴石常呈紫红色，故名紫牙乌（见图 4-29）。

图 4-29　石榴石晶体

数千年来，石榴石被认为是信仰、坚贞和纯朴的象征。人们愿意拥有、佩戴并崇拜它，不仅是因为它的美学装饰价值，更重要的是人们相信石榴石具有一种不可思议的神奇力量，使人逢凶化吉、遇难呈祥，可以永葆荣誉地位，并具有重要的纪念意义。现今，石榴石作为一月诞生石，象征着忠实、友爱和贞洁。石榴石也为结婚 18 年纪念宝石，故结婚 18 年，称为石榴石婚。在中东，紫牙乌被选作王室信物。

4.8.1　矿物学特征

化学组成：石榴石是一族矿物，它们的化学式为：$A_3B_2[SiO_4]_3$，其中 A 表示二价阳离子，主要为 Ca、Mg、Fe、Mn 等，B 代表三价阳离子，主要为 Al、Fe、Cr 等。根据化学组分的差异，可将石榴石分为两大系列：

A：镁铝榴石—铁铝榴石—锰铝榴石；

B：钙铝榴石—钙铁榴石—钙铬榴石。

结晶学特征：等轴晶系，晶体常呈菱形十二面体和四角三八面体（见图 4-30）。

颜色：不同种属颜色各异，见表 4-11。

光泽：玻璃光泽到次金刚光泽。

硬度：莫氏硬度铁铝榴石为 7.5，钙铝榴石为 6.5，其他的为 7~7.5。

密度：不同种属密度不同，见表 4-11。

透明度：透明-不透明。

折光率：不同种属其折光率不同。

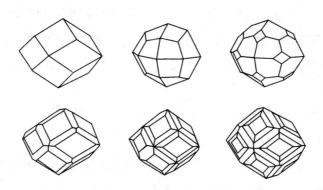

图 4-30　石榴石的常见晶形

包裹体特征：不同种属所含包裹体不同，可作为鉴定依据。

表 4-11　各种石榴石特征一览表

宝石名称	特征颜色	密度/g·cm⁻³	折光率	色散	特征包裹体
铁铝榴石	褐-红色	3.93～4.17	1.756～1.82		锆石、不同方向排列针状金红石包裹体
钙铝榴石	褐红-翠绿	3.15～3.73	1.72～1.75	0.027	糖浆状结晶包裹体、方解石包裹体
镁铝榴石	红色	3.62～3.87	1.72～1.75		针状晶体包裹体
锰铝榴石	黄-玫瑰红	4.12～4.18	1.79～1.82		粗短晶体包裹体、羽状气液包裹体
钙铁榴石	翠绿-黄绿	3.81～3.87	1.85～1.89	0.057	马尾状角闪石石棉包裹体
镁铁铝榴石	玫瑰色	3.74～3.94	1.74～1.77		针状金红石包裹体
钇铝榴石（YAG）	各种颜色	4.50～4.60	1.83		球状、管状气体包裹体
镓榴石（GGG）	无-褐色	7.00～7.09	1.97		气泡

4.8.2　石榴石的种属及鉴定特征

常见的石榴石因其化学成分而确认为六种，分别为铁铝榴石（Almandine）、镁铝榴石（Pyrope）、锰铝榴石（Spessartite）、钙铁榴石（Andradite）、钙铝榴石（Grossular）及钙铬榴石（Uvarovite）。

4.8.2.1　铁铝榴石

铁铝榴石是一种最常见的石榴石，主要化学成分为 $Fe_3Al_2(SiO_4)_3$，

其中 Fe^{2+} 常被 Mg^{2+}、Mn^{2+} 等离子取代，形成类质同象替代系列。宝石级铁铝榴石多呈带褐色调的暗红色、黑红色，亦称"贵榴石"或"深红榴石"，其颜色是铁铝石榴石的特点之一。由于光泽较强，硬度大，常用作拼合石的顶层。

在铁铝石榴石中，常含有大量的针状金红石包裹体，包裹体多平行于石榴石菱形十二面体的晶棱排列，分散分布。铁铝榴石一个独特的变种，含有相当多的似针状包裹体，切割成腰圆形戒面时，可显星光效应，可以有 4 射星光，也可以有 6 射、甚至 12 射星光。

与铁铝石榴石相似的宝石有红色人造尖晶石和褐红色锆石。与人造尖晶石的主要区别是在黑暗中用紫外线照射，人造红色尖晶石有明亮的红色荧光，而铁铝榴石一般不发荧光。另外，铁铝榴石的密度较大，如将两种宝石放入密度为 $4g/cm^3$ 的克来里西重液中，尖晶石（密度为 $3.62g/cm^3$）会上浮，铁铝榴石（密度为 $4g/cm^3$）则下沉。与褐红色锆石的区别是锆石双折射率高，在底部的晶棱上有明显的双影；锆石为非均质体，而铁铝榴石为均质体；另外，锆石具有较强的二色性及荧光反应，铁铝榴石中的针状金红石包裹体也是区别锆石的主要特征之一。

铁铝榴石的颜色较暗，色深者发黑，为了使成品的颜色更明亮更鲜艳，琢磨时可磨成中空的半球形，即像窝头一样底部中央是凹入的，以减少宝石的厚度增加透明度和颜色的鲜艳程度。铁铝榴石一般为中档宝石。

4.8.2.2 镁铝榴石

镁铝榴石化学成分为 $Mg_3Al_2(SiO_4)_3$，其中常见少量的 Fe、Mn 代换 Mg。镁铝榴石的颜色以紫红色-橙色色调为主，宝石级镁铝榴石颜色艳丽，呈红色、玫瑰红色，亦称之为"红榴石"或"火红榴石"。紫牙乌主要指红色的镁铝榴石。镁铝榴石一般为中档宝石（见图 4-31）。

与铁铝榴石相似，镁铝榴石中含

图 4-31 镁铝榴石

有针状金红石包裹体，平行于菱形十二面体的晶棱排列，密集分布时，也具星光效应。

与镁铝榴石相似的宝石有人造红色尖晶石及红色锆石，其区别方法和铁铝榴石相同，两种石榴石的区别是镁铝榴石呈鲜艳红色，而铁铝榴石呈暗红或褐红色。

4.8.2.3 锰铝榴石

锰铝榴石的主要化学成分为 $Mn_3Al_2(SiO_4)_3$，其中 Mn^{2+} 通常由 Fe^{2+} 部分取代，Al^{3+} 常由 Fe^{3+} 取代。宝石级锰铝榴石常见颜色有：棕红色、玫瑰红色、黄色、黄褐色等，以黄色为最佳，其价值不低于同色的蓝宝石。查尔斯滤色镜下呈红色，其特殊鉴定标志为内部一定有束状及放射状石棉纤维包裹体。优质的锰铝榴石较罕见（见图 4-32）。

锰铝榴石以其特有的黄色或橙色区别于其他的石榴石。另外，硅镁石、火欧泊与锰铝榴石较相似，区别在于硅镁石有明显的二色性

图 4-32　锰铝榴石

（金黄色-无色）、密度较小（$3.1 \sim 3.2 g/cm^3$，锰铝石榴石为 $4.1 \sim 4.2 g/cm^3$），折射率较低（$1.607 \sim 1.656$，锰铝石榴石的折射率为 1.81）。火欧泊的颜色与锰铝榴石相似，但火欧泊多呈半透明，有一种朦胧的乳光。

4.8.2.4 钙铁榴石

钙铁榴石主要化学成分为 $Ca_3Fe_2(SiO_4)_3$，其中 Ca^{2+} 常被 Mg^{2+} 和 Mn^{2+} 置换，Fe^{3+} 常被 Al^{3+} 取代，当部分 Fe^{3+} 被 Cr^{3+} 置换时，即为翠榴石。翠榴石呈绿色、黄绿色及鲜艳的深绿色，其折光率较高达 1.89，又有较高的色散（0.057，高于钻石）。因此，成品翠榴石颜色艳丽、光亮耀眼（见图 4-33）。

与钙铁榴石相似的宝石有绿色锆石和祖母绿。与绿色锆石的区别是：锆石

图 4-33　翠榴石

具有强烈的双折射，当琢磨成棱面石时，可以见到底部棱面的双影，而翠榴石为均质体，不会有双影出现；此外锆石的密度（3.95～4.70g/cm³）高于钙铁榴石（3.84g/cm³），可用重液区分；在查尔斯滤色镜下，翠榴石呈红色，而绿色锆石呈黄色。

钙铁榴石与祖母绿的区别是：祖母绿晶体中所含气液固包裹体、裂隙较多，翠榴石中含有束状及放射状石棉纤维包裹体；偏光器中，祖母绿为非均质体；祖母绿的折射率低（为1.57，钙铁榴石的折射率为1.89）；祖母绿的密度（2.69g/cm³）也低于钙铁榴石的密度（3.84g/cm³）。

因翠榴石较珍贵，而合成石榴石多呈绿色，有时用来冒充翠榴石。合成石榴石主要有绿色钇铝石榴石（YAG）、镓石榴石，主要区别是合成石榴石颜色均一，宝石中无瑕疵，查尔斯滤色镜下呈明显的红色。翠榴石中含有石棉包裹体，密度低于钇铝石榴石（4.55g/cm³）。

4.8.2.5　钙铝榴石

钙铝榴石主要化学成分为 $Ca_3Al_2(SiO_4)_3$，其三价阳离子容易形成类质同象代换。钙铝榴石多呈黄、黄绿、橙黄、橙褐色，黄绿色是它的基础色调，有的深至翠绿色。

图4-34　沙弗莱石

沙弗莱石是丰富多彩的石榴石家族中钙铝榴石的一员。因含有微量的铬和钒元素而呈现娇艳翠绿色，使人赏心悦目，成为绿色宝石中的奇葩，可与祖母绿媲美。因其色彩通透，被喻为"宝石中的圣女"。沙弗莱石因稀少色美而显得珍贵异常，已逐步进入高级珠宝行列（见图4-34）。

4.8.2.6　钙铬榴石

钙铬榴石的主要化学成分为 $Ca_3Cr_2(SiO_4)_3$，其中的 Cr^{3+} 通常被少量的 Fe^{3+} 置换，因此，钙铬榴石是一种与翠榴石相似的品种。钙铬榴石的颜色为鲜艳绿色、蓝绿色，常被称为祖母绿色石榴石。钙铬榴石相当漂亮，但是太稀少了，不能成为重要宝石，其颗粒也很小。

4.8.3 石榴石的评价

评价石榴石通常以其颜色、透明度、净度、质量等方面为依据，颜色浓艳、纯正，内部洁净、透明度高、颗粒大者具有较高的价值（见图4-35）。

图4-35 石榴石

颜色：颜色要求纯正、美丽。品种不同，颜色不同，价值亦大不相同。翠绿色的翠榴石在国际宝石市场上非常受欢迎，纯净无瑕、颜色鲜艳、晶莹剔透的翠榴石价值很高。翠绿色铬钒铝榴石（又称为沙弗莱石）价值很高，质优者可与祖母绿相比。红色、橙红色石榴石也很珍贵，橙色的橘榴石（也称为锰铝榴石）最近几年价格上涨较快。而褐红、暗红色的铁铝榴石价值较低。

透明度：质优者要透明洁净。半透明或色深者常加工为凹弧形以增加透明度。同时对不透明至半透明品种要检查内部包裹体排列情况，看是否可加工为弧面形而呈现出星光效应。

净度：要无裂纹、瑕疵，尤其是大量的暗红色铁铝榴石。晶体完整者要注意内部是否有分带结构或夹有黑色不透明团块状包裹体。目前国内优质石榴石多为不规则粒状。

重量：原料块度越大越好，形状以混圆状为佳，这样可提高加工成品率。对翠榴石、绿色钙铝榴石等高档品种，其价格随重量增加而成倍增长，一般0.5克拉以上就很有价值；而其他品种的成品其价格随重量不同变化不大，主要是依据制作首饰时所需的款式和大小要求而定。但少数罕见的巨大的晶体或成品可视为珍品。

4.8.4 加工与检测

透明度好的石榴石可加工成各种款式的刻面石，并且由于其均质性，不必考虑切磨方向。色散好的翠榴石多采用圆多面形，以突出其火彩；部分翠榴石和绿色钙铝榴石也加工成祖母绿形。不太透明及有星光效应

和多晶水钙铝榴石（手镯、雕件）加工成弧面石。加工星光效应的要注意取向。

石榴石还可以加工成圆珠或椭圆珠，穿成各种款式的项链。同时还可与其他中档玉石如东陵石、玛瑙等搭配，制作出新颖别致的项链。

对于石榴子石来说，常规的检测手段主要是测定折射率值、密度值，观察其吸收光谱和内部的特征包裹体等。石榴子石的常规宝石学鉴定并不难，而比较困难的是品种的鉴定。由于石榴子石存在广泛的类质同象替代，在实际测试当中，一些关键的数值并非理想的理论值，而是介于几个品种之间的过渡值，很难判断其具体的品种归属。针对这种情况在实际鉴定中一般采取两种方法：对于满足一般要求的鉴定，可以不具体确定其品种而统归为石榴子石；如果一定要确定其品种，通常是采用红外光谱及成分分析等无损检测手段，进行详细的矿物学鉴定。

4.8.5 主要产地

石榴石的产地几乎遍及全球，德国是出产石榴石最多的国家。

铁铝榴石最著名的产地是印度，主要分布在 Jaipur、Kishangarh 等省的云母片岩中，这里也是星光铁铝榴石最主要的产地。星光铁铝榴石的产地还有美国爱达荷州。此外，斯里兰卡、巴基斯坦、缅甸、泰国、澳大利亚、巴西等地也都有宝石级铁铝榴石产出。

目前世界上大部分翠榴石产于俄罗斯的乌拉尔山脉；另外，中国的新疆、西藏地区亦有产出。锰铝榴石最著名的产地是亚美尼亚的 Rutherford 矿区，以及美国弗吉尼亚州。

4.9 托帕石（黄玉）

黄玉，英文名 topaz。由于消费者容易将黄玉与黄色玉石、黄晶的名称相互混淆，商业上多采用英文音译名称"托帕石"来标注宝石级的黄玉（见图4-36）。托帕石的历史充满了神秘色彩，一种说法是它起源于希腊语"托帕桑斯"（topazos），源于红海扎巴贾德岛，该岛又称"托帕焦斯"（译音），意为"难寻找"。因为这个岛常被大雾笼罩，不易被发现而得名；另一种说法即来源于梵语中的托帕斯，意为"火"。

因为托帕石的透明度很高，又很坚硬，所以反光效应很好，加之颜色艳丽，深受人们的喜爱。黄色象征着和平与友谊，所以国际上许多国家定托帕石为十一月诞生石，是友情、友谊和友爱的象征。

托帕石不仅有着秋天迷人的美丽色彩，而且还是一种有着多种颜色的中档宝石，诸如雪梨般鲜艳的橙黄色、高贵的紫罗兰色、火焰一般的红色、爽朗的蓝色、雅致的淡绿，甚至水珠般的无色等。

4.9.1 矿物学特征

化学组成：化学式为 $Al_2[SiO_4](F,OH)_2$，含有微量的 Cr、Li、Be、Ga 等。

结晶学特征：斜方晶系，晶体呈柱状（见图 4-36），柱面常有纵纹（见图 4-37）。用来作宝石的大多为经水搬运磨蚀成卵形的黄玉晶体。

图 4-36　托帕石晶体

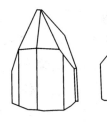

图 4-37　托帕石的理想晶形

颜色：黄玉的颜色较多，经常见的是黄色和黄褐色，无色者亦常见，还有红色、粉红、橙红、蓝色、紫色等。

光泽：玻璃光泽。

硬度：莫氏硬度为 8。

密度：$3.53 \sim 3.56 g/cm^3$。

折射率：颜色不同，折射率有所变化，变化范围在 $1.61 \sim 1.64$。

多色性：具由弱到明显的多色性，不同品种托帕石的多色性如下：浅蓝-无色、蓝色-浅蓝色、棕黄-黄/橙黄色、黄棕-棕色、浅粉红/黄红-黄色、蓝绿-浅绿色。

发光性：在长波紫外光下，蓝色和无色托帕石无荧光或呈很弱的绿黄色荧光。黄色、浅褐色和粉红色托帕石显橙黄色荧光。粉红色托帕石在短波紫外光照射下有明显的浅绿色荧光。

透明度：透明。

包裹体：常含气液包裹体，并含云母、钠长石、磷灰石等矿物包裹体。另外，还常见针状、管状褐铁矿、赤铁矿固体包裹体。

4.9.2 宝石的评价

托帕石的质量主要取决于颜色、净度、重量等。价值最高的托帕石是红色和雪莉酒色，其次是蓝色（见图4-38）。黄色托帕石在外观上和价格便宜的黄色水晶接近，因此，价格不高。无色托帕石的价值最低。另外，在评价托帕石质量时，还应注意它的颜色是天然的，还是人工改色而成的。市场上最多见的是蓝色和粉色的托帕石。不过它们中超过99%是由原石无色或褐色的托帕石，经过辐射和高温转变而成的。

图4-38　托帕石

托帕石中常含气液包裹体和裂隙，含包裹体多者则价格低。优质的托帕石应具有明亮的玻璃光泽，若因加工不当而导致光泽暗淡，则会影响宝石的价格。虽然托帕石为中档宝石，重量大者较为常见，但和其他宝石一样，越大者越珍贵。

4.9.3 与其他相似宝石及仿制品的区别

与托帕石相似的宝石及仿制品主要有水晶、尖晶石、电气石、绿柱石、人造蓝宝石、玻璃等。

黄色水晶：黄色水晶外观上与黄色托帕石十分相似，但托帕石的色彩更鲜艳。水晶的密度为 $2.65g/cm^3$，在三溴甲烷重液（密度 $2.9g/cm^3$）中，黄玉下沉，水晶上浮；另外，黄玉的折光率最低值为 1.61，而水晶的折光率最高为 1.55，故用折光仪可将二者区分。

尖晶石：尖晶石的硬度和密度与托帕石相近，颜色相似，因此二者极易混淆。区别的方法是：尖晶石是均质体，托帕石为非均质体；托帕石具明显的二色性，尖晶石无二色性，尖晶石的折射率较高（1.72），用折光仪可区分。

电气石（碧玺）：电气石晶形呈长柱状，其棱面石的成品外观上与托帕石极相似。主要区别是：电气石中含有大量的液态包裹体，而托帕石中包裹体较少，且含有两种以上不混溶的液态包裹体。另外，电气石密度较小（$3.2g/cm^3$），在密度为$3.3g/cm^3$的二碘甲烷重液中，托帕石下沉而电气石上浮。

绿柱石：绿柱石与托帕石在折光率和密度上差别较大（见表4-12），用重液及折光仪较易区分，另外，托帕石的二色性较明显，绿柱石的二色性较弱。

人造蓝宝石：与绿柱石相似，用重液及折光仪可将二者区分开。

玻璃：玻璃质宝石在硬度、密度、包裹体、光性、二色性等方面与托帕石差别较大（见表4-12），较易区别。

表4-12　托帕石及相似宝石特征一览表

宝石名称	硬　度	密度/g·cm⁻³	平均折光率	光　性	二色性
托帕石	8	3.55	1.63	非均质	明　显
水　晶	7	2.65	1.55	非均质	弱
尖晶石	8	3.60	1.72	均　质	明　显
碧　玺	7	3.10	1.63	非均质	强　烈
绿柱石	7.5	2.70	1.58	非均质	弱
玻　璃	5	2.60	1.63	均　质	无
人造蓝宝石	9	3.99	1.76	非均质	明　显

4.9.4　加工

托帕石经常琢磨成椭圆形的祖母绿形和钻石式样棱面石，由于托帕石解理发育，定向切割时应注意切割平面勿与解理面平行，否则很难抛光，另外，棱面石的边棱如与解理面平行，边角上会出现细小裂纹。

4.9.5　主要产地

　　世界上优质的托帕石产地主要是巴西的米纳斯吉拉斯，以无色、橙色居多；美国出产无色和蓝色的托帕石；巴西盛产黄色托帕石。此外，斯里兰卡、俄罗斯乌拉尔、缅甸、非洲、澳大利亚等均有产出。中国的托帕石矿主要产于云南、广东、内蒙古、江西等地，以无色为主。

4.10　锆石

　　锆石，中文名称源自其中的主要成分元素锆。其英文名称为 zircon，有人认为，可能是法文在阿拉伯文 zarkun 的基础上演变而来，原来阿拉伯文是辰砂及银朱的意思；也有人认为来源于波斯语 zargun，意思是金色。两个词最早都是用来形容天然晶体的颜色。zircon 首次使用是在 1783 年，用来形容斯里兰卡的锆石晶体。锆石晶体如图 4-39 所示。

图 4-39　锆石晶体

　　锆石早期主要是指红锆石，英文为 hyacinth，中文译作"夏信石"或"风信子石"。早在古希腊时，这种美丽的宝石就已被人们所钟情。相传，犹太主教胸前佩戴的 12 种宝石中就有锆石，称为"夏信斯"。据说，锆石的别名"风信子石"，就是由"夏信斯"转言而来，现今流行于日本、我国的香港及内地。现今有些国家把锆石和绿松石一起作为十二月诞生石，象征成功和必胜。

　　因为无色锆石极像钻石，一直有意无意地被当做钻石。由于锆石晶体中含有放射性元素 U、Th，在其衰变过程中会使晶体结构遭到破坏，根据结晶程度的好坏将锆石划分为高型、中型、低型三种类型。一般说的宝石锆石仅指高型锆石。

4.10.1　矿物学特征

　　化学组成：分子式为 $ZrSiO_4$，可含微量的 Fe、Mn、Ca、U、Th 等成分。

结晶学特征：四方晶系，晶体常呈四方柱、四方双锥状及板柱状（见图4-40）。

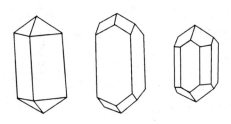

图 4-40　锆石的晶形

颜色：锆石的颜色较多，常见的有无色、蓝色、黄色、绿色、棕色、橙色、红色等，其中无色、蓝色、金黄色常由热处理产生。

光泽：强玻璃-亚金刚光泽。

硬度：莫氏硬度为6~7.5，其中高型为7~7.5；低型可到6。

密度：高型4.6~4.8g/cm³；低型3.9~4.1g/cm³。

折光率：高型1.925~1.984，低型1.780~1.815。

双折射率：高型0.059，低型无。

多色性：主要限于高型锆石，一般不明显，但热处理产生的蓝色锆石多色性较强，为蓝和棕黄至无色。

发光性：不同颜色品种有差异，且荧光色常带有不同程度的黄色。绿色锆石一般无荧光、蓝色锆石有无至中等浅蓝色荧光、橙至褐色锆石有弱至中等强度的棕黄色荧光、红色锆石具中等紫红到紫褐色荧光。

透明度：透明-半透明-不透明。

包裹体：锆石中常见液态包裹体和含 CO_2 的气液包裹体、粒状的磷灰石、针状赤铁矿、金红石固体包裹体等。

特殊光学效应：可具猫眼效应、星光效应。

4.10.2　评价

锆石的质量一般从颜色、透明度、净度和重量四个方面进行评价。

颜色：锆石中最流行的颜色是无色和蓝色，其中以蓝色的价值最高，它的色调鲜艳纯正。无色锆石应不带任何杂质，如钻石般透明清澈。除此以外，纯正的绿色、黄色锆石因其折射率高于其他宝石而显得格外明亮，也深受人们的喜爱。评价颜色时，还应该注意热处理产生颜色的稳定性（见图 4-41）。

图 4-41　彩色锆石

透明度：锆石的质量对透明度的要求较高，优质的锆石要求具较好的透明度。

净度：由于无瑕的锆石供应量较大，所以对锆石内部净度的要求也较高。评价标准是在 10 倍放大镜下不见任何瑕疵。

重量：市场上供应的蓝色和无色锆石，常见从几分到数克拉，超过 10 克拉的不多见，特别是颜色好的大颗粒不多见，因此，大于 10 克拉的优质锆石应为锆石中的珍品。

4.10.3　锆石与相似宝石的区别

锆石常与钻石、榍石、人造金红石、立方氧化锆混淆。

钻石：区分钻石与锆石最简单、最有效的方法是在偏光镜下钻石为全消光，而锆石为非均质体，镜下有明暗变化。

榍石：常为黄色、褐色、绿色，榍石与锆石在折光率、双折射率等方面基本相同。区别是：榍石存在明显的二色性，锆石中除蓝色锆石可能有二色性外，其他颜色的锆石均无二色性；另外，榍石的密度为 $3.52g/cm^3$，锆石的密度都在 $4g/cm^3$ 以上，用重液法易于区分。

人造金红石：常为浅黄褐色。二者的区别是人造金红石的双折射特别强，琢磨好的棱面石上的双影现象比锆石清晰；折光率为 2.6～2.9，比锆石高，用折光仪易于区分；人造金红石的色散比锆石强，可呈现五彩缤纷的火彩。

立方氧化锆：立方氧化锆为人造矿物，与锆石的主要区别是立方氧化锆是均质体，在偏光镜下全消光，而锆石有光性；另外，在琢磨好的棱面石上，锆石可见到双影，立方氧化锆不会出现双影。

4.10.4　加工

锆石与钻石类似，最理想的为圆多面形，即圆钻琢形，57～58个刻面，尤其是对于无色及蓝色锆石。

加工时，冠部常切磨得比钻石厚些，以增加其火彩。由于锆石（特别是蓝色锆石）具有明显的多色性，切磨方向对锆石色调影响较大，因此，切磨时应使台面垂直 c 轴，才能获得最佳的效果；另外由于锆石具有较大的双折射率，因而较容易出现后刻面棱重影现象，为获得最佳的亮度，切割时也最好使台面垂直 c 轴。

4.10.5　主要产地

泰国、斯里兰卡为锆石的主要产出国。斯里兰卡以产各种颜色锆石著称，泰国为宝石级锆石的主要来源地。其他产出国还有缅甸、法国、澳大利亚、坦桑尼亚等，缅甸的锆石是作为开采红宝石的副产品回收的。高型锆石主要产于柬埔寨和泰国；而中间型和低型锆石多产于斯里兰卡；缅甸的锆石也属于中间型和低型。

我国也有宝石级锆石产出，海南蓬莱红色锆石同蓝宝石共生，并呈嵌晶存在；福建明溪有无色或白色锆石巨晶产出。此外，新疆、辽宁、山东等地也有宝石级锆石产出。

4.11　水晶

水晶是结晶完好的透明石英晶体，英文名称是 rock crystal，源于希腊语 krystllos，意思是洁白的水。紫晶是水晶中最受人们喜爱的宝石品种，称为"水晶之王"，除了它的颜色高雅之外，人们还认为紫晶可以促使互相谅解，保佑万事如意。紫水晶是圣城耶路撒冷12块基石中的第11块，在《圣经·新约》一书中最早定下的有关生辰石的顺序中，紫水晶就是2月生辰石并延续至今，象征着诚实、心地善良与心平气和。目前，罗马大教堂的主教常常佩戴紫晶戒指，典礼上用水晶制成的高脚杯子盛酒。水晶的纯净、透明成为心地纯洁的象征。人们把结婚15周年称为水晶婚。水晶晶体如图4-42所示。

水晶中因含杂质不同，呈现不同的颜色。用作宝石的品种有：

（1）水晶：无色、透明，为最常见的水晶品种。

（2）紫晶：颜色为紫色-紫红色，颜色分布不均匀。为较珍贵的品种。

（3）黄晶：黄色-橘红色，与黄玉相似。

图 4-42　水晶晶体

（4）烟晶：烟色-黄色到烟褐色，为较稀罕的品种之一。

（5）发晶：内部可含丰富的包裹体，它们是金红石、电气石和阳起石包裹体。这些包裹体常呈细小的针状、纤维状，定向排列，犹如发丝，称这类水晶为发晶。

4.11.1　矿物学特征

化学组成：水晶是结晶的石英，其成分是 SiO_2，含少量 Fe、Ti、Al 等杂质元素。

结晶学特征：三方晶系，晶体常呈菱面体和六方柱的聚形，有的柱面上发育横向生长纹（见图4-43）。

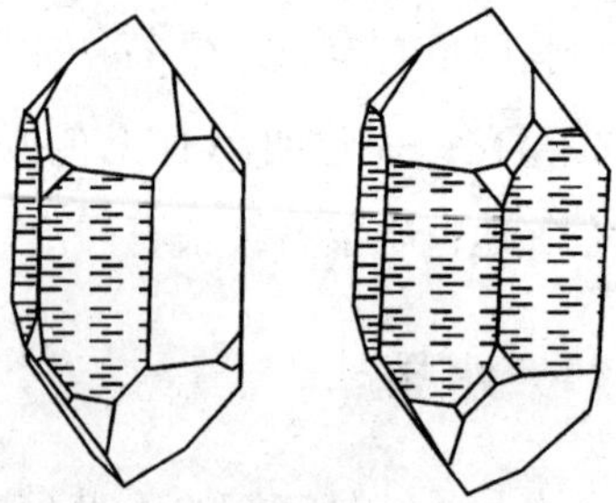

颜色：无色（常见）、紫色、黄色、粉红色、不同程度的褐色直到黑色。

光泽：玻璃光泽。

图 4-43　水晶的理想晶形

硬度：莫氏硬度为7。

密度：水晶的密度为 $2.66g/cm^3$。

折光率：1.544 ~ 1.553。

多色性：紫晶具有清晰的二色性。

解理：无。

断口：贝壳状。

透明度：透明。含包裹体、杂质多时影响其透明度。

包裹体：无色水晶、黄晶、烟晶中的包裹体相似，均含有较多的气液两相包裹体，不规则分布。紫晶中具羽翅状气液包裹体。发晶中有纤维状固体包裹体。

特殊光学效应：猫眼效应和星光效应。

4.11.2　宝石评价

水晶属中档宝石，各种品种均较常见，其中以紫晶较为珍贵。评价水晶的主要依据是颜色，其次为透明度、重量和净度。

在同种颜色中，依据颜色的饱和度、分布均匀度来判断，饱和度越高的颜色，其质量越好，价值越高；颜色分布越均匀，其质量越好，价值越高。种类上紫晶最贵，其次为黄晶、烟晶、水晶和芙蓉石（见图4-44）。

内部包裹体杂质越少，水晶的质量越高。若内部包裹体可形成特殊精美的图案，如幽灵水晶等，其又增添了艺术价值，图案越美者，质量越高。对于发晶来说，发丝排列越紧密，方向越均一

图 4-44　彩色水晶

（即为平心排列）其质量就越好。但是对于特殊方向可产生精美意象图案，其越美者，价值越高。

在同等质量的条件下，天然水晶的价值要比合成水晶高。在相等质量下，体积越大，水晶的价值越高。

4.11.3　与相似宝石的区别

与水晶相似的宝石主要有黄玉及人造各色水晶。

黄玉：黄晶或无色及改色的水晶与黄玉十分相似。主要区别是：黄玉的色彩更鲜艳、外表更柔和。另外，黄玉晶体中含有特征的不混溶的液态包裹体，水晶中为气液两相包裹体。此外，黄玉的密度大于水晶的密度（见表4-13），故用重液法可将它们迅速区分开。除黄玉外，宝石中

与水晶相似的还有电气石、绿柱石等，见表4-13。

表4-13　水晶和相似宝石的物理性质

宝石名称	折光率	双折射率	密度/g·cm⁻³	多色性
水　晶	1.54	0.008	2.66	二色性明显
黄　玉	1.62	0.008	3.59	明　显
绿柱石	1.58	0.006	2.80	二色性明显
电气石	约1.63	0.018~0.040	3.06	二色性明显
锂辉石	1.66	0.014~0.016	3.18	三色性明显
紫　晶	1.54	0.008	2.66	二色性明显

与合成水晶的主要区别是：合成水晶颜色均匀，紫色、黄色、烟色水晶一般颜色分布不均匀。另外，合成水晶所含包裹体与天然水晶区别较大，合成水晶中多含有气泡及气态包裹体，且多呈串珠状分布，天然水晶一般含有气液两相包裹体，不规则分布。合成水晶中常见有子晶晶核。

4.11.4　主要产地

　　水晶是一种较为常见的宝石，产地分布广泛，巴西以盛产水晶著称，如图4-45所示为巴西紫水晶。在彩色水晶的市场中，巴西与南非的紫晶和黄晶在国际上有着较强的影响力。其中，南非的紫晶质量是世界上最好的，而巴西却是世界上紫晶产量最大的国家。此外，马达加斯加出产优质暗紫红色的紫晶，俄罗斯乌拉尔也有大型优质紫晶矿产出。最优质的黄水晶产自巴西米纳斯热赖斯，另外斯里兰

图4-45　巴西紫水晶

卡、美国、俄罗斯的黄晶产量也居世界前列。最著名的烟晶产地为瑞士境内的阿尔卑斯山。

　　我国山西、山东、新疆、内蒙古产有水晶，但最有名的是海南省的羊角岭、江苏东海县。其中，东海县产出的水晶占全国水晶产量的一半以上，被誉为"水晶之乡"，也是全国首屈一指的水晶集散地。

4.12 长石

长石英文名为 feldspar，源自德语 feldspath，spar 为"裂开"之意，表示了长石具有解理的特点。长石是地壳中分布最广的矿物族，约占地壳总重量的50%，但可作为宝石的并不多见。长石中重要的宝石品种有正长石中的月光石，微斜长石的绿色变种天河石，斜长石中的日光石、拉长石等。

月光石，是长石类宝石中最有价值的，几个世纪以来都作为宝石。月光石晶体如图 4-46 所示。在世界许多地区，人们相信佩戴它可以带来好的命运。在印第安人中，月光石仍然被认为是神圣的石头，它只戴在神圣的黄色衣服上。在古时候，人们相信它能唤醒心上人温柔的热情，并给予力量憧憬未来。今天，月光石与珍珠一起被用作 6 月的生辰石，象征着康

图 4-46　月光石晶体

寿富贵。拉长石是在 18 世纪发现以后才用作宝石的，它因具彩虹效应而价值倍增。现在有人认为中国著名的和氏璧，可能是变彩拉长石。天河石是一种绿色含钾的微斜长石，是一种较低档的宝石，天河石现在属大众化宝石。

4.12.1 矿物学特征

化学组成：长石可分为钾长石和斜长石，钾长石的化学成分为 $KAlSi_3O_8$，又可分为正长石、透长石和微斜长石；斜长石为 $NaAlSi_3O_8$-$CaAlSi_3O_8$ 两种端员组分的完全类质同象系列，又可分为钠长石、奥长石、中长石、拉长石、倍长石、钙长石。

结晶学特征：正长石、透长石为单斜晶系，其他为三斜晶系。

颜色：长石通常呈无色至浅黄色、绿色、橙色、褐色等；长石的颜色与其中所含有的微量元素（如 Rb，Fe）、矿物包裹体或特殊光学效应有关。

光泽：玻璃光泽。

硬度：莫氏硬度 6 ~ 6.5。

密度：$2.25 \sim 2.75 g/cm^3$。

折射率：钾长石折射率为 1.518 ~ 1.533，双折射率为 0.005 ~ 0.007。斜长石折射率为 1.529 ~ 1.588，双折射率为 0.007 ~ 0.013。

多色性：一般不明显，黄色正长石及带色的斜长石可显示不同的多色性。

发光性：紫外荧光灯下呈无至弱的白色、紫色、红色、黄色、粉红色、黄绿色、橙红色等颜色的荧光。

透明度：半透明-透明。

特殊的光学效应：月光效应、晕彩效应、砂金效应。

在长石中可见到少量固态包裹体、聚片双晶、解理包裹体、双晶纹、气液包裹体、针状包裹体；月光石中可见两组解理近于垂直相交排列构成的"蜈蚣状"包裹体、指纹状包裹体、针状包裹体；天河石中常见网格状色斑；拉长石中常见双晶纹，可见针状或板状包裹体；日光石中常具有红色或金色的金属矿物板状包裹体。

4.12.2　长石宝石的鉴定特征

4.12.2.1　月光石

月光石（moon stone）是正长石（$KAlSi_3O_8$）和钠长石（$NaAlSi_3O_8$）两种成分层状交互的宝石矿物（见图 4-47）。通常呈无色至白色，也可呈浅黄、橙至淡褐、蓝灰或绿色，透明或半透明，具有特征的月光效应。所谓月光效应即指随着样品的转动，在某一角度，可以见到白色至蓝色的发光效应，看似朦胧月光，其晕彩的出现主要和格子状双晶引起的干涉现象有关。月光石内部有似"蜈蚣状"包裹体，还有空洞或负晶；如月光石内含有针状包裹体，可有猫眼效应。高质量的月光石应具漂游波浪状的

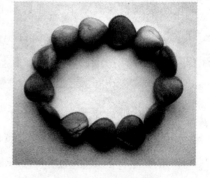

图 4-47　月光石

蓝光。

与月光石相似的宝石有玉髓、牛奶状刚玉、云雾状石英、合成尖晶石和玻璃。

月光石和玉髓、玻璃及尖晶石的区别是在正交偏光镜下月光石会有明暗交替的现象,而玉髓及玻璃全黑;另外,玻璃及玉髓的包裹体明显不同,玉髓内常见后生的包裹物如铁锰质氧化物,玻璃内则为气泡。

与尖晶石的区别是尖晶石的折光率远大于长石的折光率,用折光仪易于区分。

月光石与石英、牛奶状刚玉的区别可从密度方面入手,月光石在密度为 $2.65g/cm^3$ 的重液中漂浮而石英悬浮,刚玉则下沉。

4.12.2.2 日光石

日光石(sun stone)又称"日长石"、"太阳石",属钠奥长石。含有大量定向排列的金属矿物薄片,如赤铁矿和针铁矿,能反射出红色或金色的反光,即砂金效应。常见颜色为金红色至红褐色,一般呈半透明。

与日光石相似的宝石有合成硒金玻璃,二者的区别是合成硒金玻璃中的"金色铜片"密集排列,远比日光石中的赤铁矿分布密度大,并且多呈三角形或六边形。

4.12.2.3 拉长石

拉长石最主要的品种是晕彩拉长石。当把样品转动到某一定角度时,见整块样品亮起来,可显示蓝色、绿色中的一种颜色的辉光,即晕彩效应。或者交替呈现出从绿色到橙红色的辉光,即变彩效应。有的拉长石因内部含有针状包裹体,可呈暗黑色,产生蓝色晕彩(见图4-48)。如果切磨方向正确,有时还可以产生猫眼效应,这种拉长石还被称为黑色月光石。

产生晕彩和变彩的原因是拉长石中有斜长石的微小出熔体,斜长石在拉长石晶体内定向分布,两种长石的层状晶体相互平行交生,折射率略有差异而出现干涉色。

图 4-48　拉长石

4.12.2.4　天河石

天河石是微斜长石中呈绿色至蓝绿色的变种，成分和微斜长石一样为 $KAlSi_3O_8$，含有 Rb 和 Cs，半透明，体色为浅蓝绿-艳蓝绿色，常有白色的钠长石出熔体，而呈条纹状或斑纹状绿色和白色。常见聚片双晶，但由于双晶纹较厚，不能像月光石那样出现月光效应，但天河石以美丽均匀的微蓝色而得到人们的喜爱（见图4-49）。

图 4-49　天河石

4.12.3　评价

长石的质量评价主要从长石的特殊光学效应及其颜色、透明度、净度几个方面来进行。

特殊光学效应起着重要作用，这些光学效应越明显，其价值越高。如月光石以无色、透明至半透明、具漂浮状蓝色月光为最好，白色月光的价值就差多了；晕彩拉长石中以蓝色波浪状的晕彩最佳，其次是黄色、粉红色、红色和黄绿色；日光石则以金黄色、透明度高、强砂金效应者为最好，颜色偏浅或偏暗，均会影响价格；天河石的颜色也以纯正蓝色为最佳，其次为稍带绿色的蓝色。

对具特殊光学效应的长石来说，内部包裹体对价值影响程度比其他宝石品种轻得多，即便中等的瑕疵也不影响价值，只有严重的裂隙等明显瑕疵会使其价格变低。

4.12.4　加工

具月光效应、砂金效应、晕彩的长石以及透明度差的天河石主要采用弧面琢型加工，其他透明度好的可采用刻面琢型。还可以加工成珠状。月光石也常常做成浮雕雕件，雕刻成各种动物头像或怪人面具，其波浪式的光泽会随着宝石的移动而不停地闪烁出现，十分迷人。

长石具有完全解理，加工时应注意避免台面与解理面平行。另外，月光石朦胧的月光是有方向性的，晕色的延长方向应与戒面的延长方向一致，而晕色应集中于弧面形戒面的中央。

4.12.5　主要产地

月光石的重要产地是斯里兰卡，此外缅甸、印度、澳大利亚、马达加斯加、坦桑尼亚、美国、巴西和瑞士等也出产月光石。其中，缅甸的月光石质量最好，印度产猫眼月光石和星光月光石。

最好的日光石产于挪威南部的 Tvedestrand 和 Hitero，另一个产地是俄罗斯贝加尔湖地区。此外，在加拿大，印度南部，美国的 Maine 和新墨西哥、纽约等地都有日光石产出。

天河石目前主要产于印度和巴西。美国的优质天河石曾一度开采于弗吉尼亚，但现在已采空。另外，还有加拿大的 Ontario，俄罗斯的米斯克和乌拉尔山脉，马达加斯加、坦桑尼亚和南非等地均有很好的绿色或蓝绿色的天河石。我国也产质地极好的天河石，以新疆阿尔泰的花岗伟

晶岩型天河石矿最著名。此外，云南西北部贡山县至泸水县之间，也发现了宝石级矿床。

拉长石的主要产地为加拿大、美国、芬兰。加拿大的拉布拉多（Labrador）就以富产宝玉石级的拉长石大晶体而闻名。优质的彩色拉长石产于美国。最漂亮的晕彩拉长石发现于芬兰。

第5章 常见天然玉石

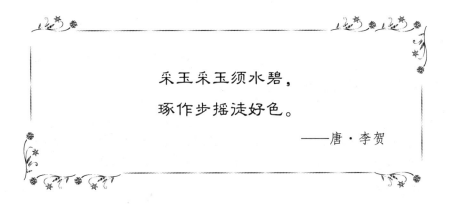

采玉采玉须水碧，

琢作步摇徒好色。

——唐·李贺

5.1 翡翠

5.1.1 概述

翡翠的英文名称为 jadeite，来源于西班牙语 picdo de jade 的简称，为古今玉石之王，属世界七大宝石之一。在古代，翡翠本为美丽的鸟名，翡为赤鸟，翠为绿鸟。玉石翡翠其颜色之美犹如赤色羽毛的翡鸟和绿色羽毛的翠鸟。翡翠是一种以硬玉矿物为主的辉石类矿物集合体，优质翡翠是当今世界上价格昂贵的宝石品种之一（见图5-1）。

翡翠饰品不仅以它光润、鲜艳的特性吸引着人们的眼球，更以其独特的文化信息透射出无穷的魅力。

翡翠饰品蕴藏着丰厚的儒家思想：儒家将深厚的道德思想人格化地赋予翡翠，以儒家思想的"五德"来寓意体现翡翠饰品的文化底蕴：

仁："润泽以温，仁之方也"——翡翠温和滋润具有光泽，与儒家所提倡善施恩泽、富有仁爱之心的思想不谋而合。

图 5-1　翡翠原石

　　义："鳃理自外，可以知中，义之方也"——翡翠有较高的透明度，从外部可以看出其内部具有的特征纹理，能充分体现儒家所倡导的竭尽忠义思想。

　　智："其声舒扬，博以远闻，智之方也"——翡翠轻轻相击，能发出清远、悠扬、悦耳的声音，这种特性就是儒家所追求的将智慧布达四周的思想境界。

　　勇："不挠而折，勇之方也"——翡翠具有极高的韧性和硬度，集中体现了儒家所倡导的坚韧不拔的人格品质。

　　洁："锐廉而不忮，洁之方也"——翡翠有断口但边缘却不锋利，与儒家洁身自爱、不伤害他人的精神相吻合。

　　翡翠饰品彰显出厚重的宗教文化品质：无论中国原创的道家、儒家还是中国化的佛教，都赋予了翡翠神奇的力量和聪慧，使翡翠饰品具备了祭礼、避邪、护宅、护身等独特的佛神文化景观。

5.1.2　矿物学特征

5.1.2.1　矿物及化学组成

　　翡翠主要是由一种称为硬玉的矿物组成的集合体，其化学分子式是 $NaAl(Si_2O_6)$，理论成分是 SiO_2 为 55.94%，Al_2O_3 为 25.22%，Na_2O 为 15.34%。但天然翡翠除硬玉外，总是含有 1% ~52% 辉石族的其他矿物，如透辉石、钙铁辉石、霓石及微量的铬铁尖晶石。因混入物的比例不同，实际的化学成分也就有所差异。

5.1.2.2 颜色

翡翠的颜色是由不同颜色的矿物颗粒组合而成，有白、绿、紫、红、黄、褐、黑等各种颜色（见图5-2）。通常称翡翠中的红色为"翡"，绿色为"翠"。

图5-2 多色翡翠

白色 不含任何杂质的翡翠，应为纯净的白色。常见的白色翡翠是略带灰、绿、黄的白色，有些白色翡翠还带有褐色。

紫色 紫色的翡翠，其色调可以为粉紫色、蓝紫色、茄紫色，一般都比较淡。它是由少量的二价铁离子和三价铁离子共同作用的结果。

红色和黄色 红色和黄色的翡翠一般都带棕色调。黄色调的翡翠是因含黄色的褐铁矿所致，而红色的翡翠是赤铁矿所致。

绿色 翡翠的绿色，其色调明暗、深浅等变化最大，它是确定翡翠价值的一个重要因素，也吸引着人们对其进行不断探索。研究表明，由三价铁离子代替铝离子而出现的绿色，色调比较暗。随着三价铁离子代替铝离子的量增加，翡翠就会出现淡绿色、暗绿色甚至墨绿色。若由一些铬离子代替铝离子，翡翠就呈鲜艳的绿色。总的说来，铁离子和铬离子含量的比例决定翡翠的鲜艳程度，而两种离子的含量多少决定翡翠绿

色的深浅（见图5-3）。

翡翠的颜色品种：

图 5-3　满绿翡翠镯

玻璃艳绿　绿色浓艳，如玻璃般明净，在阳光或白光下观察，色调均匀，透明度高。也称高绿。

玻璃绿　透明，绿色鲜而亮；但不够浓艳，色调浅。

祖母绿　透明，色似祖母绿宝石，色浅者质量较低。

艳绿　透明或半透明，颜色浓而艳者，颜色分布较均匀。

黄杨绿　透明或半透明，颜色鲜而艳者，似初春黄树的新树叶。

鹦鹉绿　透明或半透明，色似鹦鹉绿色羽毛，颜色娇艳，但常常有黄绿色调，有的为绿带蓝的色调。

葱心绿　半透明，色如娇嫩的葱叶，带有黄的色调。

豆青绿　半透明，色绿如豆青色，此品种最多，有"十绿九豆"之说。

菠菜绿　半透明至不透明，绿色暗欠鲜。

丝瓜绿　透明或半透明，色似丝瓜皮的绿色，最大特点是有丝瓜络形的绿色。

匀水绿　透明或半透明，绿色均匀而鲜浅的一种绿色，有时仅有绿色，常称地子绿。

江水绿　透明或半透明，色虽均匀，但有浑浊感，色不如匀水绿。

蛤蟆绿　透明或半透明，绿中带蓝或带灰的色调，可见瘤状色斑，色不均匀，欠纯正。

瓜皮绿　半透明或不透明，色似青色瓜皮，青中有绿色，不纯正。

灰绿　半透明至不透明，灰色中有绿色，非常不纯正。

灰蓝　半透明，灰色中有不纯的蓝色，为不纯正的绿色。

油绿　透明或半透明，色绿暗不纯正。

墨绿　半透明或不透明，黑中透绿。

紫罗兰 紫罗兰色，紫色调多为浅色调。

藕粉色 淡紫色调，常只有紫色调，像藕色一样淡薄。

红翡翠 红色、淡红色、红褐色、褐色，越红质量越佳。

狗屎地色 黑褐色，色似狗屎而得名。

白色 常见的翡翠。

福禄寿 指一块原料上同时有红、绿、紫三色者。是罕见的品种，可以只有三色，也可以在白色基底上有三色。

翡翠颜色与组成矿物及化学成分有关，按成因可分为两类：

（1）原生色：翡翠形成过程中在内生作用下形成的颜色，如白色、绿色、紫色等。由纯净硬玉矿物组成的翡翠为白色；绿色由硬玉成分中含 Fe^{3+}、Cr^{3+} 引起，含 Fe^{3+} 为暗绿色，含 Cr^{3+} 呈鲜绿色。含透辉石、霓石、阳起石等矿物也会影响绿色变化。紫色被认为是由硬玉成分中的 Fe^{2+} 至 Fe^{3+} 电荷转移引起的。

（2）次生色：翡翠形成后在次生作用下形成的颜色，如红色、黄色、褐色等。红、黄、褐色主要是含铁的氧化物所致。

黑色的成因较复杂，有的是由于含深色碱性角闪石（蓝闪石），属原生色；有的是受氧化锰污染，属次生色。

5.1.2.3 质地

翡翠除颜色以外，质地的好坏也很重要。质地也称种头，又称地、地子、底张等。翡翠的质地是指其本身由透明度、结构和颜色所反映出的综合特征，是翡翠定价的确定因素之一。

翡翠的结构不如软玉细腻、致密、均一，一般情况下可见到小斑晶周围纤维状、絮状的细小晶体，呈变斑晶交织结构。这种肉眼能见到的小斑晶就是行家所说的翠性，或称盐粒子性。实际上是组成翡翠的矿物硬玉解理面在光线照射下的闪光，如同"苍蝇翅"，这也就是行家所说的石花。

常见的翡翠质地有以下几种：

（1）无色或带点其他色调：

玻璃地：透明，如玻璃般的地子，一般无色，但也可有色。

149

第 5 章　常见天然玉石

水地：透明如水，玻璃光泽，有时可有少量裂纹或其他不纯物，是质量较差的玻璃地品种（见图5-4）。

蛋清地：透明，如生蛋清一样质地，玻璃光泽，是一种浑浊的玻璃地品种，透明度稍差些，但比较纯正。

鼻涕地：透明，质地如同清鼻涕，玻璃光泽，类似蛋清地，透明度稍差一些。

图5-4　水地翡翠镯

青水地：透明，但泛青绿色调，是带青绿色的水地品种，不如水地品种。

浑水地：半透明，像浑水，是一种透明度差的水地品种。

（2）白色类：

细白地：半透明，质细润而色白的质地，是好的玉器原料。

白沙地：半透明，白色，有沙性，是不细腻的细白地。

瓷地：半透明至不透明，质地发白色，如瓷器，使人感到凝滞死板。

干白地：不透明，水头差的白色质地，光泽不强，是不受欢迎的一种地子。

糙白地：不透明，质粗少水的质地，比干白地还差的翡翠，很不受欢迎。

（3）灰色类：

灰水地：透明或半透明，而闪有灰色的质地。质量比青水地差。

灰沙地：半透明，色灰而具有沙性的地子。

粗灰地：不透明，质粗而色灰的地子。

（4）豆青色类：

豆青地：半透明，其特点是常带有石花，是豆青色半透明品种。

粗豆青地：不透明，质粗糙，石花粗大，一种粗糙的豆青地。

（5）紫色类：

紫花地：半透明，有不均匀的紫色，紫花均匀时，即为颜色品种中的紫罗兰。

紫水地：质地半透明，但泛紫色调是半透明紫罗兰色。

藕粉地：透明或半透明，像熟藕粉一样的地子，常带一些紫色。

（6）花色类（杂色类）：

紫花地：半透明，有不均匀的紫色，紫色均匀时，即为颜色品种中的紫罗兰。

青花地：半透明至不透明，有青色石花，反映质地不均匀。石脑，指白色较粗的翡翠。

白花地：半透明至不透明，质粗，有石花、石脑。

（7）黑褐色类：

狗屎地：不透明，质粗水差，为黑褐色或黄褐色，其色形如狗屎的一种质地。

5.1.2.4 其他物理性质

翡翠为玻璃光泽和油脂光泽，莫氏硬度为 6.5～7，在偏光器中观察明亮，为非均质体，点测法折光率近似于 1.66，密度为 3.30～3.36g/cm³，几乎等于二碘甲烷的密度（3.32g/cm³），但有些翡翠也可在二碘甲烷中悬浮。在紫外线照射下荧光可有可无。

5.1.2.5 吸收光谱

天然绿色翡翠如果是由含铬的绿色硬玉组成，在吸收光谱的红色区有三条细的吸收线（630nm、660nm、690nm），在绿色区有一条黑色吸收带（437nm）。如果是含铁的绿色硬玉或其他颜色的矿物组成，则只在蓝色区有一条黑色吸收线（437nm），437nm 吸收线为翡翠的特征吸收线。而染色翡翠有一条 650nm 的吸收带。

5.1.2.6 X 射线衍射特征

无论是翡翠成品还是原石，因均属矿物多晶集合体，经 X 射线衍射无损鉴定后，主要矿物成分是硬玉，少数含霓石、透辉石等，凡质地细腻致密者，其衍射峰的强度就近于标准的粉晶衍射图。若颗粒粗，结构不细腻，则衍射峰的强度分布就有可能失真。

5.1.3 翡翠的鉴别

5.1.3.1 翡翠的主要鉴定特征及其与相似玉石的区别

翡翠的鉴定特征可从如下几个方面加以论述:

(1) 变斑晶交织结构:无论是翡翠原料还是成品,只要在其抛光面上仔细观察,均可见到变斑晶交织结构,像花斑一样。也就是说在一块翡翠上可以见到两种形态和排列方式不同的硬玉晶体:一种是颗粒稍大的粒状(斑晶),另一种是在斑晶周围交织在一起的纤维状小晶体。一般情况下一块翡翠中斑晶颗粒大小均一,呈眼球状,与纤维状小晶体呈定向排列。

(2) 石花:翡翠中均有细小团块状、透明度稍差的白色纤维状晶体,它们交织在一起就构成了石花,与斑晶的区别是斑晶透明,石花微透明到不透明。

(3) 颜色:翡翠的颜色不均匀,在白色、藕粉色、油青色、豆绿色的底子上伴有浓淡不同的绿色、黑色和褐红色。翡翠的褐红色原先并不是那么受人欢迎,人们喜爱的是深浅不同的绿色。但如今红褐色的翡翠(红翡)、褐黄色的翡翠(黄翡)经过俏色巧雕后价格也不菲。

(4) 光泽:翡翠一般呈玻璃光泽、珍珠光泽和油脂光泽,也就是说翡翠光泽明亮、柔和。

(5) 密度和折光率:上述特征可以把翡翠及与其相似的软玉、蛇纹石玉、石英岩玉、葡萄石等区别开来,另外翡翠的密度大和折光率高也是其特点。翡翠在三溴甲烷中迅速下沉、而软玉、蛇纹石玉、石英岩玉均在该重液中悬浮或漂浮。翡翠的点测法折光率为1.66左右,而其他相似的玉石均低于1.63(详见表5-1)。

表5-1 翡翠与其相似玉石的鉴别特征

玉石名称	颜　色	密度/g·cm^{-3}	硬度	折光率	特征描述
翡　翠	艳绿、油绿、白色、藕粉色,色不均匀	$3.34^{+0.06}_{-0.09}$	6.5~7	1.66~1.68 点测为1.66	颜色不均,具明显的变斑晶交织结构,纤维状集合体,玻璃光泽、珍珠光泽和油脂光泽,较明亮

玉石名称	颜 色	密度/g·cm⁻³	硬度	折光率	特征描述
软 玉	白、绿、黄、墨	$2.95^{+0.15}_{-0.05}$	6~6.5	1.606~1.632 点测为1.62	质地细腻，无斑晶，矿物呈细小纤维状，交织毡状结构，玻璃光泽和油脂光泽，较暗淡
钙铝榴石玉（青海翠）	白底上嵌绿点	$3.61^{+0.12}_{-0.04}$	7~7.5	$1.74^{+0.020}_{-0.04}$	颜色不均，绿色呈点状，具短粗浑圆的包裹晶体，粒状结构，玻璃光泽
葡萄石	黄绿色，色均一	2.88+0.07	6	1.625~1.635	颜色均一，放射状纤维结构，玻璃光泽
蛇纹石玉（岫玉）	黄绿色，色均一，还有褐黑色，杂色	$2.57^{+0.23}_{-0.13}$	2.5~5.5	1.49~1.57	颜色均一至杂色，纤维状网格结构，有黑色包裹体及白色絮状物，玻璃光泽和蜡状光泽
东陵石、密玉、京白玉	白色、淡绿色、绿色	2.64~2.71	7	1.54~1.553 点测为1.54	颜色均一，等粒状结构，可见铬云母及绿泥石晶片，玻璃光泽
独山玉	白、绿、褐等色，色杂不均	2.7~3.09	6.5~7	1.56~1.70	颜色不均，粒状结构，玻璃光泽和油脂光泽
水钙铝榴石玉（青海翠）	绿至蓝绿色	$3.47^{+0.08}_{-0.32}$	7	$1.720^{+0.010}_{-0.050}$	颜色均一，有较多黑色斑点和斑块，粒状结构，玻璃光泽

5.1.3.2 翡翠 A、B、C、D 货及其鉴定

在宝石业内，特别是在翡翠交易过程中，人们通常要区分 A、B、C货。以前的刊物上也有学者提出了一个 D 货的概念，D 货并不是翡翠，而是其仿制品。A、B、C 货仅是翡翠类别的划分，并非是指等级的划分。那么 A、B、C、D 货究竟是什么样的概念，如何鉴别它们，这对每一个宝石鉴定工作者以及经销者和消费者来说都是十分重要的。

A 货 是指只做过改变形状的加工（切割和抛光），未经过任何改色、褪色和加色的人工改善处理，原成分和结构不变，无外来物质加入的天然翡翠，也就是俗称的真货。

A货的鉴定特征是颜色不均匀，但看上去纯正自然，有色根，内部包裹体较多，质地不纯，呈玻璃光泽和油脂光泽。在反光显微镜下，观察其表面不具酸腐蚀的溶蚀坑和胶状充填物，可见因纤维状硬玉矿物解理而构成的原生三角孔。

B货　是指那些经过酸溶液等浸泡溶去杂质，提高透明度、光泽、净度与原生绿色的艳度后，又以环氧树脂、硅胶与玻璃浸泡而增加耐久性的优化处理的天然翡翠。其颜色是原生的，但结构有不同程度的破坏，而且有外来物质的加入。有人称B货是"去劣存优"或"洗过澡"的翡翠（见图5-5）。

B货在质上较A货纯净，颜色鲜艳，透明度好，多为蜡状光泽或树脂光泽，或是蜡状光泽、树脂光泽与玻璃光泽的混合。表面具有溶蚀现象，出现凹坑、

图5-5　翡翠B货

凹沟或网状蚀线等，结构显得松散，反光显微镜下可以看出颗粒间的接触界面和反射率明显较低的脉状充填物。未充胶者也可根据溶蚀坑呈渠网状或蛛网状分布特征确定其为B货翡翠。用微火灼烧B货时其中的灌注物会灼焦、熔化。因B货中往往含有树脂之类的外来物质，所以在紫外光下具有荧光性，A货则没有荧光性。在特制的红外光谱仪上，可测出B货中的环氧树脂等灌注物，B货的红外光谱图上，$2900cm^{-1}$处有明显宽大的吸收峰，A货的吸收峰则出现在$3500cm^{-1}$处。

C货　是指染色翡翠，即其颜色是用人工方法制造出来的，往往是将无色或浅色的低档翡翠放入硫酸铜、碘化钾或重铬酸钾溶液中浸泡后，使其致色。还可用激光或高能辐射线轰击无色的或浅色的低档翡翠，使颜色加深变浓。C货结构有破坏，也可无破坏，外来物质也可有可无。C货颜色分布不均匀，有局限性，多沿裂隙或颗粒间隙分布，呈条带状、网脉状，无色根，在查尔斯滤色镜下可变红，而A货、B货则不变色，当然并非所有C货均在滤色镜下变红。

是否为染色翡翠还可通过吸收光谱确定，染绿色翡翠仅在650nm处

有一吸收带，而无 630nm、660nm、690nm 吸收线。

市场上还有一种镀膜翡翠，其外观上颜色很鲜艳，为很均匀的翠绿色。其实只不过是在翡翠上镀了一层绿色的软膜，用指甲或小刀轻轻一刮就会脱落；用沾有酒精或二甲苯的棉球擦洗其表面，镀膜就会褪色，并使棉球染上绿色；另外用微火烧其表面后，镀膜就会熔化变焦，所有镀膜翡翠都属 C 货。

还有一种翡翠称作拼合翡翠，就是在翡翠中做一夹层，夹层间加入绿色的胶状物，使其看上去有绿色，但只要仔细观察鉴定，就可以找到一条拼合的缝隙，这也是一种 C 货。

D 货 即仿翡翠，也称翡翠赝品，是指用玻璃、塑料、烧料、瓷料及劣质翡翠粉末仿制的翡翠赝品及仿冒翡翠的染色石英岩、染色大理岩等假货。绿玉髓、独山玉、青海翠等也常常成为翡翠的假冒品，市场上还有一种称为马来玉的东西，常用来冒充高档翡翠，蒙骗消费者。那么马来玉到底是什么东西呢？至今有两种说法：一种认为是脱玻化的绿色玻璃；另一种认为是染成绿色的细粒石英岩。因为这两种仿冒品的鉴定特征均差不多，故不会带来太大的麻烦。

根据颜色、矿物成分、内部结构、折光率、密度可以很容易鉴定出 D 货。如绿玉髓、马来玉、石英岩的矿物成分均为石英，折光率为 1.54，低于翡翠的 1.66。染色大理石在稀盐酸（浓度小于 5%）下强烈起泡，当然这种做法略带损伤性，测定时一定要认真仔细，反复几次，特别是用点测法时更应如此。有条件的单位，当有 X 射线衍射仪时，对翡翠 D 货的鉴定乃至所有玉石的区分，就不会存在困难，任何由多晶集合体构成的玉器，经 X 射线衍射无损鉴定后，均会以不同的矿物相表现出来，只要矿物组成不是硬玉，那就不是翡翠。若矿物组成为斜长石、黝帘石等，则为独山玉；若矿物组成主要是钙铝榴石，则是青海翠（乌兰翠）；当衍射结果为玻璃质或非晶质时，则是人造玻璃或塑料制品等。

5.1.3.3　翡翠与爬山玉、硬钠玉的鉴别

爬山玉：一种特殊的翡翠，也称为拔山玉、八三玉等，是 1983 年缅甸新发现的一种翡翠矿床。矿物成分主要是硬玉，可含少量透辉石，粒

度大小不均匀，密度约 $3.31g/cm^3$，折光率 1.66，无荧光反应。爬山玉有以下三种特征：

（1）底偏红、偏紫。

（2）底为淡淡的绿色，并发灰色。

（3）带有黑色、黑灰色斑块。绿色呈斑状、块状、条带分布，不鲜艳。

爬山玉一般水头较好，但结构不致密，多玉纹（天然隐性裂纹），最适合做 B 货，现在这种翡翠成品市场上已经不多见了。

硬钠玉：一种似翡翠又不能完全称作翡翠的玉石，它产于翡翠矿床的围岩部分，称为纯翡翠岩的围岩，呈构造角砾状，产于翡翠岩外带的镁质钠铁闪石集合体内。矿物成分主要由硬玉和钠长石组成，也可含少量其他矿物。因矿物含量比例不同，折光率在 1.53～1.66 之间，密度在 2.68～3.25g/cm^3 之间变化。

硬钠玉的外观整体上为蜡状光泽，颜色呈鲜绿色、暗绿和灰白相杂，绿色往往呈条带状、斑状分布，并且绿色不正，有点偏灰偏蓝。灰白部分以半透明为主，常常见到微透明的条带分布于其间。

硬钠玉在结构上也有其特点：钠长石为粒状、板柱状，硬玉呈纤维状夹杂其间，呈不均匀的团块或条带分布。所以硬钠玉常呈粒状、板状及纤维状镶嵌变晶结构，有时还见定向构造。在反光显微镜下，钠长石的反射率较硬玉低，鉴定某一玉石是翡翠还是硬钠玉，关键是测折光率，多测几次，若折光率较明显地小于 1.66，则其中肯定有一定量的钠长石矿物；另外通过密度测定也可区分两者。还可以把硬玉-钠长石类玉石进行分类，见表5-2。

表5-2　硬玉-钠长石类玉石分类

玉 石 名 称	硬玉含量/%	钠长石含量/%	密度/g·cm^{-3}
翡　翠	100～90	0～10	3.44～3.25
含钠长石质翡翠	90～75	10～25	3.25～3.14
钠长石质翡翠	75～50	25～50	3.14～2.97
硬玉钠长石岩玉（狭义硬钠玉）	50～10	50～90	2.97～2.68
钠长石岩玉	10～0	90～100	2.68～2.61

5.1.4 加工

翡翠是高档玉石，常加工成手镯、挂件、戒面和指环，也常加工成玉雕工艺品。通常把戒面加工成凸面形（也称弧面形或素面形），包括弧面圆形、弧面椭圆形、弧面长椭圆形、弧面马眼形、弧面心形、弧面马鞍形（或呈桥形）等，很少加工成刻面形（或称翻光面形）。

在加工琢磨翡翠时，要尽量避开裂纹和杂质，突出绿色。在加工弧面形翡翠戒面时，其厚度一般据其颜色和透明度而定，色好但水头不足的，可以做的薄一些；而色浅但水头高者，厚度应适当大些，以增加颜色饱和度。

5.1.5 翡翠的评价

翡翠的评价依据是颜色、质地和透明度，其价格也因此有很大的差异，如一粒戒面可以从几十元到几十万元，甚至到几百万元不等。

5.1.5.1 颜色

翡翠以绿色为贵，其次为紫色、红色、黄色、灰绿色、灰色、无色等。

颜色评价标准："浓、阳、正、匀（和）"。对绿色而言：浓，即绿色要浓郁饱满；阳，即绿色要鲜艳明亮；正，即绿色要纯正不邪；匀，即绿色要均匀柔和。

具备这四项条件的正绿及略微偏黄的绿都是高质量的绿，属上品。如翠绿、秧苗绿、苹果绿等。绿色中忌带青、蓝、灰、黑等色调，这些杂色俗称为"邪色"，使质量降低，"邪色"明显者为下品。

对于绿色不均匀的品种，评价时须考虑：绿色形态、绿色范围和基底颜色。以绿色鲜艳、绿色条带或斑块宽大、所占面积比例大、底色纯净和谐者为佳品（见图5-6）。

图 5-6 翡翠挂件

5.1.5.2 质地和地子

质地：指玉石的结构性质，即组成矿物的颗粒大小、形态及致密程度。内部结构性质不同，反映出来的质地特征不同：

（1）具粗粒结构状的玉石，组织较松散，质地粗糙。

（2）具细粒纤维状结构的玉石，组织紧密，质地细腻。

（3）质地越细腻越好，优质者肉眼看不到闪亮的矿物晶粒小面。

地子（底子、地张）：指翡翠中除绿色外的其他性质，包括整体颜色、结构、透明度、净度等多方面的综合美学效应。

地子以结构细腻、透明度高、洁净、色泽淡雅均匀者为好。如玻璃地、水地、蛋清地等。

5.1.5.3 透明度

玉石的透明度常被称为"水头"。一般呈半透明-不透明，透明者罕见。透明度越高越好。透明度高：称"水好"、"水头高"或"水头足"；透明度低：称"水干"、"水头差"或"水头不足"。

常用光线能透射玉料的深度，称"几分水"，来定量表示透明度：一分水：光线能透射玉料一分深度，约3mm；二分水：光线能透射玉料二分深度，约6mm。

在港澳地区，翡翠的透明度称为"种"。划分为：玻璃种、半玻璃种、冰种、半冰种、粉地（无种）。相当于：透明、亚透明、半透明、亚半透明、不透明。

5.1.5.4 裂纹（绺裂）

玉石中的裂纹（隙）也称"绺裂"、"绵柳"。裂纹的存在会影响玉石原料的成材率，以及玉石成品的完美度和耐用性。评价时需考虑裂纹出现的部位、裂纹的大小、裂纹的数量、裂纹的性质（原生、次生、贯穿深度等）。

一般地，凡有明显裂纹的玉制品，无论其他条件（颜色、质地、透明度）如何，除非有改制前景外，均不能售以高价。

5.1.5.5 瑕疵

翡翠中常见瑕疵分两类:

(1) 白色瑕疵:呈白色絮状、团块状、云雾状等杂质,俗称"石花"、"石脑",成分可能为长石、石英等。

(2) 黑色瑕疵:呈黑色或褐色的点状、斑状、丝带状等杂质,成分多为角闪石、铬铁矿等,对净度的影响更大。

评价时需考虑瑕疵的种类、出现的部位、大小、数量等。

5.1.5.6 工艺水平

对于戒面、串珠、手镯等首饰件评价,要看其规格比例是否合适,琢磨、抛光是否精细。

对于玉雕、玉片、玉佩等雕件评价,要看其造型的艺术价值,俏(巧)色效果,琢磨、抛光精细程度。

5.1.6 翡翠的种

5.1.6.1 老坑种

老坑种主要是用来形容翡翠的颜色,颜色符合正、浓、阳、和的翡翠就称之为老坑种。老坑玻璃种的特点是颜色正、浓、阳、和,质地细而透明,老坑玻璃种可以说是最高档的翡翠的称呼,当然老坑玻璃种本身也有质量高低之分(见图5-7)。

图 5-7 老坑种翡翠

5.1.6.2 白地青种

白地青种是缅甸翡翠中分布较广的一种,其特点是质地较细,底色较白,其绿色因含铬而很鲜艳明亮,其底色较白更显绿白分明,绿色大部分是呈团块状出现,这些与花青种不同。

5.1.6.3 花青种

花青种的翡翠,其特点是绿色分布极不规则,其底色可能是淡绿色

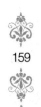

或其他颜色，质地可粗可细。例如豆地花青，其结构较粗大，称为豆地，它有不规则的颜色，有时分布较密集，也可较稀疏，可深可浅。翡翠的颜色大多数是不规则的，故花青种较常见，可进一步细分为豆地花青、马牙花青和油地花青等。

5.1.6.4 油青种

一般把翡翠绿色较暗的一种称之为油青种。颜色不是纯的绿色，掺有一些灰色或带一些蓝色，因此不够鲜艳，可以由浅到深，显得很沉闷，透明度一般较好。结构是纤维状，比较细。由于它表面的油脂光泽，因此称为油青种，如果颜色较深，有人又称之为瓜皮油青种。

5.1.6.5 豆种

一般把肉眼可见晶体较粗颗粒的翡翠称为豆种。这是一种很形象的称呼。翡翠是一种多晶集合体，如果组成翡翠的晶体大于1mm就容易被肉眼发现。因其晶体为短柱状，看起来很像一粒绿豆，所以称为豆青。由于颗粒粗，一般透明度差，价钱便宜，民间有"十种九豆"之说。

5.1.6.6 芙蓉种

芙蓉种一般为绿色，但不带黄，绿得较纯正、清澈。芙蓉种的质地比豆种细，能感到颗粒状，但看不到颗粒界限。一般来说透明度还可以，颜色不够浓，但清澈，价钱不高，较易被一般人接受。颜色深一点的会贵些，淡些会便宜点。其中分布有不规则深绿色的称为青芙蓉种。

5.1.6.7 金丝种

一般把绿色成一丝丝状平行排列分布的翡翠称为金丝种。人们可以看到绿色是沿着一定方向间断出现的，绿色条带可粗可细。金丝种翡翠的质量要视绿色条带的色泽和绿色所占比例多少以及质地粗细情况而定。颜色条带粗，所占的面积大，颜色又新鲜的，价格自然就高。反之亦然。

5.1.6.8 马牙种

马牙种的翡翠质地虽较细，但不透明，好像瓷器一样。马牙种特点是色够绿，但质地不透明，仔细看可见一丝丝的白色。也就是说，马牙种虽有一定的颜色，但由于不够透明，有色无种，水头短，所以价值不高（见图5-8）。

图5-8　马牙种翡翠

5.1.6.9　紫罗兰种

紫罗兰种是一种紫色翡翠，紫色一般都清淡，好似紫罗兰花的紫色，因而得名。一般把紫罗兰按其色调不同，细分为粉紫、茄紫和蓝紫。粉紫质地较细，透明度好的较难得；茄紫较次；蓝紫一般质地粗。在黄光下，紫色翡翠会显得紫色较深，选购时要当心；深紫的、质地细的、透明度高的翡翠很难找到，欧美人很喜欢。

5.1.6.10　干青种

干青种主要由钠铬辉石矿物组成，其化学成分为 $NaCrSi_2O_6$。硬度为5，密度 $3.50g/cm^3$，折射率1.75，深绿色，颜色较鲜艳，透明度较差，颗粒较粗。

5.1.7　翡翠的产地

缅甸是世界上使用和玉雕用翡翠的主要供应国，世界上95%以上的宝石级翡翠都产自缅甸。著名的优质翡翠矿床就位于缅甸北部乌龙河流域，大约13世纪就开始在这一带开采冲积砂矿和冰川砂矿。直到1871年才发现原生的翡翠矿床，主要分布在度冒、缅冒、潘冒和奈冒四个矿区。

另外，有哈萨克斯坦的伊特穆隆达和列沃-克奇佩利矿床。在美国的加利福尼亚州中部的海岸山脉区，有几个质量不高的翡翠矿床，其中最大的是克列尔克里克矿床，位于圣别尼托县境内，还有门多西诺县的利奇湖矿床和一些小型的翡翠冲积砂矿。在中美洲地区的危地马拉，1952年发现了麦塔高翡翠矿床，该矿床位于埃尔普罗格雷索省曼济纳尔村附近。日本也有几个翡翠矿床点，分布在本州地区。

我国至今未发现真正的翡翠矿床。历史上曾有"翡翠产于云南永昌

府"之说，实际上是指缅甸密支那地区。因为在明万历年间该地区属云南省永昌府管辖，不过也有资料报道过，中国西部地区曾发现翡翠矿点，可否成为矿床还需后人去开发研究。

5.2 软玉

5.2.1 概述

软玉的英文名称为 nephrite，有时也用 jade。在我国又称和田玉。世界上软玉产地较多，有中国、加拿大、新西兰、澳大利亚、美国、朝鲜等国，但以我国新疆和田县产的软玉应用历史最久、质量最佳，加之中国又是"世界玉雕之乡"，其所用的玉石主要是软玉，故外国人又称之为"中国玉"（见图5-9）。

我国在新石器时代就开始使用软玉，如浙江河姆渡出土的玉器就是7000 年前新石器时代的产物。以后经过逐渐演进和发展，在距今 3500 ~ 5000 年这一时期出现了史无前例的

图 5-9　和田玉原石

"玉器时代"。如湖北屈家岭出土的青玉质玉鱼就有5000 年的历史。汉代使用白玉盛行，到明清时代，各种软玉制品琳琅满目，玉雕技术日益高超，形成完整而独特的艺术风格，丰富的软玉制品已成为中华民族灿烂文化的组成部分。

5.2.2 矿物学特征

5.2.2.1 矿物及化学组成

软玉是一种以透闪石-镁阳起石为主，含有微量透辉石、绿泥石、方解石、石墨、磁铁矿等矿物组成的集合体。若微量矿物不计，则化学成分界于透闪石和镁阳起石两个端员矿物之间，分子式是 $Ca_2(Mg, Fe)_5[Si_4O_{11}]_2(OH)_2$。除主要元素 Ca、Si、Fe、Mg、O 外，还有一些杂质元素如 B、Al、Mn、K、Na 等。

5.2.2.2　颜色

软玉的颜色取决于组成软玉的矿物颜色。不含铁的透闪石呈白色和灰白色，含铁的透闪石呈淡绿色；阳起石的颜色为绿色。当软玉中含有石墨和磁铁矿时，则出现灰黑色或黑色，另外还有黄绿色、青白色、灰色等。一般来说，软玉的颜色较均一。

5.2.2.3　质地

组成软玉的矿物颗粒均是粒径小于0.01mm的纤维状透闪石-阳起石晶体，它们互相交织在一起成为块状-鹅卵石状及纤维束状，一般呈毡状、簇状、束状交织结构。所以软玉的最大特点是质地十分细腻，光泽滋润、柔和，颜色均一，光洁如脂，用手触摸有滑感，坚韧不易破碎，呈半透明到不透明（见图5-10）。

图5-10　和田玉雕

5.2.2.4　其他物理性质

软玉为玻璃光泽到油脂光泽；硬度 6 ~ 6.5；密度 $2.9 ~ 3.1\text{g/cm}^3$，通常为 2.95g/cm^3，在二碘甲烷中漂浮；折光率为 1.606 ~ 1.632，点测法为 1.61；无荧光和磷光。

5.2.2.5　吸收光谱和X射线衍射特征

软玉很少显吸收性，个别软玉在689nm有双重吸收光谱线；在498nm和460nm有两条模糊不清的吸收光谱带；在509nm有一条灵敏的光谱线。

软玉经X射线衍射后，可得到一套较完整的透闪石或阳起石矿物图谱，对鉴定软玉起着决定性的作用，因其他矿物含量微小，很难在衍射图上显示出来，对鉴定软玉作用不大。

5.2.3　软玉的种类及其鉴别

根据软玉产出的环境，可将其分为山料、山流水、仔料和戈壁料四类。

（1）山料：山料又名山玉、碴子玉，或称宝盖玉，指产于山上的原生矿。山料特点是开采下来的玉石呈棱角状，块度大小不同，质地良莠混杂不齐。

（2）山流水：是指原生矿石经风化崩落，并由冰川和洪水搬运过，但搬运不远。山流水的特点是距原生矿较近，块度较大，棱角稍有磨圆，表面较光滑。

（3）仔料：仔料是由山料风化崩落，经大气、流水选择风化、剥蚀，再经流水分选沉积下来的优质部分，一般呈卵状，大小全有，但小块多，大块少。这种软玉质地好，水头足，色泽洁净。羊脂白玉就产于其中（见图5-11）。

（4）戈壁料：主要产在沙漠戈壁之上，是原生矿石经风化崩落并长期暴露于地表，并与风沙长期作用而成。戈壁料的润泽度和质地明显好于山料。

图5-11　羊脂白玉

根据软玉的颜色、花纹及其他工艺美术特征可将软玉分为如下八种：

（1）白玉：指白色的软玉，矿物以透闪石为主，含少量绿帘石、阳起石等，其中称颜色洁白、质地细腻、光泽滋润、宛如羊脂者为羊脂玉，光泽稍差者称为白玉。

传统珠宝界对于不同程度的白色软玉有不同的叫法，如羊脂白、梨花白、雪花白、象牙白、鱼骨白、糙米白、鸡骨白等。

羊脂玉和白玉是软玉中的上品，羊脂玉是白玉中的极品。

（2）青玉：中国传统的青玉为深绿带灰或绿带黑色。青玉为淡青绿色，有时呈绿带灰色的软玉。

（3）青白玉：指颜色界于白玉青玉之间，似白非白、似青非青的软玉。与白玉相比，青玉、青白玉中的透闪石含量略有减少，阳起石、绿帘石含量稍有增加。因古人曾用青玉、青白玉名称，故现今仍然沿用之。

（4）碧玉：指绿、鲜绿、深绿色或暗绿色的软玉，含有较多的绿帘石和磁铁矿色带或色团。碧玉颜色不均，多用来作器皿，注意概念上要与石英岩玉中的"碧玉"区分开。

（5）墨玉：指呈纯黑、墨黑、深灰色，有时呈青黑色的软玉，往往与青玉相伴，其光泽比其他玉石暗淡。即使在一块以黑色为主的玉石上也会杂有青色，甚至白色。

（6）黄玉：指呈黄、蜜蜡黄、栗黄、秋葵黄、鸡蛋黄、米黄、黄杨黄等色的软玉，但它决非是矿物学上称为"黄玉"的托帕石。

（7）糖玉：指呈血红、红糖红、紫红、褐红色的软玉，其中以血红色糖玉为最佳，多在白玉和青玉中居从属地位。但如果红色在鲜艳程度和分布上有特色时亦可予以保护和利用。

黄玉、糖玉的颜色往往是由于地表的铁质氧化物浸透到白玉的缝隙中浸染所造成的。

（8）花玉：指在一块玉石上有多种颜色，而且分布得当，构成具有一定形态（花纹）的软玉，如"虎皮玉"、"花斑玉"等。

5.2.4 软玉的主要鉴定特征及其与相似玉石的区别

软玉有其独特的矿物组成，通过颜色、结构、构造、光泽、硬度、密度等特征可以将其与翡翠、蛇纹石玉、石英岩玉、钙铝榴石玉（含水钙铝榴石）和大理岩玉区分开（见表5-1）。

5.2.4.1 颜色

各种玉石因主要成分及次要成分各有不同，因此表现出各种颜色。上等翡翠有其独特的翠绿色，而软玉一般为墨绿色、深绿色，二者均有白色品质；蛇纹石玉一般为黄绿色，少数褐黑色、杂色，无纯白色；石英岩玉有绿色、深绿色、白色等，白色往往被人染成红色、绿色；钙铝榴石玉的绿色呈星点分布，色不连续。

5.2.4.2 结构、光泽和透明度

任何一种玉石仅根据其颜色是很难确定其确切名称的，而对内部结构、透明度和光泽的观察是很重要的，结构、透明度和光泽是玉石的重要鉴定特征。

软玉：透明度较差，为微透明到不透明。组成软玉的矿物集合体呈

纤维状交织结构，细腻致密，这种交织结构往往还构成疏密不等的花斑，软玉的光泽为油脂光泽或蜡状光泽，柔和滋润，表面好像涂了一层动物油脂。

翡翠：多为半透明到不透明，透明者稀少，与软玉不同的是翡翠具有变斑晶交织结构、柱粒状结构、纤维状短柱状复合结构。老坑玻璃种翡翠结构细腻，具有纤维状结构。用肉眼或十倍放大镜可见到翡翠中的纤维状、柱状矿物。翡翠的光泽为玻璃光泽、油脂光泽等，光泽和透明度均高于软玉，有一种表面涂有植物油的"油亮"半透明感。

蛇纹石玉：一般为半透明到透明，其内部结构与软玉相似，细腻致密，也呈纤维状交织结构，但不如软玉均匀，往往有分布不规律的白色"云朵"（或称"绵"）。蛇纹石玉的光泽较软玉和翡翠差，为蜡状或玻璃状，不法商人常常用一种透明度稍差的黄绿色蛇纹石玉玉镯冒充软玉手镯出售，欺骗消费者。

大理岩玉：半透明，玻璃光泽，等粒状结构，用5%稀盐酸滴于玉石表面会起泡，软玉不会起泡，但这种方法属于有损鉴定，要慎重使用。

5.2.4.3 硬度、密度

软玉的硬度比翡翠稍小，用石英可以刻动软玉，并留下凹痕，而难以刻动翡翠；蛇纹石玉的硬度比前两者小，变化范围也较大（2.5 ~ 5.5），用小刀可划出刻痕；大理岩玉硬度只有3.5，用小刀很容易划动；石英岩玉硬度为7，用石英划不动。

密度的测定对玉石的鉴定具有重要作用。其中一种方法是直接根据重量和体积计算密度；另一种方法是用密度已知的重液来推测（算）密度，即密度相对比较法，也称为重液法。翡翠的密度为3.25 ~ 3.34g/cm^3，在二碘甲烷（密度为3.33g/cm^3）中悬浮，在三溴甲烷（密度为2.9g/cm^3）中下沉；软玉的密度为2.9 ~ 3.1g/cm^3，在三溴甲烷中悬浮或下沉；蛇纹石玉的密度为2.44 ~ 3.18g/cm^3，除鲍文石外，一般在三溴甲烷中上浮；大理岩玉的密度为2.65 ~ 2.75g/cm^3，石英岩玉的密度为2.65g/cm^3，二者在三溴甲烷中均上浮。

折光率的测定对区分软玉与其他玉石同样十分重要。

5.2.5　软玉的加工

颜色均匀、透明度好、光泽强、裂纹少、含包裹体少的软玉往往加工成手镯、挂件、吊坠、板指、指圈等，很少加工成戒面。绿色的碧玉有加工成戒面出售。我国盛产软玉，常做成雕刻工艺品供陈列或出口创汇。

5.2.6　软玉的评价

评价软玉的依据主要是颜色和质地。在各种软玉中，以细腻的羊脂白玉为上品，其次是白玉、碧玉、青白玉、青玉等。单块玉石则以颜色均匀、包裹体少、裂纹少为好，白色"花斑"太多也影响质地和价格。

一般将白玉分为三级，青玉分为二级，碧玉分为四级。

（1）白玉：

一等品：颜色洁白，质地细腻，无裂纹，无包裹体，块重在 5kg 以上。

二等品：颜色较白，质地细腻，无裂纹，无杂质，块重在 3kg 以上。

三等品：颜色青白，质地较细腻，无裂纹，稍有杂质包裹体，块重在 3kg 以上。

（2）青白玉：

一等品：青绿色，质地细腻，无裂纹，无杂质，块重在 10kg 以上。

二等品：青色，质地细腻，无裂纹，无杂质，块重在 5kg 以上。

（3）碧玉：

特等品：碧绿色，质地细腻，无裂纹，无杂质，稍有星点，块重在 50kg 以上。

一等品：碧绿到深绿色，质地细腻，无裂纹，无杂质，稍有星点，块重在 5kg 以上。

二等品：绿色，质地细腻，无裂纹，稍有杂质，块重在 2kg 以上。

三等品：浅绿色，质地细腻，无裂纹，稍有杂质，块重在 2kg 以上。

总体上讲，白玉价格高于青玉，青玉高于碧玉，一般特等品碧玉价格介于二等品白玉和三等品白玉之间。

5.2.7 软玉的产地

世界上软玉的主要生产国是加拿大、中国、俄罗斯、新西兰、澳大利亚、美国和朝鲜。新疆和田产的软玉（和田玉）是世界上发现最早的软玉，特别是高档的羊脂白玉主要产在和田。此外，和田的青玉、黄玉和墨玉的储量也十分丰富，主要分布于昆仑山、天山、阿尔金山等地，因昆仑山是中国软玉的主要产地，故"和田玉"在历史上又称"昆仑玉"。

中国软玉的产地除主要分布于新疆外，在四川、西藏、广西、青海、甘肃、辽宁、江西、福建等地也有产出。

5.3 蛇纹石玉（岫玉）

5.3.1 概述

蛇纹石玉的英文名称为 serpentine，是指以蛇纹石为主要矿物成分的一种天然玉石的总称，常常以产地不同而冠以不同的玉名，属中档玉石（见图 5-12）。目前世界上蛇纹石玉的产地较多，多以产地命名，如新西兰产的鲍文玉、美国宾夕法尼亚产的威廉玉等。中国盛产蛇纹石玉的地方也很多，但优质蛇纹石玉主要产于辽宁省的岫岩县，我国"岫玉"也因此而得名。据考证，我国在新石器时代就

图 5-12　蛇纹石玉原石

已用这种玉石制作装饰品，从而形成了岫玉雕刻工艺的悠久历史。岫岩玉远古开发利用的顶峰是在距今 5000~6000 年的红山文化时期，其中最著名的内蒙古三星他拉玉龙，被称为"中华第一玉龙"。

岫岩主要有透闪石质玉（老玉、河磨玉、石包玉）、蛇纹石质玉（岫玉、花玉、黄玉等）和透闪石质玉与蛇纹石质玉混合体（甲翠）三大类。岫岩玉晶莹温润，玉质细腻，颜色多样，有耐高温性和抗腐蚀性，可雕

性和抛光性好,适合雕刻大中型玉件。

岫岩近古玉器生产初起于清乾隆年间,兴于道光、咸丰时期。新中国成立后,岫岩玉进入繁荣发展的新阶段,岫岩玉雕产业不断兴盛和发展壮大,岫岩县也随之成为世界一流的产玉大县。现代岫岩玉雕工艺技术,深得京派玉作名师的真传,既借鉴南方工艺精华,又熔铸北方制玉特色,形成了具有中国特色的玉雕风格。

目前我国有 20 多个省市的玉器厂生产岫玉制品,并畅销国内外。1994 年经国务院批准,决定将 1960 年 7 月 20 日发现于辽宁省岫岩满族自治县玉石矿的一块巨大岫玉石(长 7.95m,宽 6.88m,厚 4.1m,称为"天下玉石王")雕刻成世界上最大的玉石佛,供海内外人士观赏。

5.3.2 矿物学特征

5.3.2.1 矿物及化学组成

蛇纹石玉主要由蛇纹石类矿物组成,除此以外,还有少量透闪石、透辉石、滑石、绿泥石、铬铁矿、硅灰石和碳酸盐类矿物。蛇纹石是镁质含水硅酸盐,化学分子式是 $Mg_3[Si_2O_5](OH)_4$,除主要元素 Mg、Si、O、H 以外,还含有 Fe、Mn、Ni、Al、Ca 等次要元素。

5.3.2.2 颜色

蛇纹石玉的颜色有深绿、绿、浅绿、黄绿、灰绿、黄褐、棕褐、暗红、蜡黄、白、黄白、绿白、灰白、黑等色。如此丰富的颜色,常使岫岩玉拥有极其美丽的"巧色"。颜色的深浅与铁含量的多少有关,含铁多时一般色深,反之则色浅。

5.3.2.3 质地

蛇纹石玉由纤维状、叶片状和胶状蛇纹石的集合体组成,呈致密块状、网状结构。在偏光显微镜下显非均质性;透明到半透明,蛇纹石含量越高,透明度越好,质地越细腻;坚韧、光洁。在部分玉石上可见到白色"云朵"散布于基底上,这也是蛇纹石玉的一个鉴定特征。

5.3.2.4 其他物理性质

蛇纹石玉为蜡状光泽到玻璃光泽;参差状断口;密度为 2.48 ~

2.53g/cm³, 有的品种密度还可以高些; 硬度为 2.5 ~ 6.0; 折光率为 1.555 ~ 1.573。

5.3.2.5 X 射线衍射特征和吸收光谱

部分岫玉饰品与软玉、独山玉不太好区别, 特别是在折光率数据难以测定的情况下, 借助于 X 射线衍射无损鉴定方法则很容易通过矿物成分的不同将它们区分开。岫玉主要成分是蛇纹石, 另有少量方解石、白云石和绿泥石。

蛇纹石玉的吸收光谱在红光区铬吸收带处呈阶梯状, 染色蛇纹石玉在 650nm 处有一宽吸收带。

5.3.3 蛇纹石玉的种类及其鉴别

根据颜色的不同可将蛇纹石玉分为墨绿蛇纹石玉、深绿蛇纹石玉、绿色蛇纹石玉、黄绿色蛇纹石玉、黄白蛇纹石玉、灰白蛇纹石玉等品种。根据产地、工艺美术特征的不同可分为以下品种。

5.3.3.1 国外品种

鲍文玉 (Bowenite): 主要由叶蛇纹石组成, 含少量菱镁矿斑点、滑石碎片、铬铁矿颗粒等; 呈极细的粒状结构; 硬度高, 为 5.5; 密度大, 为 2.8g/cm³; 颜色为苹果绿、绿白色、淡黄绿色; 半透明到微透明; 光泽强; 有滑感, 极似软玉; 产于美国、新西兰、阿富汗等地。

威廉玉 (Williamsite): 主要由镍蛇纹石组成, 常含有细片状铬铁矿组成的斑点; 颜色为深绿色; 半透明; 硬度为 4; 密度为 2.60g/cm³; 产于美国。

朝鲜玉: 也称高丽玉, 产于朝鲜; 颜色为鲜艳的黄绿色; 透明度高; 质地细腻; 具有清晰的白色 "云朵"; 属优质蛇纹石玉。

5.3.3.2 国内品种

岫岩玉: 简称岫玉, 主要由叶蛇纹石组成; 颜色多呈黄绿色, 有时可见碧绿、红色、黄色、褐色; 半透明; 质地细腻; 蜡状光泽; 硬度 3.5 ~ 6; 是我国最好的蛇纹石料。因岫岩县是我国蛇纹石玉的主要产地, 所以岫玉已成为我国蛇纹石玉的代名词 (见图 5-13)。

图 5-13　岫岩玉手镯

祁连玉：也称酒泉玉，墨绿色、黑色，色不均匀；由含黑色斑点和黑色团块的暗绿色致密块状蛇纹岩组成；半透明到微透明；产于甘肃酒泉。

南方玉：黄绿色、暗绿色、绿色，颜色不均；不透明；有浓艳的黄色、绿色斑块；蜡状光泽；产于广东省茂名市信宜县泗流。

昆山玉：可与岫玉媲美，颜色为暗绿色、淡绿色、浅黄、黄绿、灰白等颜色，质地细腻，蜡状光泽，硬度 3.5，密度 2.603g/cm³，产于新疆昆仑山和阿尔金山。昆山玉与软玉类的白玉、青白玉伴生。

台湾玉：草绿色、暗绿色，常见一些黑色斑点和条带纹；玉质细腻，半透明，蜡状光泽；硬度 5.5；密度 3.01g/cm³；玉质较好，受人喜爱，产于台湾。

此外，还有广西产的陆川玉、四川产的会理玉、北京产的京黄玉、广东产的吕南玉等品种。

5.3.4　蛇纹石玉与相似玉石的区别

一般情况下，经验丰富者用肉眼观察就可以鉴定出蛇纹石玉，但这只是凭感性认识，要准确鉴定或区分玉石种类还必须借助于仪器，测定出有关参数和特征。

与蛇纹石玉相似的玉石有葡萄石和水钙铝榴石玉，它们之间的区别：

葡萄石：由纤维状葡萄石集合体组成，浅绿-浅黄绿色，半透明，蜡

状光泽，硬度6～6.5，点测法折光率为1.63，密度为2.88g/cm³，均比蛇纹石高，非均质体，放射状、纤维状结构，有密集的白色"云朵"，可含黑色针状矿物包裹体，有的因含少量方解石，所以遇盐酸会起泡。

水钙铝榴石玉：为浅绿-浅黄绿色，半透明，蜡状光泽，硬度为7，点测法折光率为1.72，密度3.15～3.55g/cm³，均比蛇纹石高。均质体，粒状结构，有较多的黑色小点。

目前市场上还能见到一种浅绿色、透明度较高的玻璃手镯来冒充岫玉手镯，但这种玻璃手镯在聚光手电或十倍放大镜下可以看到许多小气泡和流动纹理构造。另外玻璃制品为均质体，折光率也与岫玉不一样。

5.3.5 蛇纹石玉的加工

颜色绿、透明度高、结构细腻致密的蛇纹石玉，往往将其加工成手镯、项链、吊坠、玉扣等饰品，很少加工成戒面。块体大的蛇纹石玉可雕刻成较大的工艺品。

5.3.6 蛇纹石玉的评价

工艺美术上要求蛇纹石玉颜色鲜艳、均匀，无污染，光泽强，半透明到透明，质地致密细腻，坚韧、光洁，硬度大，无裂纹、杂斑和其他缺陷，块重在2kg以上。根据颜色、质地和块重可将蛇纹石玉料分为四级：

特级品：深绿、碧绿、黄绿、浅绿色，半透明-透明，油脂光泽和蜡状光泽强，稍有一些裂纹和杂质，块重在50kg以上。

一级品：绿色、半透明，油质和粒状光泽较强，稍有一些裂纹和杂质，块重在10kg以上。

二级品：黄绿、浅绿色，微透明-半透明，玻璃光泽强，无裂纹，稍有杂质、杂斑，块重在5kg以上。

三级品：浅黄绿-灰白色，微透明，有玻璃光泽，无碎裂，有杂质、杂斑、污点等缺陷，块重在2kg以上。

5.3.7 蛇纹石玉的产地

蛇纹石玉是一种常见的玉石原料，在世界各地均有产出，产出蛇纹石玉较多的国家有朝鲜、阿富汗、印度、新西兰、美国、前苏联、波兰、英国、意大利、安哥拉、纳米比亚等，其中以朝鲜的蛇纹石玉最好。

我国的蛇纹石玉分布较广，据资料记载，辽宁、甘肃、青海、新疆、陕西、四川、云南、西藏、广东、广西、湖北、河南、安徽、江西、福建、台湾、吉林等地发现有蛇纹石玉产出或有矿化点，其中以辽宁产的蛇纹石玉（岫玉）产量最高、质量最好。

5.4 独山玉（南阳玉）

5.4.1 概述

独山玉的英文名为 dushan jade，它是黝帘石化斜长岩，属多色玉石，因产于中国河南省南阳市郊独山而得名，故亦称独玉、南阳玉、南阳翡翠（因易与真正的翡翠相混淆，建议不用此名称）。河南独山玉石矿是我国第二大玉石矿，也是我国特有的玉石矿种（见图 5-14）。独山玉色泽鲜艳、质地细腻、透明度及光泽好、硬度高，可与翡翠媲美。

图 5-14 独山玉原石

据史料记载，独山玉的开采和使用历史都比较悠久，在距今 2000 余年的西汉就开始开采。现在独山脚下的沙岗店村，相传是汉代加工玉器的旧址"玉街寺"。今天，独山玉仍是中国的主要玉雕原料之一，质量好的玉器深受国内外人士欢迎。

5.4.2 矿物学特征

5.4.2.1 矿物及化学组成

因独山玉系蚀变岩石，所以组成的矿物较多，主要是由白色斜长石（含量 20% ~ 90%）、白色黝帘石（5% ~ 70%）组成，其次是翠绿色铬云母（5% ~ 15%）、浅绿色透辉石（1% ~ 5%）、黄绿色角闪石、黑云母、榍石、金红石、绿帘石、阳起石、绢云母等。

由于矿物组成不同，各矿物含量也有差异，所以化学成分也不一样，一般是 SiO_2 为 42.52% ~ 44.38%，Al_2O_3 为 32.15% ~ 34.13%，Cr_2O_3 为 0.30% ~ 0.52%，Fe_2O_3 为 0 ~ 0.56%，CaO 为 14.83% ~ 19.61%，Na_2O 为 0.52% ~ 4.86%，MgO 为 0.28% ~ 1.32%，K_2O 为 0.02% ~ 2.64%，H_2O 为 0.23% ~ 2.26%。

5.4.2.2 物理性质

独山玉的密度为 2.73 ~ 3.18g/m³，硬度 6 ~ 6.5，折光率 1.56 ~ 1.70，致密细粒结构，半透明至微透明，玻璃光泽或油脂光泽。

5.4.2.3 种类及其颜色和质地

由于所含有色矿物和多种色素离子，使独山玉的颜色复杂且变化多端（见图 5-15）。其中 50% 以上为杂色玉，30% 为绿色玉，10% 为白色玉。玉石成分中含铬时呈绿或翠绿色；含钒时呈黄色；同时含铁、锰、铜时，呈淡红色；同时含钛、铁、锰、镍、钴、锌、锡时，多呈紫色等。独山玉是一种多色玉石，按颜色可分为八个品种。

图 5-15 独山玉雕

白独山玉：总体为白色、乳白色，质地细腻，具有油脂般的光泽，常为半透明至微透明或不透明，依据透明度和质地的不同又有透水白、油白、干白三种称谓，其中以透水白为最佳，白独山玉约占整个独山玉的 10%。

绿独山玉：绿至翠绿色，包括绿色、灰绿色、蓝绿色、黄绿色，常与白色独山玉相伴，颜色分布不均，多呈不规则带状、丝状或团块状分布。质地细腻，近似翡翠，具有玻璃光泽，透明至半透明表现不一，其中半透明的蓝绿色为独山玉的最佳品种，在商业上亦有人称之为"天蓝玉"或"南阳翠玉"。矿山开采中，这种优质品种产量渐少，而大多为灰绿色的不透明的绿独山玉。

红独山玉：又称芙蓉玉。常表现为粉红色或芙蓉色，深浅不一，一般为微透明至不透明，质地细腻，光泽好，与白独山玉呈过渡关系。此类玉石的含量少于5%。

紫独山玉：色呈暗紫色，质地细腻，坚硬致密，玻璃光泽，透明度较差。俗称有亮棕玉、酱紫玉、棕玉、紫斑玉、棕翠玉。

黄独山玉：为不同深度的黄色或褐黄色，常呈半透明分布，其中常常有白色或褐色团块，并与之呈过渡色。

褐独山玉：呈暗褐、灰褐色、黄褐色，深浅表现不均，此类玉石常呈半透明状，常与灰青及绿独山玉呈过渡状态。其中浅色的比较好。

青独山玉：青色、灰青色、蓝青色，常表现为块状、带状、不透明，为独山玉中常见品种。

黑独山玉：色如墨色，故又称墨玉。黑色、墨绿色，不透明，颗粒较粗大，常为块状、团块状或点状，与白独山玉相伴，该品种为独山玉中最差的品种。

杂色独山玉：在同一块标本或成品上常表现为上述两种或两种以上的颜色，特别是在一些较大的独山玉原料或雕件上常出现四至五种或更多颜色品种，如绿、白、褐、青、墨等多种颜色相互呈浸染状或渐变过渡状存于同一块体上，甚至在不足1cm的戒面上亦会出现褐、绿、白三色并存，这种复杂的颜色组合及分布特征对独山玉的鉴别具有重要的指导意义。杂色独山玉是独山玉中最常见的品种，占整个储量的50%以上。

颜色好坏依次为纯绿、翠绿、蓝绿、淡蓝绿，蓝中透水白、绿白、干白及杂色。独山玉以色正、透明度高、质地细腻和无杂质裂纹者为最佳。其中以芙蓉石、透水白玉、绿玉价值较高。此外，利用玉块不同颜色模仿自然制作的俏色玉雕获得好评。

5.4.2.4 X射线衍射特征

独山玉因属蚀变斜长岩，矿物种类较多，含量变化范围较广，有关参数、特征变化也较大，导致有时常规的鉴定方法很难准确鉴定其名称。X射线衍射方法是宝玉石鉴定方面的高级手段之一。独山玉经X射线衍射无损鉴定后较容易鉴定出其中的主要矿物成分是斜长石、黝帘石、绿

帘石和云母等。只要矿物名称确定下来了，玉石的名称种类也就迎刃而解。

5.4.3　独山玉的鉴定及其与相似玉石的区别

独山玉的颜色鲜艳但复杂，一般在同一块玉石上有多种颜色，如白色、绿色、褐色、墨绿色等。这种颜色多样化的特点是其他中、低档玉石中所没有的。另外，粒状结构也是独山玉的一大特征，从这一点可以很容易地将它与纤维状的翡翠、软玉和岫玉区分开。独山玉因矿物成分及含量均变化较大，折光率的变化也相应较大（$1.56 \sim 1.70$），所以不能只凭折光率这一特征来下结论，要结合镜下观察。有条件时，用 X 射线衍射无损鉴定方法测定矿物组成，则十分可靠。

5.4.4　独山玉的加工

独山玉细腻致密，透明度好，光泽较强，常常加工成手镯、玉扣、玉坠、玉雕等饰品或工艺品，以玉雕居多。

5.4.5　独山玉的评价

独山玉的品质评价仍以颜色、透明度、质地、块度为依据，在商业上将原料分为特级、一级、二级和三级四个级别。高品质独山玉要求质地致密、细腻、无裂纹、无白筋及杂质，颜色单一、均匀，以类似翡翠的翠绿为最佳。透明度以半透明和近透明为上品，块度愈大愈好（见图5-16）。

图 5-16　独山玉手镯

特级：颜色为纯绿、翠绿、蓝绿、蓝中透水白、绿白；质地细腻，无白筋、无裂纹、无杂质、无棉柳；块重在20kg以上。

一级：颜色为白、乳白、绿色，颜色均匀；质地细腻，无裂纹、无杂质，块重在5kg以上。

二级：颜色为白、绿、带杂色；质地细腻，无裂纹、无杂质，块重为3kg以上；或纯绿、翠绿、蓝绿蓝中透水白，绿白无白筋、无裂纹、无杂质，块重在3kg以上。

三级：色泽较鲜明，质地致密细腻，稍有杂质和裂纹，块重在1～2kg以上。

独山玉属中档玉料，品级不同，价格相差几倍或更大。一般特级品是三级品的7倍。

5.4.6　独山玉的产地

独山玉是一种蚀变斜长岩，是我国特有的玉矿种，主要产于河南省南阳市。此外，在新疆西淮噶尔地区和四川雅安地区也有类似的玉种发现。

5.5　钙铝榴石玉（青海翠或乌兰翠）

5.5.1　概述

钙铝榴石玉是青海省地质矿产局于1981年在乌兰县发现的一个玉石新品种，因其中含翠绿色铬尖晶石斑点，颇有几分"翠绿色"，故又称为青海翠或乌兰翠。近年来，随着玉石饰品的不断涌现，消费观念的不断更新，青海翠也愈来愈受到人们的青睐，用其制作的戒面、手镯、玉佩、工艺品等，可与翡翠制品媲美，是玉石类宝石花园里绽开的一支新葩，但是现在全国市场上并不多见（见图5-17）。

图5-17　钙铝榴石玉

5.5.2　矿物学特征

青海翠主要是由钙铝榴石（化学式：$Ca_3Al_2(SiO_4)_3$）和水钙铝榴石（化学式：$Ca_3Al_2(SiO_4)_{3-x}(OH)_{4x}$）组成，含有少量绿泥石、铬尖晶石、透辉石、符山石等。

玉石呈白色、灰白、灰绿、暗绿、翠绿色，绿色呈斑点状分布，呈油脂光泽或玻璃光泽，微透明至半透明，硬度 6~7，密度约为 $3.5g/cm^3$，质地致密坚韧，折光率 1.72~1.74。

玉石经 X 射线衍射后，可出现一套完整的钙铝榴石谱线和少量绿泥石、铬尖晶石和透辉石的谱线。

5.5.3　钙铝榴石玉的鉴别

绿色分布为斑点状，颜色呆板，油脂光泽但较暗淡，质地致密但欠细腻，这些都是钙铝榴石玉的鉴定特征。只要准确测定折光率或矿物成分，就能很容易地将其与外表相似的翡翠区分开。另外，在查尔斯滤色镜下，斑点状翠绿色变为红色。

钙铝榴石玉为粒状结构，绿色斑点分布较均匀，间或有黑色斑点存在。而翡翠为纤柱状结构，绿色为斑块状、团块状或条带状分布，分布不均匀。钙铝榴石玉的透明度不及翡翠。

20 世纪 90 年代始，市场上有一些不法商人鱼目混珠，以假乱真，用钙铝榴石玉假冒翡翠出售，应引起警惕。

5.5.4　钙铝榴石玉的加工、评价及产地

因钙铝榴石玉色泽鲜艳、美丽，青翠剔透，质地坚韧滑润，具有较高的工艺价值，常用来加工成玉手镯、指环、吊坠、戒面和玉雕工艺品等饰品。

根据质地、色泽、光泽和结构等特点，可将钙铝榴石玉划分为三个类型：

（1）翠白玉：属上品，其特点是白色光润的底色上散布着大小不一的绿色斑点或条带，白底绿花，质地均一，色泽纯正，是制作首饰和工

艺品的上乘原料。

（2）统体翠：整体呈翠绿色，色泽和谐艳丽，质地均一坚韧，具较高的工艺价值。

（3）美酒翠：呈浅绿、灰绿色，光泽较差，水头不足，因蚀变作用较弱，保留原岩矿物结构特点，具有一般工艺价值。但制作酒具或放入酒中，对白酒、啤酒可加速催化酒中醇类转化为芳香脂类，有明显的脂化作用，几分钟内去除酒中苦、辣味，使白酒变得醇香，啤酒泡沫增多、持久，更加可口，故称美酒翠。

钙铝榴石玉主要产于中国青海省乌兰县。

5.6 孔雀石

5.6.1 概述

孔雀石的英文名称为 malachite，来源于希腊语 mallache，意思是"绿色"。孔雀石属铜的碳酸盐矿物，因其色泽艳丽，犹如绿孔雀尾羽的翠绿色而得名。在古代也称孔雀石为"绿青"、"石绿"、"青琅玕"等，是一种古老的玉石（见图 5-18）。不久以前，在云南省楚雄县万家坝的春秋战国时期古墓中发现有孔雀石和硅孔雀石的工艺品。由于孔雀石具有鲜艳的翠绿

图 5-18　孔雀石

色和千姿百态的形状与花纹，如葡萄状、同心层状、放射状、纤维状等，加上质地细腻，而备受人们喜爱。尽管由于其分布广泛，而显得价值不高，但其中一些优良的工艺美术品仍然十分珍贵。

5.6.2 矿物学特征

孔雀石是由孔雀石矿物组成的集合体，化学分子式是 $Cu_2CO_3(OH)_2$，其中 CuO 71.59%、CO_2 19.90%、H_2O 8.15%，含微量 CaO、Fe_2O_3、SiO_2 等机械混入物，以致呈现各种不同色调的绿色，从浅绿到艳绿至暗

绿，甚至黑绿。通常为钟乳状、肾状、葡萄状、纤维状、块状等集合体，丝绢光泽或玻璃光泽，不透明或半透明，断口不平坦，为贝壳状-参差状，这是孔雀石所独有的结构特征。硬度 3.5 ~ 4，密度 3.54 ~ 4.1g/cm³，折光率 1.655 ~ 1.909，双折射率为 0.25。

孔雀石经 X 射线衍射无损鉴定后，可以获取一套较完整的衍射谱线，根据谱线特征可以很容易地确定矿物名称。

孔雀石的吸收光谱不具显著特征，对鉴定无意义。

5.6.3　孔雀石的鉴定

孔雀石具有鲜艳的翠绿色，这种颜色特征属其独有，所以很容易与其他玉石区别。在查尔斯滤色镜下，其绿色无变化。同心环带状构造也是孔雀石的又一个重要的肉眼鉴定特征。

孔雀石一般不透明，呈玻璃光泽和丝绢光泽，紫外光照射无荧光反应。

孔雀石作为宝石是很不耐用的，因遇盐酸起泡溶解、硬度低（3.5 ~ 4.0），故不能长时间保持好的光泽。

根据孔雀石的一系列特征可以很容易将其与其他相似玉石区分开。与孔雀石相似的玉石有绿松石，但绿松石颜色主要是蓝色带绿，密度比孔雀石小，硬度比孔雀石大。还有用绿色条带玻璃制品来仿冒孔雀石的，主要区别在于玻璃的条纹短而宽度不稳定，此外玻璃见不到丝绢光泽、贝壳状断口等，均可与孔雀石相区别。

5.6.4　孔雀石的种类、评价和加工

工艺美术上要求孔雀石颜色鲜艳、纯正、均匀，特别是具有标准的孔雀绿色，光泽强，有一定的透明度，质地致密细腻、坚韧、光洁，无裂纹、片绺、蜂窝现象，块度大。根据物质构成、色泽，特别是光学效应、形态、用途等方面的差异，可将孔雀石分为以下 5 种：

（1）宝石级孔雀石：指具有一定晶形（如柱状）的孔雀石晶体，但透明度差，用来加工刻面形宝石，极少见。

（2）玉石级孔雀石：通常呈致密块状或具有一定的天然艺术造型，

有的纹饰秀丽，无裂纹及其他缺陷。大小不一，质优者重1kg以上，用来加工成弧面形戒面及各种项链、吊坠等玉器，较为常见。

（3）孔雀石猫眼：指呈纤维状的孔雀石集合体，加工成弧面形宝石后具有猫眼效应，很稀有珍贵。

（4）青孔雀石：由于自然界的孔雀石常与蓝铜矿共生，如果二者紧密结合，构成坚韧致密的块体，致使孔雀石绿色和深蓝色相互映衬，相辅相存，这就是别具特色的"青孔雀石"。可用作玉雕材料，相当名贵。

（5）天然艺术孔雀石：指由大自然"雕塑"，而无任何人工琢磨痕迹，具有各种美丽外形的孔雀石晶簇，亦可称孔雀石观赏石。虽较稀少但能找到，价值也不低。

5.6.5　孔雀石的产地

自然界中孔雀石产于铜的硫化矿床氧化带，与蓝铜矿、褐铁矿等共生。我国孔雀石主要产于长江中、下游的铜矿床中，如湖北东南部的铜录山、赣西北、安徽、广东、内蒙古、甘肃、西藏、云南等地。国外孔雀石的产地主要有赞比亚、澳大利亚、纳米比亚、前苏联、刚果、美国、意大利、罗马尼亚等国。

5.7　绿松石

5.7.1　概述

绿松石因其形似松球，色近松绿而得名，其英文名称为 turquoise。在古代，产于波斯（今伊朗）的绿松石最著名，它们大多通过土耳其转运到欧洲各国，所以又被称为"土耳其玉"。与软玉一样，绿松石深受古今中外人士喜爱，特别是在穆斯林各国使用得最为广泛，因为它的波斯文意思是"不可战胜的造福者"。在生辰石里，绿松石被用作十二月生辰石，以象征事业的成功和必胜。

在远古时代，古埃及人就在西奈半岛开采绿松石矿床，保存在公元6000 年前的埃及皇后木乃伊手臂上的四只包金的绿松石手镯被认为是世界上最珍贵的绿松石工艺品，当考古学家于公元 1900 年把它们发掘出来

时仍然光彩夺目。

在中国历史上，绿松石是应用最早的重要玉石品种之一。据科学家考证，早在原始社会的母系氏族公社时期，妇女们就开始佩戴用绿松石制作的坠子。如在青海大通孙家寨原始社会墓地出土的5000年前的器物中，发现有绿松石、玛瑙、骨头等制作的装饰品。

绿松石在我国的工艺美术行业中被广泛应用。从皇宫贵族的玩物摆设至人们普通的装饰品，经常见到镶嵌绿松石的。唐代文成公主进藏时，带去了大量的绿松石装饰拉萨大昭寺。藏、满、蒙、回及南方少数民族，自古酷爱绿松石装饰品（见图5-19）。

图5-19　绿松石原石

5.7.2　矿物学特征

5.7.2.1　矿物及化学组成

绿松石是由绿松石矿物组成的多晶体集合体，分子式是 $CuAl_6(PO_4)_4(OH)_8 \cdot 5H_2O$，理论成分为：$P_2O_5$ 34.12%，Al_2O_3 36.84%，CuO 9.57%，H_2O 19.47%。在自然界中只有天蓝色绿松石成分接近理论值，实际上差异较大，部分绿松石含铁也较高。

5.7.2.2　颜色

多呈天蓝色、淡蓝色、绿蓝色、绿色、浅绿色、带蓝的苍白色，颜色较均匀，但常含有黑色、褐色的细网脉、斑点、铁线等，有时含黄铁矿金线。

5.7.2.3　质地

绿松石通常为微晶-隐晶质的致密块状、葡萄状、肾状、钟乳状、皮壳状集合体，质地十分细腻，不透明至半透明。在评价和区分绿松石质地时，常以"瓷"和"泡"来区别，所谓"瓷松"是指那些色艳、细腻、致密而坚硬者，"泡松"则指那些浅绿色和月白色的质地粗糙、松散而软酥者。

5.7.2.4 其他物理性质特征

硬度 5～6，密度 2.60～2.90g/cm^3，在酸中能缓慢溶解，蜡状光泽或玻璃光泽，折光率 1.610～1.650，但点测法折光率通常为 1.61。因绿松石是含结晶水的矿物，所以受热会褪色、变色，因此在加工时普遍用石蜡处理，以防失水褪色。吸收光谱：在 420nm 和 432nm 处偶尔显示两条中等及弱吸收带（后者更强）；在 460nm 处可以显示一弱吸收带。X 射线衍射无损鉴定结果为一套完整的绿松石矿物谱线。

5.7.3 绿松石的分类

绿松石通常按产地、颜色、光泽、质地、结构和构造进行分类，而许多分类又或多或少的引申为绿松石的质量等级，因而带有等级意义。

5.7.3.1 按颜色分类

蓝色绿松石：蓝色，不透明块体，有时为暗蓝色。

浅蓝色绿松石：浅蓝色，不透明块体。

蓝绿色绿松石：蓝绿色，不透明块体。

绿色绿松石：绿色，不透明块体。

黄绿色绿松石：黄绿色，不透明块体。

浅绿色绿松石：浅绿色，不透明块体。

5.7.3.2 按地区分类

尼沙普尔绿松石：产自伊朗北部阿里米塞尔山上的尼沙普尔地区。中国古称"回回甸子"，日本等国称"东方绿松石"。

西奈绿松石：位于西奈半岛，是世界最古老的绿松石矿山。

美国绿松石：产自美国西南各州，特别是亚利桑那州最为丰富。

湖北绿松石：产自中国鄂西北的绿松石，古称"荆州石"或"襄阳甸子"。湖北绿松石产量大，质量优，享誉中外，主要分布在鄂西北的郧县、竹山、郧西等地，矿山位于武当山脉的西端、汉水以南的部分区域内。

按产地分还有埃及绿松石、智力绿松石、澳大利亚绿松石等。然而

有些产地名称，不仅仅代表产地，同时还代表和指示绿松石的质量等级，故这些名称也具有质量等级意义。

5.7.3.3　按结构等分类

透明绿松石：指透明的绿松石晶体。极罕见，仅产于美国弗吉尼亚州，琢磨后的透明宝石重量不到 1 克拉。

块状绿松石：指致密块状的绿松石，它们色泽艳丽，质地细腻，坚韧而光洁，为玉雕的主要材料，相当常见。

结核状绿松石：指呈球形、椭球形、葡萄形、枕形等形态的绿松石，结核大小悬殊。

蓝缟绿松石：也称为"花边绿松石"，指因铁质的存在而形成的具有蜘蛛网状花纹的绿松石。

铁线绿松石：指表层具有纤细的铁黑色花线的绿松石。

瓷松石：指呈天蓝色、质地致密坚韧，破碎后断口如瓷器断口，异常光亮的绿松石，质量好。

脉状绿松石：指呈脉状，赋存于围岩破碎带中的绿松石。

斑杂状绿松石：指因含有高岭石和褐铁矿等物质而呈现的斑点状、星点状构造的绿松石，质量较差。

面松：指质地不坚的绿松石，断口呈粒状；硬度小，用指甲能刻划。有的块料可用。

泡松：指比面松还软的绿松石，为劣等品，不能用作玉雕材料。但这种绿松石经过人工着色、注胶处理，已成为一种优化绿松石品种。

5.7.4　绿松石与相似玉石的区别

绿松石以其特有的不透明、天蓝色、浅蓝色、绿蓝色、绿色及其在底子上常有的白色斑点及褐色铁线为主要识别特征，另外结构、光泽、密度和硬度等也是重要的鉴定特征。

与绿松石相似的玉石有孔雀石、硅孔雀石、人工处理绿松石、合成绿松石、染色玉髓等。

孔雀：绿色、浅绿、艳绿等。丝绢光泽或玻璃光泽，不透明至半透明，断口为贝壳状至参差状，硬度 3.5 ~ 4，密度 3.54 ~ 4.10g/cm^3，折光率 1.655 ~ 1.909。

硅孔雀石：天蓝色，质地细腻，瓷状光泽，用肉眼观察非常像绿松石，但它的折光率是 1.50，密度 2 ~ 2.5g/cm^3，硬度 2 ~ 4，均低于绿松石。

人工处理绿松石：目前人工处理绿松石的方法有染色、注入石蜡或石蜡油、注入塑料等。对于染色绿松石，在其不显眼的地方滴上一滴氨水，苯胺染料就会被氨水漂白；对于注油或注蜡绿松石，只要把热针靠近宝石，在放大镜下就能观察到熔化、流动的油或石蜡；对于注入塑料绿松石，用热针触及其表面，就能闻到注入的塑料散发出的难闻气味，但这种触及时间不能超过 3s，否则绿松石会褪色变形。

染色玉髓：玻璃光泽，透明度好，折光率 1.54，有时见环带构造，在查尔斯滤色镜下显粉红色。

人工合成绿松石：天蓝色，颜色均一，在 50 倍镜下观察可见球粒状结构。

染色菱镁矿：一种碳酸盐矿物集合体，粒状结构，玻璃光泽，有人工着色的痕迹。

绿松石与几种相似玉石的鉴定特征见表 5-3。

表 5-3   绿松石与几种相似玉石的鉴定特征

名 称	折光率近似值	密度/g·cm^{-3}	吸收光谱	其他特征
绿松石	1.62	2.60 ~ 2.90	蓝区中有两条黑线	有白色斑点或褐色铁线
合成绿松石	1.60	2.7	无吸收线	50 倍镜下观察有球粒状结构
注塑绿松石	1.45 ~ 1.56	2.0 ~ 2.4	蓝区中有两条黑线	热针触及 3s，有异味
染色绿松石	1.62	2.60 ~ 2.90		用氨水可以漂白
注油浸蜡绿松石				用热针靠近油蜡融化
孔雀石	1.655 ~ 1.909	3.54 ~ 4.10	不具特征，无意义	同心层状与放射状构造
玻 璃	1.47 ~ 1.70	2.30 ~ 4.50	多变	有气泡、流动线等
染色的羟硅硼钙石	1.59	2.50 ~ 2.57	绿区中有宽带	不透明，浑圆状，结核状
磷铝石	1.58	2.4 ~ 2.6	红区中有两条线	结核状构造，参差状断口
天蓝石	1.62	3.1		
硅孔雀石	1.50	2.0 ~ 2.5		硬度 3.5
染色玉髓	1.54	2.65		查尔斯滤色镜下呈浅红色
染色菱镁矿	1.51 ~ 1.70	3.00 ~ 3.12		查尔斯滤色镜下呈浅褐色

第 5 章   常见天然玉石

5.7.5 绿松石的加工

绿松石多为致密块状、肾状、葡萄状集合体，因其颜色鲜艳，常加工成串珠项链、手链、弧形戒面、挂件及雕刻工艺品（见图 5-20）。古代还加工成手镯等饰品，另外还用于装饰用石材、中国画颜料等。

图 5-20　绿松石项链

5.7.6 绿松石的评价

根据颜色、光泽、质地、块度等特征可将绿松石分为 4 个品级，国际上相应称为波斯级、美洲级、埃及级和阿富汗级。

一级品（波斯级）：呈鲜艳的天蓝色，而且颜色纯正、均匀，光泽强而柔和，微透明至半透明，表面有玻璃感，没有褐黑色铁线，质地致密、细腻、坚韧、光洁、块度大，若质地特别优良者，即使块度较小，也为一级品。一级品原石的利用率很高。

二级品（美洲级）：呈浅蓝、蓝绿色，颜色不鲜艳，光泽稍暗，微透明；质地坚硬，铁线及其他缺陷很少，块度中等。这类绿松石原石利用率一般较高。

三级品（埃及级）：呈绿蓝色、黄绿色等，光泽暗淡，质地较细，比较坚硬，铁线明显，块度大小不等，原石利用率较低。

四级品（阿富汗级）：呈浅或暗的黄绿色，一般表面铁线比较多，这类绿松石价值非常低。

5.7.7 绿松石的产地

世界上绿松石的主要产出国是伊朗、印度、土耳其和中国，其次是美国、埃及和俄罗斯。

中国绿松石主要产地以湖北郧县出产的绿松石质量最佳，历史最久，其产出的绿松石颜色娇艳，质地细腻柔和，石质属世界之冠，素有"东方绿宝石"之美称。此外，陕西、安徽、青海等地均有出产。

5.7.8 绿松石制品的保养

绿松石含水、多孔，在工艺品的制作和使用过程中均需采取一些保护措施：

（1）绿松石颜色"娇嫩"，怕污染，应避免与茶水、皂水、油污、铁锈等物质接触，以防顺孔隙渗入使绿松石变色。在制作过程中环境要干净，半成品应放在干净的水中。手拿时要将手洗干净，以防手上的污物把绿松石弄脏，直到绿松石成品抛光上蜡后，才可随便取放。

（2）绿松石因含结晶水而怕高温烘烤，特别是在加工过程中应尽量避免高温，温度过高会使其褪色、炸裂，若阳光直接照射也会产生褪色和干裂，故绿松石工艺品应放在阴凉的地方。

（3）绿松石遇酒精、芳香油、肥皂泡沫等有机物质也会褪色。

（4）绿松石多孔，一般情况下不能用重液或折光率油测定密度和折光率。

5.8 青金石

5.8.1 概述

青金石的英文名称为 iapis lazuli，来自于拉丁语，意为"蓝色的宝石"。"青"指颜色为天蓝，"金"指所含的黄铁矿闪光（见图 5-21）。

青金石是古老玉石之一，早在公元前数千年就被伊朗和印度用作玉石。尤其是含浸染状金色黄铁矿的深蓝色青金石，如同星光灿烂的夜空，一直受到东方民族特别是阿拉伯民族的喜爱。在我国古代，因青金石色

图 5-21　青金石雕件

相如天（帝青色、宝青色）而备受器重，常被用来制作皇帝的随葬品。据说，入葬青金石，"以其色青，此以达升天之路，故用之"。

5.8.2　矿物学特征

5.8.2.1　矿物及化学组成

青金石是由青金石矿物和少量的透辉石、方解石、白云石、黄铁矿、方钠石、长石等矿物组成的集合体。青金石的化学式为$(Na,Ca)_8(AlSiO_4)_6$-$(SO_4,Cl,S)_2$。因矿物种类和含量的不同而极大地影响青金石的物理性质。

5.8.2.2　物理性质

青金石常呈暗蓝、深蓝、紫蓝色，很少出现纯绿紫红色，在某些标本上可偶见蓝、绿、红、紫色于一体，有时还可见到浅蓝或几乎无色的青金石。

因含星点状黄铁矿，使蓝色的底子上呈现金色星点。青金石常呈致密块状集合体，断口为粒状、不平坦，硬度 5～6。密度 2.5～2.8g/cm³，一般为 2.75g/cm³，黄铁矿含量增多，密度就增大。点测法折光率为1.50，粒状结构，油脂光泽至玻璃光泽，查尔斯滤色镜下观察颜色无反应，青金石遇酸会缓慢溶解。

吸收光谱不具特征。经 X 射线衍射无损检测后，可出现一套青金石矿物的衍射谱线，另有少量长石、方解石等矿物的谱线。

5.8.3 青金石的品种及评价

按矿物成分、色泽、质地和工艺美术特征的差异，可将青金石质玉石分为以下 4 种：

（1）青金石：即普通青金石，浓艳均匀的深蓝色、天蓝色，青金石矿物含量在 99% 以上，无黄铁矿，有"青金不带金"之称，其他杂质矿物很少，因而质地纯净，为青金石玉中的最佳品种。

（2）青金：质纯色浓，呈浓蓝、艳蓝、深蓝、翠蓝、藏蓝色，色泽均匀，青金石矿物含量在 90% ~ 95% 以上，细密，无杂质，无白斑，含微量"金"星，即含黄铁矿，有"青金必带金"之称，为青金石质玉石中的上品。

（3）金克浪：颜色为深蓝、大蓝、浅蓝色等，但不太浓艳和均匀，青金石矿物含量比前述两种大为减少，是一种含有大量黄铁矿的青金石块体，通常含有较多的黄铁矿微粒，经过抛光以后，如同金龟子的外壳一样金光闪闪，所以有"金克浪"之称，因含较多黄铁矿，所以密度比一般青金石大，质地比上述两种都差。

（4）雪花催生石：浅蓝色，含有较多的白色方解石，青金石矿物含量较少，一般不含黄铁矿，为青金石中的质次者。据说这种青金石在古代入药可以帮助孕妇"催生"。也就是说，要生小孩的孕妇，只要看到这种青金石就会产生"催生"作用，因此称为"催生石"。"催生石"抛光后，在深蓝色的底子上，似有纷飞的点点"雪花"，故有"雪花催生石"之称，此类青金石质玉石一般质量较差，少数质优者可作玉雕用。

5.8.4 青金石的鉴别及其与相似玉石的区分

青金石以微透明、深蓝色的致密块状以及在其上分布的白色方解石（含白云石）条带和"金"色黄铁矿星点为特有的鉴定特征。在今天的生活中，佩戴青金石首饰的人在逐渐增多，珠宝玉石批发市场或集散地以及零售的珠宝柜台上也常见到青金石饰品在销售（见图 5-22）。自然界中与青金石相似的玉石也只有少数几种，如方钠石、合成青金石、染色青金石、染色大理石等。它们之间的区别见表 5-4。

图 5-22　青金石手链

表 5-4　青金石与相似玉石的区别

名　称	颜　色	结　构	折光率	密度/g·cm⁻³	特殊用途
青金石	深蓝色 紫蓝色	粒　状	1.50 （点测）	2.50～2.80	有白色的方解石条带，星点状黄铁矿，玻璃-蜡状光泽
合成青金石	蓝色 均一	细粒状有较多孔隙			不透明，黄铁矿晶体边缘平直，分布均匀。放入水中 15min 后，质量会明显增加
染色青金石	蓝色在孔隙和裂隙中加深	粒　状			用沾有丙酮的棉签擦拭会染上蓝色
方钠石	深蓝色 不太均一	结核状或浸染状粗晶质结构	1.48	2.19～2.29	半透明，无黄铁矿晶体，有白色矿物纹理，玻璃光泽
染色大理石	深蓝色 蓝色	糖粒状	1.48～ 1.658	2.70	半透明，可含白云石脉和黄铁矿小晶体，玻璃光泽，小刀易刻动，遇稀盐酸起泡

5.8.5　青金石的产地

　　世界上青金石的主要生产国是阿富汗，其次是前苏联、智利、美国、巴西、意大利、澳大利亚等，加拿大也发现有几个青金石矿化点。

　　中国的青金石资源所知极少，但矿化点有所报道。近年来在西昆仑地区伟晶岩与大理岩接触带发现呈紫蓝、蓝色，具玻璃光泽的青金石。另外西藏那曲地区已有青金石发现，当地将其用作藏药。

5.9 欧泊

5.9.1 概述

欧泊是由英文名称 opal 音译而来，源于拉丁文 opalus，意思是"集宝石之美于一身"，或源于梵文 opala。汉语名称为"蛋白石"。在中国工艺美术界，"欧泊"一名具有两种含义：一种为蛋白石质宝石的总称，另一种为蛋白石质宝石中具有变彩和猫眼效应的品种（见图5-23）。古罗马自然科学家普林尼曾说过："在一块欧泊石上，你可以看到红宝石的火焰，紫水晶般的色斑，祖母绿般的绿海，五彩缤纷，浑然一体，美不胜收。有些欧泊石之美不亚于画家的调色板，另一些则不亚于硫磺之火焰或燃油之火舌"。

图5-23　欧泊原石

在古罗马时代，宝石是带来好运的护身符。欧泊象征彩虹，带给拥有者美好的未来。因为它清澈的表面暗喻着纯洁的爱情，它也被喻为"丘比特石"。早先的种族用欧泊代表具有神奇力量的传统和品质，欧泊能让它的拥有者看到未来无穷的可能性，它被相信有魔镜一样的功能，可以装载情感和愿望、释放压抑。

早先的希腊人相信欧泊可以给予深谋远虑和预言未来的力量。阿拉伯人相信它们来自于上天，在阿拉伯传说中，欧泊被认为可以通过它感觉到天空中的闪电。

在7世纪，大家相信欧泊有神奇的魔力。莎士比亚是这样描写欧泊的："那是神奇宝石中的皇后"。而东方人谈及欧泊则说它是"希望的锚"，欧泊也被尊为十月的生辰石。

5.9.2 矿物学特征

5.9.2.1 矿物及化学组成

欧泊是由非晶质矿物质蛋白石组成的集合体，化学分子式是 $SiO_2 \cdot$

nH_2O，通常含4% ~10%的水分，最高可达20%。非晶质 SiO_2 呈球粒状，排列整齐，粒径为150~400nm，因水是以吸附水和间隙水的形式存在于球粒间，所以很不稳定，稍微高于常温或加热至100℃时，水就消失，导致欧泊干涸、干裂、褪色。

5.9.2.2 物理性质

常见颜色为白、灰、蓝色、黑色。因欧泊具有变彩效应，所以也可以说欧泊是一种集赤、橙、黄、绿、青、蓝、紫七色于一身的宝石，有"多彩之石"之说，多彩的颜色正是因为其中有较多的吸附水和间隙水。

半透明至不透明，透明者罕见。玻璃光泽、树脂光泽或蛋白光泽。折光率一般为1.45，硬度5~6.5，密度2.15~2.23g/cm³，大多数欧泊在长波紫外光下发出很强的荧光，颜色在滤色镜下无反应。

绿色欧泊在660nm、470nm处有阴影截止边。

X射线衍射无损检测，因为属非晶质，不产生衍射峰，只出现一玻璃背景线。

5.9.3 欧泊的种类及鉴别

目前市场上见到的欧泊品种较多，有天然欧泊、注塑欧泊、注油欧泊、玻璃欧泊等。分述如下：

天然欧泊：天然欧泊是赋存于蛋白石中的变彩块体。一块欧泊含有无数彩片，每片彩片的颜色取决于球粒的大小，直径小的球粒衍射的光波短，呈现短波的紫蓝色；直径大的球粒衍射的光波长，呈现橙红色，根据颜色特征和光学效应，又可将天然欧泊细分为：

（1）黑欧泊：在深色的胚体色调上呈现出明亮色彩的，称之为黑欧泊，是最著名和最昂贵的欧泊品种。黑欧泊并不是指它完全是黑色的，只是相比胚体色调较浅的欧泊来说，它的胚体色调比较深（见图5-24）。

（2）白欧泊：也有人把它称作"牛奶欧泊"，白欧泊呈现的是浅色的胚体色调。白欧泊由于它的胚体色调比较浅，

图5-24　黑欧泊

出产量大而相对平常一些。白欧泊不能像黑欧泊那样呈现出对比强烈的艳丽色彩。然而色彩十分漂亮的高品质的白欧泊也时有发现。

（3）烁石欧泊：是由能呈现色彩的欧泊附着在无法分开的铁矿石上。这种欧泊只能与铁矿石连在一起被切割，很薄的彩色欧泊包裹在铁矿石表面，由于深色铁矿石的映衬使欧泊的颜色看起来十分美丽。烁石欧泊有不同的形状和尺寸，小的如同豌豆，大的可以有家用轿车的个头。有时整块烁石欧泊在结合处有天然的裂口可以将它分成两半，就有了两个好像抛光过的欧泊表面。

（4）水晶欧泊：水晶欧泊可以是以上说到的任何一种，只是它的胚体色调是透明或半透明的。你甚至可以透过水晶欧泊看到背后的其他物品。水晶欧泊可以有深色和浅色的胚体色调，所以我们根据胚体色调的深浅不同把它们称作"水晶黑欧泊"或"水晶白欧泊"。

（5）基石欧泊：在含铁或铁矿石之间鱼齿状的缝隙中填充了网状欧泊的整块基石。通常他们有好看的火样色彩。阿达摩卡基石欧泊可以通过将样品在糖水中浸湿，然后放入酸水中煮沸产生积碳，从而使之具备深色的背景以至整个基石欧泊呈现更漂亮的颜色。

天然欧泊是一种似瓷状的彩色块体，孔隙较多，以至于能黏附在舌上。用静水力学法称重具有明显的吸水性，另外天然欧泊的彩片呈两头尖的不规则薄片，常见到沿一定方向排列的纤维状外观，彩片边界模糊。

染色欧泊：往往是以糖液或炭质将白欧泊或劣质欧泊底色染黑，以增加欧泊的色彩，其识别依据是黑色往往沉淀在彩片或球粒中间，偶尔见到黑色小点。

注塑欧泊：在天然欧泊里注入塑料，使其呈黑色或白色。这种欧泊半透明到不透明，密度低（1.99g/cm³），其内部可见黑色的束状物。

注油欧泊：常用注油或上蜡的方法来掩饰欧泊的裂缝，当发现欧泊表面光洁，具蜡状光泽，有注油上蜡的迹象时，可用烧热的细针触其表面检查，当有注油和上蜡的地方，油和蜡受热后就会升到表面形成珠粒。

合成欧泊：也称人造欧泊，由法国的吉尔生（P. Gihon）于1971～1972年制造成功，1974年开始陆续投放世界市场。合成欧泊的各项物理性质与天然欧泊相近，且可以根据其内部结构上的差异来区分：天然欧泊的彩片呈纺锤形，向两边变细，另外彩片内部常有细直的平行纹；合成欧泊的彩片呈三角形，其组合具有六边形蜂窝状结构或蜥蜴皮构造。

组合欧泊：将有变彩的白欧泊薄片黏合在无变彩的灰白色蛋白石或其他物质上。常见的组合欧泊有：

（1）二层石：顶面用质量好的欧泊，底部用黑色玛瑙、劣质欧泊或原始围岩。

（2）三层石：在二层石之上再加黏一层无色水晶或玻璃薄片，目的是保护有变彩的欧泊薄片不被磨损或划伤。

鉴别组合欧泊要注意观察接合面的光泽变化，仔细观察可以发现有接合面的痕迹。另外胶合面往往有气泡，且硬度低，可用细针试之。

玻璃欧泊：是一种仿欧泊。依据天然欧泊彩片的形态特征以及玻璃欧泊具高的折光率和密度可以区别。玻璃欧泊的折光率为 1.49～1.52，而天然欧泊为 1.45；玻璃欧泊的密度为 2.4～2.5g/cm³，而天然欧泊仅为 2.15g/cm³；另外玻璃欧泊无孔隙，不会吸水。

塑料欧泊：也是一种仿欧泊，它是用塑料制成的假欧泊。虽具变彩，但比较呆板。与天然欧泊的区别是折光率高（1.48～1.49），密度小（1.21g/cm³），硬度低（用指甲即可划伤其表面）。塑料欧泊表面光洁，呈现"针状火焰"变彩，具镶嵌图案，在透射光下可呈现与合成欧泊相同的蜂窝状结构，鉴别时必须谨慎。

5.9.4 欧泊的加工

加工欧泊成品的原石重量不应小于 0.5 克拉，厚度不小于 0.6mm。欧泊一般为微透明宝石，为增加其亮度，常常加工成低平的单凸型戒面，常以弧面椭圆形、弧面马眼形戒面居多。

5.9.5 欧泊的评价

目前市场上出售的欧泊有三种形式，即整颗粒、二层石和三层石，以整颗粒的价值最高，三层石最低。底色、变彩和坚固性是评价欧泊质量的主要因素。

底色：以底色为黑色和深色的欧泊为最佳。

变彩：变彩要遍布整个宝石，而且要均匀完整。质量好的欧泊要呈现七色光谱，特别应呈现红色及罕见的紫色及紫红色。变彩应具有强烈的亮度和透明度。

坚固性：宝石要没有裂纹，因有裂纹极易破损。

5.9.6　欧泊的产地

世界上出产欧泊的国家主要为澳大利亚，其次为墨西哥、巴西、美国、洪都拉斯、捷克、斯洛伐克等。澳大利亚的欧泊产量占世界总产量的95%以上。

中国已知的欧泊矿床、矿点或矿化现象主要分布于河南、陕西、宁夏、云南、安徽、江苏、河北、辽宁、黑龙江等地。其中除少数矿化点的欧泊达到宝石级以外，大部分矿床的欧泊均不合要求，只能用作玉雕或石材。

5.10　玉髓

5.10.1　概述

玉髓又名石髓，英文名称为 chalcedony，是一种隐晶质的石英集合体。按古人的解释，它是玉石的精髓，是由玉液和琼浆凝结而成的（见图5-25）。

人类对玉髓的认识和利用已有悠久的历史，相传约在公元1世纪，埃及人对可疑的刑犯在监禁之前首先要发给一块光玉髓，经过一段时间后，法官对其颜色进行观察，若失去颜色，

图 5-25　玉髓原石

该嫌犯就宣判有罪。对绿玉髓也有类似的说法，传说绿玉髓可以隐身，若让死刑犯嘴里含一颗绿玉髓，则可免遭一死。

我国在1万年前的山西峙峪人文化遗址里发现有玉髓制作的石器。特别是自明、清代以来用玉髓制作的艺术品不断增多。

5.10.2　矿物学特征

玉髓由隐晶质的石英集合体组成，化学成分为 SiO_2，通常为乳白色，还有淡黄、蓝、灰蓝、鲜红、深红、红褐、苹果绿、葱绿、暗绿等颜色。外观为肾状、钟乳状、葡萄状，油脂光泽或玻璃光泽，半透明或微透明，硬度7，密度 $2.57 \sim 2.64 g/cm^3$，点测法折光率为1.54。

玉髓在紫外光照射下无荧光，查尔斯滤色镜下无反应。在645nm 和670nm 处有两条吸收光谱线。经 X 射线衍射无损检测后可出现一套完整的石英谱线。

5.10.3　玉髓的种类与鉴别

绿玉髓：绿玉髓呈苹果绿色、蓝绿色，颜色鲜艳均一，质地细腻，玻璃光泽，贝壳状断口，微透明-不透明，粗略看很像翡翠，但翡翠是纤维柱状结构，而绿玉髓是微细粒状结构。绿玉髓的颜色是其中含有1%~5%的氧化镍所致。因盛产于澳大利亚，故又称为澳洲玉，简称澳玉（见图5-26）。

图 5-26　绿玉髓戒面

葱绿玉髓：葱绿色，透明、致密、细腻，我国产的葱绿玉髓畅销于国际市场。

碧石：颜色以绿为主，尚有红、黄、碧暗绿等色，因含有黏土矿物等，常为半透明到不透明，多用于做观赏石。

红玉髓：含氧化铁，是一种淡红色至褐红色的玉髓。

血石髓：一种含有红-棕红色斑点，半透明-不透明的暗绿色玉髓，质佳者可用来做扁平的戒面。

5.10.4　玉髓的加工

玉髓常常加工成弧面形戒面和串珠链。质量较次者加工制作成观赏石。

5.10.5 玉髓的产地

世界各地均有玉髓产出，但质量较高的绿玉髓目前仅见于澳大利亚，其次是斯里兰卡和印度。

5.11 玛瑙

5.11.1 概述

玛瑙的英文名称为 agate，是意大利西西里的阿盖特河（rive achates）的名称，这是意大利首次发现玛瑙的地方。古代印度人看到玛瑙的颜色和美丽的花纹很像马的脑子，就以为它是由马脑变成的石头，所以梵语称它为"马脑"。我国汉代以前称玛瑙为"琼"、"赤琼"、"赤玉"或"琼瑶"。自佛经传入中国后，翻译人员考虑到"马脑属玉石类"，于是就巧妙地译成"玛瑙"。

玛瑙常有圆形同心丝线状或平行条带状结构，是一种坚硬、致密细腻、颜色美观的宝石，是雕琢美术工艺品的上等原料（见图5-27）。

玛瑙的颜色主要为绿色、紫色、红色、白色、浅蓝色、褐色及黑色等。另外还有一些玛瑙呈现五彩缤纷的效果，多种颜色交织在一起，构成一些别致新颖的花纹。由于玛瑙色彩丰富，优美动人，所以自古就被人们所珍视，并赋予它许多别称。如紫红色的称为"酱斑玛瑙"，纹路如丝且又红白相间的称为"缠丝玛瑙"（见图5-28），花纹像柏树枝状的称为"柏枝玛瑙"，花纹如竹叶状的称为"竹叶玛瑙"，内含细针状的其他

图5-27　玛瑙原石

图5-28　缠丝玛瑙

物质或有条状裂隙的称为"带发玛瑙",其中加杂物形如波动的驼鸟羽毛的称为"羽毛玛瑙",一些含有五种颜色的称为"锦犀玛瑙"等等。

人类对玛瑙的认识和利用具有悠久的历史。例如,埃及人曾用玛瑙和其他玉髓质材料制作戒指、串珠、图章及艺术品。在公元前 3000 ~ 前 2300 年,埃及人还用玛瑙制作应用于一些仪式上的斧头。在新石器时代,中国人就开始使用玛瑙制作装饰品。

玛瑙不但是名贵的装饰品,也可用于制造耐磨器皿和罗盘等精密仪器,还是治疗眼睛红肿、糜烂及障翳的良药。

今天,玛瑙饰品在我国仍受人们喜爱,常以珍珠玛瑙显示富贵。另外,玛瑙制品也是现今我国宝石行业出口的主要产品。

5.11.2 矿物学特征

玛瑙由隐晶质石英组成,也可以说是一种具有环带构造的玉髓,化学成分为 SiO_2。具粒状短纤维状结构和不同颜色的环状条纹形成的环带构造。常见的颜色有灰色、蓝色、红色,致密块状,半透明,玻璃光泽,贝壳状断口,折光率为 1.54 ~ 1.55,硬度为 7,密度 2.61 ~ 2.65g/cm³。

玛瑙中常含不同颜色和形状的条带,缠丝包裹体,这些条纹和缠丝是由于含不同元素而造成的。红色条纹含氧化铁,黑色者含碳质,白色者含氧化镁、氧化钙,绿色者含氧化镍,褐色者含氧化锰。

吸收光谱和 X 射线衍射无损鉴定特征同玉髓。

5.11.3 玛瑙的种类与鉴别

玛瑙的品种很多,中国素有"千种玛瑙万种玉"的说法。根据颜色及有关内部特征可分为:

红缟玛瑙:颜色分明,多呈红色、橘红色、褐红色,纹带细密却十分明显。红缟玛瑙很珍贵,与橄榄石同列为八月生辰石(见图 5-29)。

红缟玛瑙中除含三价铁外,

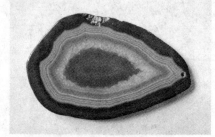

图 5-29 红缟玛瑙

尚有部分颜色灰暗的二价铁。若将含二价铁的玛瑙加热氧化，使二价铁变成三价铁，则可使原本不具红色的玛瑙变成红色玛瑙，但这种焙烧过的玛瑙红色相对均一，色带的边缘多呈渐变关系，没有天然红玛瑙的条带那样分明、清晰。焙烧过的红玛瑙在性质上与天然红玛瑙没有什么差别，颜色也不会改变，所以价值也相似。

染色的红玛瑙颜色鲜艳均一，条带不明显，时间久了颜色会变淡。

蓝玛瑙：蓝白相间的条纹界线十分清晰，人们多用这种截然不同的两种色带来做浮雕，天然蓝玛瑙多产于巴西。

染色蓝玛瑙颜色鲜艳均一，给人一种假的感觉。

紫玛瑙：天然紫玛瑙以葡萄紫色为佳，不常见。

火玛瑙：条纹层中夹有金属矿物，闪烁火红光泽。

苔藓玛瑙：绿色苔纹由绿泥石组成，黑色苔纹则是氧化锰或氧化铁的薄膜，形状像树枝和苔藓。这种玛瑙通常用做观赏。

水胆玛瑙：这种玛瑙内部含有封闭的空洞，洞中含有天然的水和气体，摇晃时可见水在流动并发出声响。水胆玛瑙属珍贵品种，若制作成工艺品，则可使其身价倍增。

雨花石：因盛产于南京市雨花台而得名，其主要由颜色艳丽、花纹美观的玛瑙和玉髓组成。

玛瑙的主要仿制品有玻璃，主要区别在于玛瑙中有非常薄的层，都有很好的连续性，并保持有均匀的厚度，而玻璃中条带一般在较短的距离内变尖、变细。有条件时，只要通过 X 射线衍射无损检测就能准确鉴别，当衍射图上是石英的谱线、样品又具有环带构造时，可确定是玛瑙，否则可怀疑是仿冒品。

5.11.4 玛瑙的加工

玛瑙细腻、致密，常加工成手镯、串珠链、挂件、吊坠、戒面，特殊品种可加工成雕件、聚宝盆、观赏石等。

5.11.5 玛瑙的评价

玛瑙以颜色、透明度、块度为分级标准，除水胆玛瑙最珍贵外，一般以两种搭配和谐的俏色原料为佳品。我国将玛瑙分为四级：

特级：红、蓝、紫、粉红色，透明、无杂质、无沙心，无裂纹，块重在 4.5kg 以上。

一级：红、蓝、紫、粉色，透明、无杂质、无沙心、无裂纹，块重在 1.5kg 以上。

二级：红、蓝、紫、粉色，透明、无杂质、无沙心、无裂纹，块重在 0.5 ~ 1.5kg 之间。

三级：红杂色、棕黄色、浅紫色，透明，稍有裂纹，块重在 0.5kg 以上。

5.11.6　玛瑙的产地

世界著名的玛瑙产地很多，红玛瑙，大块缟玛瑙产自巴西和中国云南，苔藓玛瑙产自印度和美国，灰-白色玛瑙产自前苏联、冰岛、印度、美国和中国。

中国的内蒙古、黑龙江、湖北、广西、西藏均为玛瑙的重要产地，其次是辽宁、新疆、云南等地。黑龙江省的逊克县是中国的"玛瑙之乡"。新疆产的玛瑙品种很多。近年，湖北省神农架地区发现了大型玛瑙矿床。1987 年，在荒无人烟的内蒙古北部沙漠中发现了一个面积为 6 平方千米的干涸湖泊。平坦的湖底铺满五彩缤纷的玛瑙和碧玉，称为"玛瑙湖"。

5.12　木变石和虎睛石

5.12.1　概述

木变石和虎睛石都属"硅化石棉"，是自然界中的青石棉或蓝石棉被酸性的二氧化硅热液强烈交代并胶结后所形成的丝绢状、纤维状集合体，根据颜色和纤维的排列状况分为木变石和虎睛石两种。

5.12.2　矿物学特征

木变石由褐黄色密集排列的纤维状石英集合体组成，化学成分为 SiO_2，因其纹理和颜色很像木纹，由此而得名。木变石质地细腻坚韧，微细纤维状结构非常明显，用肉眼就可观察到，强丝绢光泽。如果垂直纤维方向磨成弧面宝石，从不同的方向观察，可在弧面上呈现一条平行移动的亮带，即"猫眼"。木变石不透明，硬度为6.5，密度2.78g/cm³，磨成薄片在偏光器下呈现非均质集合体特性，木变石的褐黄色是由石棉析出的铁质沉淀在纤维状石英间隙中造成的。

虎睛石的矿物化学组成与木变石相同，区别在于虎睛石除褐黄色纤维外，尚有黄色和较多的蓝色和红色纤维。另外，虎睛石的石英纤维较木变石短，而且方向不整齐，像斑块一样在任意方向排列（见图5-30）。

图5-30 虎睛石原石

也有学者根据颜色搭配和纤维排列的不同，将以上那些硅化石棉质宝石细分为木变石、虎睛石、鹰眼石和斑马虎睛石。

木变石和虎睛石的吸收谱线均不具特征。X射线衍射无损检测结果均为石英。

5.12.3 木变石和虎睛石的鉴别

木变石和虎睛石具有特征的褐黄色、蓝褐色，具有明显的微细纤维结构、明亮的丝绢光泽和典型的猫眼效应，这些是自然界中任何玉石所没有的，所以很容易与其他玉石区别。

一般情况下，木变石和虎睛石的颜色较深，为增加其美丽，多在加工成品之前将切好的坯料放在草酸中浸泡半小时，以浸出一部分铁质，这样颜色就会变得浅一些。但要注意，切勿将琢磨好的成品放入酸中，否则会影响成品的光泽强度。

5.12.4 木变石和虎睛石的切工、评价和产地

木变石属中低档玉石，多加工成弧面形戒面、串珠项链、手链等工艺品（见图5-31）。加工时一定要突出其猫眼效应。

质量上一般要求质地细腻坚韧、颜色淡雅、块体较大；根据以上几

点要求，可将木变石和虎睛石分为如下三个品级：

一级：黄色、红蓝色，质地细腻，无空洞、无杂质，块重在10kg以上。

二级：黄色、红蓝色，质地细腻，稍有空洞、杂质，块重在5kg以上。

图5-31　硅化木手链

三级：黄色、红蓝色，质地细腻，稍有空洞、杂质，块重在2kg以上。

世界上木变石和虎睛石的主要产地在南非，另外还有巴西、中国河南等地。

5.13　石英岩玉

5.13.1　概述

石英岩玉的英文名为 quartzite jade，主要是指可以用来做玉料的变质石英岩。目前市场上见到的石英岩玉石有：东陵石、密玉、京白玉、芙蓉石、贵翠、台湾翠、砂金石等，它们的矿物成分主要是石英，化学成分为 SiO_2。

因石英岩玉价廉物美，目前使用相当普遍。

5.13.2　石英岩玉的种类、鉴定特征、评价及产地

5.13.2.1　东陵石

东陵石英文名称为 aventurine，是产于印度的一种绿色的含铬云母石英岩，岩石的矿物颗粒较粗，粒状结构，明显可以见到繁星般的绿色铬云母鳞片，微透明-半透明，玻璃光泽，硬度为7，密度为 $2.7 \sim 2.8 g/cm^3$，折光率近于 1.56（见图5-32）。东陵石是受欢迎的中档玉料，但目前市场上有些是经过了染色处理。

图5-32　东陵石玉

评价东陵石的主要依据是绿色深浅、分布均匀程度和色彩的鲜明度，以及石英岩的纯度、透明度和块度大小等。

世界上出产东陵石的国家主要是印度，另外在西班牙、前苏联、巴西、智利、美国等亦有发现。

5.13.2.2　密玉

密玉因产于河南密县而得名，故英文名称为 Mixian Country jade，亦称"河南玉"（见图 5-33）。它是一种含有 3% ~ 5% 铁锂绢云母的石英岩，另含有微量电气石、金红石、磷灰石、泥质矿物等。石英颗粒细小，呈细粒状结构，微透明-半透明。浅绿色的绢云母呈细小鳞片状在石英岩中稀疏分布，因其含量不定，使密玉颜色为白色-浅绿色。硬度为 7，密度为 2.63 ~ 2.68g/

图 5-33　密玉

cm^3，折光率 1.544 ~ 1.553，玻璃光泽。应当注意的是，市场常可见到染色的密玉。

评价密玉时，一要观其色，颜色深浅，是否均匀，绿色越艳，价值越高；二要看其工艺美术水平的高低；三要观其整体艺术造型的优劣。总之，绿色鲜艳均匀、质地细腻、透明度好、无杂质、块度大者，价值较高。

5.13.2.3　京白玉

京白玉是一种质地细腻、光泽油润的白色细粒状石英岩，也称"晶白玉"，因应用最早的玉料来自于北京而得名，实际上该玉料在全国许多

地方均有产出。京白玉呈白色，颜色均一，无杂质，石英颗粒细小，质地细腻致密，玻璃光泽，硬度为 7，密度 2.65g/cm^3，折光率 1.54（见图 5-34）。

用肉眼观察，京白玉与软玉类的白玉、青白玉和无色翡翠颇为相似，区别是京白玉

图 5-34　京白玉

密度小、折光率低并有粒状结构。

目前市场上多将京白玉染成绿色，以增加美感来冒充高档翡翠，但这种染色的玉石颜色分布有一个特点，即沿颗粒周围浸入，呈丝网状分布，需引起注意。

评价京白玉要求色白，质地细腻、透明度高，无杂质、块度大。

5.13.2.4　芙蓉石

芙蓉石英文名称为 rose quartz，是一种呈玫瑰红或蔷薇红，颜色十分艳美的致密块状石英，故又称"玫瑰石英"、"芙蓉玉"等。芙蓉石呈玻璃光泽或油脂光泽，半透明-透明，硬度为7，密度 $2.65 \sim 2.66 g/cm^3$。有些芙蓉石含显微针状金红包裹体，并往往沿垂直 c 轴的方向呈 120° 交角排布，故在加工成弧面形宝石后呈现六射星光，称为"星光芙蓉石"。另外还有"芙蓉石猫眼石"品种。

工艺美术上要求芙蓉石颜色鲜艳纯正、光泽强、透明度好、无瑕疵、块度大。

目前市场上多用染粉红色的块状石英岩冒充芙蓉石，这种仿冒品在镜下仔细观察就发现其颜色为人工渗色所致，随着时间的推移会逐渐褪色。

世界上盛产优质芙蓉石的国家是巴西，其次是马达加斯加、纳米比亚、美国、印度、日本等国。

5.13.2.5　贵翠

贵翠英文名为 Guizhou jade，亦称"贵州玉"，因产于贵州省晴隆县大厂一带而得名。贵翠是一种含高岭石的细粒石英岩，伴生有辉锑矿、电气石、萤石、方解石、铁质矿物等。质地细腻，因含黏土质，颜色没有东陵石那么鲜艳，高岭石鳞片不明显，且分布不均匀。用肉眼观察时很像劣质翡翠，硬度为7，密度 $2.65 g/cm^3$，多用来做雕件，目前价格也"炒"得较高（见图5-35）。

图5-35　贵翠

5.13.2.6　台湾翠

台湾翠是一种蓝色的石英岩玉或蓝玉髓，产于台湾。

5.13.2.7　砂金石

砂金石亦称"金星石"，是一种含星点状黄铁矿和鳞片状云母的黄-褐色的不透明石英岩，光芒闪烁。市场上常见到一种仿砂金石，它是用玻璃和铜粉人工烧制而成的。

5.13.3　石英岩玉的加工

石英岩玉因价廉物美，也深受人们喜爱，常加工成项链、戒面、吊坠及雕刻工艺品。若系染色者，则经销者在出售时一定要注明"染色"二字，如"染色石英岩玉戒面"、"染色石英岩玉项链"等。部分珠宝经销商常在染色石英岩玉饰品上贴上"缅甸翡翠"和"翡翠玉器"标签，这是一种欺诈、蒙骗顾客的行为，要注意防范。

5.14　其他玉石与彩石

前几节所述的玉石是较为常见的几种玉石，此外尚有因产出稀少或硬度较低或使用不普遍的玉种，如梅花玉、大理岩玉、乌钢石、鸡血石、寿山石、田黄石、玻璃及玻璃仿制品等，下面逐一进行简单介绍。

5.14.1　梅花玉

梅花玉因其结构等特征似梅花而得名，主要产于河南汝阳，又名汝洲玉，主要用于制作手镯和雕刻工艺品（见图5-36）。

它是一种杏仁状玻基粗面岩、安山岩类，矿物成分有石英、长石、辉石、角闪石、黑云母、橄榄石等。梅花玉主体为黑绿色、暗色或黑色，杏仁体为白色、绿色。杏仁体常呈似梅花状，有些还有白边和"金"边，粉红色细脉穿插其中，类似梅花的枝条。

图5-36　梅花玉手链

梅花玉有其独特的图案，而不易与其他玉石相混。

5.14.2 大理岩玉

图 5-37 大理岩玉

大理岩的英文名称为 marble，标准的大理岩由碳酸盐类岩石经变质作用而成，其主要矿物成分为方解石，有的含少量白云石、蛇纹石等。颜色有深有浅，洁白无瑕者称为汉白玉（见图 5-37）。大理岩玉为粒状结构，半透明-不透明，密度为 $2.70g/cm^3$，折光率 $1.486 \sim 1.658$，双折射率高，硬度低，为 3.0，用小刀可刻动，易磨损、易破碎，遇稀盐酸起泡。

汉白玉在肉眼下很像京白玉，但京白玉用小刀刻不动，遇酸也不起泡。目前市场上常见到染成各种颜色（主要是绿色）的大理岩玉饰品。

中国是世界上盛产大理岩的国家之一，品种齐全，质地坚实细腻，分布广泛，资源丰富。大理岩是工艺雕刻行业、首饰行业和建筑材料行业的重要原料。

5.14.3 乌钢石

乌钢石又称"铁胆石"，是一种赤铁矿、针铁矿为主要矿物的多晶集合体，化学成分为 Fe_2O_3，颜色为深灰-黑色，条痕为樱红色，不透明，金属光泽强，无磁性，硬度 $5.5 \sim 6.5$，韧性好，密度为 $4.90 \sim 5.30g/cm^3$，折光率为 $2.940 \sim 3.220$。

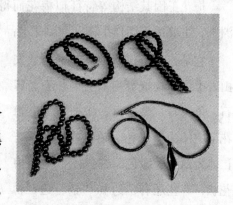

图 5-38 乌钢石

乌钢石作为一种装饰品，价廉物美，素有"黑色钻石"、"黑色珍珠"之称，主要加工成项链、吊坠或雕刻工艺品（见图 5-38）。市场上兜售得比较多的所谓的含保健磁性的"黑胆石"、"乌钢石"实际上是一种人工合成品。

5.14.4　鸡血石

　　鸡血石主要产于浙江昌化县。关于鸡血石（见图5-39）有这样一段故事：相传在古代，今浙江临安昌化的玉岩山上飞来了一对凤凰，给当地方圆几十里带来了长久的风调雨顺、人寿年丰、天下太平。可是有一位"有眼无珠"的青年猎人误以为它们是外形出奇的"野鸡"就开枪射击，凤凰被击中了，它们的鲜血一滴一滴地流出来，染红了山上的岩石，自那以后，当地人就竞相传说玉岩山上的岩石是凤凰血染红的，因为它红得像鸡血一样，故称"鸡血石"，亦称昌化石。

图 5-39　鸡血石

　　现知鸡血石主要由高岭石、地开石、珍珠陶土及少量的明矾石、石英、辰砂等矿物组成。辰砂呈朱红色，显金刚光泽，颜色艳丽，俗称"鸡血"，它在鸡血石中的含量相差悬殊，分布不均匀，多者达20%以上，少者不足0.05%，高岭石与辰砂之间一般呈镶嵌关系。据邓燕华（1991）研究，鸡血石中的血，并非是单一的辰砂晶体，而是辰砂与地开石的集合体。因此集合体中辰砂的大小、含量以及其中地开石的颜色等，对"血"的颜色都有不同程度的影响。

　　无论是用常规鉴定方法还是高级分析手段，对鸡血石的鉴定都不是一件容易的事。有一种假鸡血石，"地"是高岭石，而血则要么是红油漆，要么是红色染料，要么是将辰砂粉末压入"地"中。若经检测"血"是红油漆或红色染料时当然说明是假鸡血石，若检测"血"是辰砂时，这时一方面要对辰砂本身进行研究，另一方面要研究"地"与"血"的边界接触关系。一般认为多数天然鸡血石"血"和"地"之间为渐变的协调的接触关系，而人工鸡血石的"血"和"地"之间的接触关系带有突变性、明显性和不协调性，但也有例外情况。

5.14.5 寿山石和田黄石

寿山石的英文名称为 Shoushan stone，因产于福建省福州市的寿山乡而得名。寿山石主要由地开石、高岭石等矿物组成，其次为叶蜡石。其质纯者色白，含杂质者呈红、紫红、褐、绿、黄、橘黄、灰黄等色。不透明-半透明，显珍珠光泽、油脂光泽和玻璃光泽，有滑腻感。硬度 1~2，密度 $2.65 \sim 2.90 g/cm^3$，可雕性好，常做成雕刻工艺品和印章。近来按寿山石的形成、产状和分布规律等，将其分成田坑石、水坑石和山坑石三大类。

田黄石英文名称为 field yellow stone，因产于福州寿山乡的水稻田底下呈黄色而得名，属寿山石中最优良的品种之一，是我国封建帝王的一种御用印玺宝石（见图 5-40）。现在市场上田黄石价格约为黄金的几十倍。它之所以闻名还与明代开国皇帝朱元璋和清代乾隆皇帝有关，因篇幅有限，详情就不阐述了。

田黄石主要由高岭石族矿物组成，其中以地开石、高岭石为主，还有石英、黄铁矿等。根据其颜色分类可以分出许多种，其中

图 5-40　田黄石

最著名的有"黄金黄"、"橘皮黄"、而"桂花黄"、"枇杷黄"次之。若质地通体透明、细腻致密，色如新鲜的蛋黄，又称为"田黄冻"，价值连城。如果田黄石外部包有白色层，而内部为纯黄色，则称"银裹金"，反之称"金裹银"。真正的田黄石在表面及内部结构上常有黄色或灰黑色石皮、萝卜状细纹、红色格纹、红筋等特征，这些表面特征是田黄石独有的特征，所谓"无纹不成田"、"无皮不成田"、"无格不成田"就指的是这个意思。

5.14.6 天然玻璃和人造玻璃

天然玻璃包括两种，即黑曜岩和陨石玻璃。

黑曜岩是一种致密块状的玻璃质岩石，化学成分大体上相当于花岗

岩，呈黑色、深褐色、红色等。贝壳状断口、玻璃光泽，硬度 5 ~ 5.5，坚韧性好，密度 2.33 ~ 2.41g/cm³，折光率 1.49，均质体，可含矿物微晶和雏晶，如磁铁矿、辉石等。

黑曜石：被称为"黑金刚武士"的黑曜石，是火山熔岩迅速冷却后形成的一种天然玻璃。优质的黑曜石对光转动，呈现天然彩虹眼效应，光波流转，如梦如幻。黑曜石能量刚劲，可消除负性能量、病气、浊气、霉气，给人带来健康快乐；对抽烟、酗酒等上瘾行为有明显的改善作用，亦可缓解人的压力；作为风水吉祥物，镇宅辟邪，效果颇佳，也是供佛修佛的最佳宝石（见图 5-41）。

金曜石：是黑曜石中的极品，和黑曜石不同的是，金曜石表面有一层金沙，犹如"火眼金睛"，瑰美异常（见图 5-42）。其能量不凡，可增强生命力，恢复人的精神、体力，对用脑过度的上班族和创意工作者有很好平衡作用；可传达稳定磁场，从而促进睡眠，维持人们精神状态；除了良好的保健作用，它还可吸收人们的病气，是一种强身健体的好配饰。

图 5-41　黑曜石　　　　　　　　图 5-42　金曜石

金色红曜：形成于冰河时期，是黑曜石家族最稀有最高贵的成员之一，它由火山爆发时所流出的熔浆融入金色的矿物质而成，并以自然阳光下发出耀眼的金色光而得名。红黑色条纹交缠相容，红属火而黑属木是很好的阴阳石，对事业及财富的敏感度极为强烈，能助事业运；同时阴阳调和，有活肤美肌，排湿毒，活血之功效。

陨石玻璃来自于地球以外的天体，其外观类似于微黄-绿色的橄榄石，通常呈扁平状或浑圆状。

　　黑曜岩和陨石玻璃中通常含有气泡和流动线。它们常常与黑色人造立方氧化锆、黑色安力士（Onyx，黑色玉髓）、黑色人造玻璃相混淆。

　　人造玻璃制品成分主要是 SiO_2，还含有 K、Na、Al 等元素，资料统计表明人造玻璃中 Na_2O 大于 5%，而天然玻璃中的 Na_2O 含量小于 5%。人造玻璃颜色多样，玻璃光泽，显均质性，透明和不透明者均有。折光率 1.470 ～ 1.700，变化范围较宽，密度 2.30 ～ 4.50g/cm³，硬度 5.0 ～ 6.0。

　　人造玻璃制品表面有"橘皮"效应和洞穴，刻面者棱有浑圆感，内部往往多有气泡和流动线等。

第6章 有机宝石

历览前贤国与家，成由勤俭败由奢。

何须琥珀方为枕，岂得真珠始是车。

——唐·李商隐

有机宝石是指由古代生物和现代生物作用所形成的符合宝石工艺要求的有机矿物，与无机宝石的区别是有机宝石的成因与动植物活动有关，不能进行人工合成。有机宝石主要包括珍珠、琥珀、珊瑚、砗磲、煤精、硅化木、象牙等。

6.1　珍珠

珍珠的英文名称为 pearl，源于拉丁语 pernnla，意为海之骄子。珍珠晶莹凝重，圆润多彩，高雅纯洁，被誉为"康寿之石"，为六月的生辰石，结婚三十周年的纪念石，象征着健康、长寿、幸福和富贵。

珍珠作为珠宝具有悠久的历史，我国是世界上最早发现和使用珍珠的国家。早在公元前 7 世纪的周朝，人们就已使用珍珠。由于珍珠的绚丽和珍奇，自古以来就成为历代皇帝的喜爱之物，不少皇帝的皇冠上都镶嵌有宝石和珍珠。据载，慈禧太后的殉葬物中仅八分珠就用了 1200 粒，其骄奢淫逸可见一斑。

世界上最大的一颗名为"真主"的珍珠长24.1cm，宽13.9cm，重达6350g，1934年5月7日发现于菲律宾海湾的一只巨大的海贝里，1969年美国医生哥普因治好了珍珠主人（当地酋长儿子）的病，酋长为感谢他而将真主之珠送给了哥普，此珠据说当时的价值已高达400万美元（见图6-1）。

6.1.1 珍珠的形成和物质组成

珍珠产于各种贝类软体动物中，珠的形成是由于一些细小异物颗粒进入贝类的外套膜部位，使受到刺激的外套膜分泌出"珍珠液"，这些珍珠液包围砂粒等细小的外来物，随着时间的推移，这些小颗粒逐渐被珍珠液包裹长成大颗粒，即形成珍珠（见图6-2）。现在市场上出售的珍珠及其饰品，除少数为天然生成外，绝大部分是人工养殖珍珠。

图6-1 "真主"珍珠

图6-2 珍珠贝壳

珍珠不是矿物，它的主要成分是碳酸钙，约占91.6%，有机质约为3.8%，水为4%，其他物质为0.6%。

6.1.2 珍珠的物理性质

6.1.2.1 光学性质

光泽：珍珠的光泽是指珍珠表面反射光的强度及映像的清晰程度。珍珠具有美丽晕色珠光，即珍珠光泽。珍珠光泽的产生是由其多层结构对光的反射、折射和干涉等综合作用的结果。光泽强弱和好坏主要取决于珍珠层的厚度、排列方式、透明度及表面形貌等。黑珍珠非常珍贵，为古铜一样的金属光泽（见图6-3）。

图6-3 具有金属光泽的黑珍珠

颜色：一般由体色和伴色两部分组成。本体颜色又称为体色或背景色，取决于珍珠本身所含的各种色素及致色元素。伴色是加在本体颜色之上的，是由珍珠表面透明层状结构对光的衍射及干涉等作用形成，最常见的伴色有粉红、蓝、绿色等。

透明度：半透明至不透明，大部分为不透明。

折射率：1.53~1.686。

发光性：在长、短波紫外灯下，珍珠可呈现由无至强的荧光特征，黑珍珠在长波紫外线下呈现弱至中等的红色、橙色荧光。在X射线下，除澳大利亚产的银白色珍珠有弱荧光外，其他天然海水珍珠均无荧光，养殖珍珠有由弱至强的黄色荧光。

吸收光谱：珍珠无特殊的吸收光谱。

X射线衍射特征：其劳埃图有两种。无核珍珠呈假六方对称的衍射斑点花样，有核珍珠呈假四方对称的衍射花样。

X射线照相：在X射线照相的照片上，天然珍珠和无核养珠从中心到外壳显同心圆层状结构，有核养珠则显示中心明亮的核及核外的暗色同心层状构造。

6.1.2.2 力学性质

硬度：3.5~4.5；密度约为2.40~2.78g/cm^3。

解理：无解理。

弹性：珍珠一般呈球形，由许多薄层构成，韧性及弹性都比较好。

6.1.2.3 其他性质

化学性质：很不稳定，易溶于酸，怕碱、怕汗及各种化学药液，如各种化妆品等。不耐久，时间长了会发黄且失去美丽的珍珠光泽。

热性质：如果对珍珠加热，珍珠将脱水变脆、破裂直至破碎。

辐射：辐射会使珍珠的颜色发生改变。

6.1.3　珍珠的分类

珍珠的品种繁多。由于珍珠的产地、颜色、大小、形状、用途等方面均有各自的特点，所以对珍珠的分类也较繁杂。

6.1.3.1　按成因分类

天然珍珠：在自然环境下野生的贝类形成的珍珠。天然珍珠可形成于海水、湖水、河流等适合生长的各类环境中，非常稀少，价格昂贵。

养殖珍珠：在人工培养的珠蚌中，人为地植入珠核或异物，再经过培养，逐渐形成的珍珠。在目前的珍珠市场上，大部分珍珠都是人工养殖珍珠。养殖珍珠根据珠核、异物的特征又可进一步分为有核养珠、无核养珠、再生珍珠、附壳珍珠。

（1）无核养珠：将取自活珠母蚌的外套膜小切片，插入三角帆蚌或其他珠母蚌的结缔组织内，就像天然珠母贝、蚌类中的异物侵入一样，以生长与天然珍珠基本相同的无核珍珠。

（2）有核养珠：将制作好的珠核植入贝、蚌体内，令其受刺激而分泌珍珠质，将珠核逐层包裹起来而形成的珍珠。

（3）再生珍珠：采收珍珠时，在珍珠囊上刺一伤口，轻压出珍珠，再把育珠蚌放回水中，待其伤口愈合后，珍珠囊上皮细胞继续分泌珍珠质而形成的珍珠。

（4）附壳珍珠：由一颗插入核养殖的半球形珍珠和珠母贝壳组成，珠核一般由滑石、蜡、塑料制成。

6.1.3.2　按产出水域分类

海水珠：产于海水中贝体内的珍珠，也称为"盐水珠"。按其成因可进一步分成天然海水珍珠、养殖海水珍珠。

淡水珠：产于河湖等淡水中蚌体内的珍珠。我国是淡水珍珠的主要产地，占国际淡水珍珠的 85%，其次为日本、美国等。淡水珠质量一般低于海水珍珠。

6.1.3.3　按颜色分类

白色珠：白色、粉色的珍珠。

青色珠：黑、灰、绿、蓝色及
青铜色的珍珠。

杂色珠：上述两类颜色以外颜
色的珍珠。

各种颜色的珍珠如图 6-4
所示。

图 6-4　各种颜色的珍珠

6.1.3.4　按光泽分类

新光珠：颜色纯白、光泽明亮的珍珠。

老光珠：使用日久、光泽变暗、颜色发黄的珍珠，所谓"人老珠黄"
即引用珍珠这一特征。

6.1.3.5　按形状分类

精圆珠（走盘珠）：形圆、皮紧光足。

普通珠：形圆但皮光不及精圆。

扁圆珠：两面扁圆形如算盘子。

馒头珠：上圆下平形如馒头。

奶坠珠；上尖下圆形如泪滴。

字母珠：形如葫芦，大小两珠相连生。

双子珠：形如哑铃两珠相连生。

椭圆珠：如鸭蛋之椭圆形珍珠。

异形珠：无一定特形的珍珠。

6.1.3.6　按大小分类

珍珠按颗粒直径的大小可分为以下 6 种类型（只适于合浦珍珠贝产
的珍珠）：

超大珠：大于 8.0mm 以上；

特大珠：直径约 7.5～8.0mm；

大珠：直径 7.0 ~ 7.5mm；

中珠：直径 5.5 ~ 7.0mm；

小珠：直径 5.0 ~ 5.5mm；

厘珠：直径约为 2.0 ~ 5.0mm。

6.1.3.7　按用途分类

药用珠：医药用珍珠。

饰用珠：用作装饰之珍珠，其中可分为首饰、服饰、帘饰、摆饰等。

美容用珍珠：用以美容生肌、保护肤色、延缓衰老的珍珠。

保健用珍珠：用以增进营养、防病祛病的珍珠。

工艺美术珍珠：用作陈列、欣赏的艺术珍珠。工艺美术珠又可分为：

（1）异形珠：指非圆形的不规则珠，形态像某物之珍珠，如熊猫珠、渔翁珠。

（2）象形珍珠：以象形珠模为核心，通过人工培育而成的珍珠，如佛像珍珠、观音坐莲珍珠、嫦娥奔月珍珠等。

6.1.3.8　按产地分类

大溪地珍珠：主要产于赤道附近的波利尼西亚群岛的大溪地，珍珠颜色为天然黑色，光泽为金属光泽，极为名贵，享有"皇后之珠"和"珠中皇后"的美誉。大溪地黑珍珠是由一种珍贵的黑碟蚌养殖出来的，培植很困难，养殖珍珠贝的过程很长且易死亡，加上天气和水质等因素的影响，每 100 个获殖珠的黑碟蚌，只有 50 个能成功培植出珍珠，当中只有五颗是完美无瑕的，因此每颗珍珠都珍贵无比，成品十分罕见。大溪地珍珠主要从大小、形状、颜色、皮光及净度等方面来评价，颜色主要有孔雀紫、孔雀蓝、天际黑、"土豪金"等（见图 6-5）。

南洋珠：产于菲律宾、缅甸等南洋地区的珍珠。南洋珠是在一种称为白蝶贝的野生蚌贝里孕育成长的。由于白蝶贝是一种非常珍贵及脆弱的生物，必须于稳定、优良及未受人工污染的海湾环境下成长，而它也是世界上最大的珠蚌，其培植出来的南洋珠的形状也比其他地

图 6-5　大溪地珍珠——
孔雀蓝

图 6-6　南洋金珍珠

方产的珍珠大。因此，南洋珠的价值更为昂贵。南洋珠的价值是以其大小、颜色、形状、光泽及净度来评价。又大又圆的粉红珠最为珍贵，如大至 18～20mm，则相当罕见（见图 6-6）。

东方珠：是世界天然名珠，采于波斯湾。产珠的软体动物主要是普通珠母贝，珍珠多呈白、奶白、奶油、淡绿色。

日本珠：是日本的海水养殖珍珠，产珠的软体动物主要是马氏珠母贝。现在中国、韩国及斯里兰卡也有产出。珍珠色白、形圆、粒径多在 2～9mm 之间。

琵琶珠：产于日本琵琶湖中的淡水珍珠，产于软体动物池蝶蚌内。珍珠多为椭圆形、表面光滑，为淡水珍珠中的优质产品。

西珠：产于大西洋地区的珍珠，主要为海水珍珠。因当地水质越来越差，西珠的产量已越来越少。

波斯珠：产于波斯湾地区的珍珠。波斯湾是世界著名的珍珠产地，伊朗、阿曼、沙特阿拉伯等海岸国家产珠历史悠久（见图 6-7）。

图 6-7　波斯湾珍珠

中国珠：中国产珍珠。天然珍珠以"广新珠"为佳，产于广东及南海诸岛；养殖珠以广西合浦县最为著名，其所产珍珠称为"南珠"或"合浦珍珠"，珍珠形圆、光泽强，质量较优，是我国海水珍珠的主要产地。其次江苏、浙江、上海等长江流域诸省产珠亦颇丰。我国养殖珍珠年产已超百吨，仅次于日本。

6.1.4　珍珠的评价

评价珍珠主要从颜色、光泽、形态、大小、瑕疵等方面去考虑。

6.1.4.1　颜色

颜色是评价珍珠的重要指标，但不同民族对颜色有不同的爱好。中

国人大多喜爱白色、粉红色珍珠，受"人老珠黄"的影响，而不喜欢黄色的珍珠；日本人同为黄皮肤，对于银白色的珍珠较为喜欢，同时又喜欢金黄色的珍珠；中东人、南美洲人的黝黑色皮肤就偏爱黄色珍珠；欧洲人普遍喜欢黑色珍珠和彩色珍珠。

珍珠的颜色包括体色、伴色和晕彩色等方面，几种颜色搭配越好，珍珠的价值越高。如中国合浦由于南海的水温稳定，水质好，阳光充裕，所产珍珠的颜色主体为白色，并伴有晕彩色和粉红伴色，因此价值较高。南洋珠中白色带有粉红伴色价格最高，其次是带有银白光彩，而无伴色或带灰色价格略低。黑珍珠最贵的伴色为孔雀绿，其次是带有绿色或红色伴色的黑珍珠，价格也很高。

珍珠外表颜色很多，通常情况下以纯白、白中带玫瑰色为最佳；体色为黑色、伴色为绿色且具强烈光泽者属珍品。珍珠的颜色可分为白色、红色、黄色、黑色及其他5个系列，各系列包括多种体色（见图6-8）。

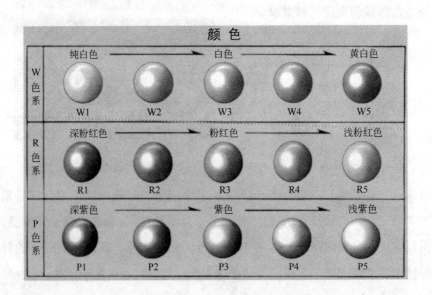

图 6-8　不同系列珍珠的颜色

（淡水珍珠标准样品的代表色系，其他颜色（O色系）在此图解中不一一列出）

白色系列：纯白色、奶白色、银白色、瓷白色等；

红色系列：粉红色、浅玫瑰色、淡紫红色等；

黄色系列：浅黄色、米黄色、金黄色、橙黄色等；

黑色系列：黑色、蓝黑色、灰黑色、褐黑色、紫黑色、棕黑色、铁灰色等；

其他：紫色、褐色、青色、蓝色、棕色、紫红色、绿黄色、浅蓝色、绿色、古铜色等。

6.1.4.2 光泽

珍珠的美丽、高雅很大程度上归结于光泽。珍珠光泽的强弱与珠层厚度有关，珠层越厚，光泽越强，珍珠表面越圆润、越均匀，光泽越强。质量高的珍珠光泽明亮、锐利、均匀，表面似镜面，影像清晰。若光泽弱、不锐利、不均匀，影像不清，则珍珠的价值不高。珍珠光泽级别见表6-1，光泽分级如图6-9所示。

光泽	级别	海水珠质量要求	淡水珠质量要求
极强	A	反射光很明亮，锐利均匀，影像很清晰	反射光特别明亮、锐利、均匀，表面像镜子，影像很清晰
强	B	反射光明亮，表面能见物体影像	反射光明亮、锐利、均匀，影像很清晰
中	C	反射光不明亮，表面能照见物体，但影像较模糊	反射光明亮，表面能见物体影像
弱	D	反射光全部为浸反射光，表面光泽呆滞，几乎无影像	反射光较弱，表面能照见物体，但影像较模糊

(a)　　　　　(b)　　　　　(c)　　　　　(d)

图6-9 珍珠光泽分级

（a）极强；（b）强；（c）中；（d）弱

6.1.4.3 瑕疵

珍珠常见的瑕疵有腰线、隆起（丘疹、尾巴）、凹陷（平头）、皱纹（沟纹）、破损、缺口、斑点（黑点）、针夹、划痕、剥落痕、裂纹及珍珠疤等。大多数珍珠都有不同程度的瑕疵，瑕疵的多少直接影响珍珠的质量。因此，瑕疵越少，珍珠的价值越高。珍珠的瑕疵分级见表6-2。

表6-2　珍珠的瑕疵分级

瑕疵区别		珍珠质量要求
中文	英文代号	
无瑕	A	肉眼观察表面光滑细腻，极难观察到表面有瑕疵
微瑕	B	表面有非常少的瑕疵，似针点状，肉眼较难观察到
小瑕	C	有较小的瑕疵，肉眼易观察到
瑕疵	D	瑕疵明显，占表面积的1/4以下
重瑕	E	瑕疵很明显，严重的占据表面积的1/4以上

6.1.4.4 形态

由于珍珠的形成受众多因素的影响，其形态以球形为主，如圆形、椭圆形、水滴形等，此外还有不规则的异形珍珠。一般而言，珍珠按长短半径之差可划分为正圆、圆形、椭圆形、畸形四种，并且以正圆珍珠价值最高，其后依次是圆形、椭圆形、畸形。但畸形珍珠如果经过巧妙地设计和应用也会达到意想不到的美学效果和极高的艺术价值。珍珠的形态分级见表6-3。

表6-3　珍珠形态分级

形状级别			海水珠质量要求（直径差百分比)/%	淡水珠质量要求（直径差百分比)/%
中文	英文代号			
正圆	A₁		≤1.0	≤3.0
圆	A₂		≤5.0	≤8.0
近圆	A₃		≤10.0	≤12.0
椭圆	B	B₁	>10.0 含水滴形、梨形	≤20.0 椭圆形
		B₂		>20.0 长椭圆形
扁平	C	C₁	具有一定对称性，有一面或两面近似平面状	≤20.0 高形
		C₂		>20.0 低形
异性	D		通常表面不平坦，没有明显对称性	通常表面不平坦，没有明显对称性

6.1.4.5　大小

珍珠的大小是指单粒珍珠的尺寸。珍珠的大小与价值存在着密切的关系，是影响价值最重要的因素之一。一般来讲，珍珠越大，价值越高。中国有"七分珠子八分宝"的说法，意思是说到"八分"（按大小计算约为直径9mm的圆形珠）就是"珠宝"了。

6.1.4.6　厚度

不同贝种珍珠层厚度有所不同，南洋珠的珍珠层厚度一般皆能达2mm以上，而合浦珠母贝养殖的海水珠贝体小养殖时间短，仅10～12个月，珍珠层较薄。商业标准要求珍珠层达到或大于0.3mm，小于此标准则为不合格珍珠。珍珠的厚度分级见表6-4。

表6-4　珍珠厚度分级

厚 度 级 别		珠层厚度/mm
中　文	英文代号	
特厚	A	≥0.6
厚	B	≥0.5
中	C	≥0.4
薄	D	≥0.3
极薄	E	<0.3

6.1.4.7　搭配的协调程度

珍珠可制作成各式各样的首饰，对单粒珍珠制成的首饰，其质量从上述五方面评价就可以了，但对于由多粒珍珠组成的饰品，还需将整件饰品作为统一体进行评价。一串珍珠混合在一起需要感觉每一颗都非常的协调合一，即对称。一对珍珠耳环、一串珍珠项链、一个珍珠胸饰，都会随珍珠的对称与否而塑造出佩戴者不同的品位，对称越高，越会产生高贵、细腻、协调、完美、时尚等感觉、价值就越高（见图6-10）。

图6-10　珍珠项链

6.1.5 珍珠的保养

珍珠是由碳酸钙和有机质组成，并含有水，因此，其硬度低，化学稳定性差，遇酸碱易溶解，久置会发黄，若不注意保养，易损坏。但只要注意保养，一颗天然珍珠可以保存几代人的时间。珍珠的保养主要注意以下几方面：

（1）珍珠不宜放在高温处和日光下，这样会影响珍珠的水分而减少光泽。

（2）珍珠不宜与化妆品接触，不能放在化妆品的盒子里，更不可放在密封的塑料袋里，最好放在通风的地方，这样才能保持珍珠的光彩。

（3）珍珠尤忌油烟熏污，污渍油腻渗透进珍珠层里，它就会变黄，这是因为珍珠的主要成分是碳酸钙，酸性的和碱性的液体接触珍珠，会使它黯淡无光。

（4）珍珠忌在水中浸洗。自来水中有氯，会损害珍珠表面的光泽，而且水会进入珠的小孔内，对珍珠不利。可用软湿毛巾小心抹净，风干后保存。

（5）珍珠也不要和其他首饰一起摆放，珍珠硬度低，其他饰品可能会将其刮花。

（6）珍珠饰物在佩戴后，可用软牙刷蘸上中性肥皂刷洗干净，把沾在珍珠上的污渍清洗后，再放入清水中把皂迹漂洗净，然后用软干毛巾擦干再晾干。

6.1.6 各类珍珠的区别

目前，市面上销售的珍珠多系养殖珍珠，其价格远低于天然珍珠，同时假珍珠也鱼目混珠，日益泛滥。因此人们购买珍珠时要十分注意。

6.1.6.1 天然珍珠与养殖珍珠的区别

从目前情况来看，海水养殖珍珠一般为有核养珠，淡水养殖珍珠一般为无核养殖。但已有淡水有核养殖珍珠投入市场。对于有核养殖珍珠，由于珠核的存在，加之珠核主要由贝壳制成，因此，导致有核养殖珍珠与天然珍珠的内部结构和珍珠层结构存在明显的差别，鉴别时可主要根据这种结构差别加以区分。

天然珍珠与养殖珍珠的鉴别方法主要如下：

（1）肉眼及放大观察：天然珍珠质地细腻，结构均匀，珍珠层厚，光泽强，多呈凝重的半透明状，外形多为不规则状，直径较小；养殖珍珠多为圆形、椭圆、水滴形等，直径较大，珍珠层较薄，珠光不及天然珍珠强，表面常有凹坑，质地松散。

（2）强光照明法：天然珍珠看不到珠核与核层条带，无条纹效应；有核养珠可以看到珠核、核条带，大多数呈现条纹效应。

（3）X射线照相法：天然珍珠劳埃图呈假六方对称图案斑点；有核养殖珍珠呈现假四方对称图案的斑点，仅一个方向出现假六方对称斑点。

（4）紫外线摄影法：天然珍珠阴影颜色较均匀一致；有核养珠在核层与光线垂直情况下，产生深色阴影，而周边颜色较浅。

（5）荧光法：天然珍珠在X射线下大多数不发荧光；养殖珍珠在X射线下多数发荧光和磷光（蓝紫色、浅绿色等）。

（6）内窥镜法：这种方法使用的是一种空心金属针，在针的两端装有与针的延长方向呈45°的镜子，并彼此呈90°，在空心针的一端用强光照射，光线通过第一个镜子反射到珍珠内壁，如果是养珠，光反射到内壁后沿核内平行层传播，一直能穿透薄的珍珠层，在显微镜一端看不到光线；如果是天然珍珠，光线射到内壁后，光因全反射而绕珍珠层内传播，最后投射到第二面镜子上，在另一端的显微镜上能观察到光线的闪烁。

（7）磁场法：把圆形珍珠放在磁场内，如果是养珠，其珠核受磁化后，总要转到平行层走向与磁力线平行的方向，而天然珍珠无核，故无此现象。

（8）重液法：一般养珠因有珠核，密度较大，天然珍珠较轻，因此，往往密度为$2.71g/cm^3$的重液中天然珍珠大都上浮，而养珠普遍下沉。这种方法可能会损伤珍珠层，应谨慎使用。

6.1.6.2　海水珍珠与淡水珍珠的区别

海水珍珠和淡水珍珠的鉴别目前有一定困难，主要从以下几方面

223

第6章　有机宝石

鉴别：

（1）从形状上：海水珍珠为插核养殖，一般是正圆形珍珠。如果出现偏向于扁圆的珠子，则为淡水珍珠。淡水珍珠因为大部分为无核养殖，很难获得正圆的珍珠，一般是米形、椭圆、扁圆。对于非特级的珠链，在形状上，海水珠不圆的珠子是呈滴水走向，很少有扁圆的走向。

（2）从瑕疵上：海水珍珠的珠面极少有螺纹状的瑕疵出现（即使是很浅的螺纹），淡水珠的螺纹常见，因此一旦特级珠链出现螺纹状的瑕疵（即使是很浅的螺纹），可以判断这条珠链是淡水珠，而不是海水珍珠。

（3）从手感上：海水珠的手感相对细腻，淡水珠的手感较粗，有发涩的感觉。

（4）从光泽上：海水清洁，故海水养殖珍珠比淡水养殖珍珠质量好，光泽强，质感较淡水珠通透。

目前，对淡水珍珠和海水珍珠作更加确切的鉴别还没有一种可靠无误的方法。有人提出用珍珠中所含微量元素进行鉴别的方法值得考虑。其根据是珍珠的生长受环境的影响，海水和淡水中所含的微量元素不同。一般来说，海水中钾、钠的含量较高，锶和钡的比值较大。当然这还是一个有待深入研究的课题。

6.1.6.3　充蜡玻璃珍珠的识别

在空心的圆形白色玻璃小球中，充满石蜡，以冒充珍珠。这类赝品质地较疏松，密度低于 $1.5g/cm^3$，用手一掂即可感之，若用细针刻划，虽然刻不动，但有光滑感。

6.1.6.4　实心玻璃珍珠的识别

将乳白色实心玻璃球浸泡在"珍珠精液"中，染上一层珍珠粉即制成。用放大镜观察这类赝品的打孔处，仅见表面有一层薄薄的"珍珠粉"，用针拨动会成片脱落（涂银粉或带鱼鳞粉的呈鳞片状脱落），从而露出内料球。再就是实心玻璃球手掂比珍珠重。

6.1.6.5　塑料涂层珍珠的识别

将乳白色的塑料球置于"真珠精液"中浸泡，即涂上一层"珍珠粉"，识别方法如上。

6.1.6.6　天然黑珍珠与人工黑珍珠的区别

黑珍珠主要产于波利尼西亚群岛的大溪地岛（产出全球95％的黑珍珠）和库克群岛的彭林岛和马居希基岛（产量占总产量的4％）。优质黑珍珠的年产量估计不超过15万颗，其中40％通过一年一度的国际拍卖会出售。大多数黑珍珠粒径集中于9～10mm之间，大约有6成以上黑珍珠粒径不超过11mm。因此，一般把11mm作为黑珍珠珍品的界限，而15mm以上精圆形黑珍珠非常稀有，连现成的可参考市场价格都没有，足见其昂贵稀有。物以稀为贵，故常有人工染色珍珠冒充黑珍珠，其主要区别如下：

（1）颜色：染色的黑珍珠颜色均一，为纯黑色，且在钻孔和裂纹的地方聚集的黑色较深。而天然黑珍珠非纯黑，而是有轻微彩虹样的闪光的深蓝黑色，或带有青铜色调的黑色。

（2）粉末法：染色的黑珍珠其粉末为黑色，而黑珍珠其粉末为白色。但取珍珠粉末是一种破坏性试验，操作时要十分小心，尤其不能在没有钻孔的黑珍珠上任意刻取。

（3）粒度：黑珍珠产于大珠母贝中，粒径一般很少小于9mm，所以小于8mm为圆形黑珍珠，多半是辐照产品。

（4）稀酸法：用棉球蘸些稀硝酸（2％）在珍珠不显眼的地方进行试擦，染色的黑珍珠会使棉球呈黑色。此法属破坏性方法，少用为佳。然而，有丰富经验的鉴定师常可以在着色的珍珠上找到破绽。

（5）紫外荧光法：天然黑珍珠在长波紫外线照射，发出粉红到明亮或黑红色荧光。而染色黑珍珠在长波紫外线照射下，为灰白色荧光，有少数不发荧光。

（6）X射线照相法：天然黑珍珠在珠母质、壳角蛋白和珠核之间有一明显的连接带，而染色黑珍珠具白色条纹。

6.2　珊瑚

珊瑚的英文名称为coral，来自拉丁语，为三月诞生石，象征沉着、勇敢和勇气。珊瑚是生物成因的宝石，是珠宝玉石中唯一有生命的宝石，又被称为千年灵物。珊瑚、珍珠、琥珀被称为三大有机宝石。

从古今中外的历史来看，珊瑚具有崇高的地位。古罗马人认为珊瑚具有防止灾祸、给人智慧、止血和驱热的功能。印第安人认为"贵重珊瑚为大地之母"。日本天皇也视红珊瑚为其国粹。在我国，珊瑚作为宝物历史悠久。据史料所载，汉朝"积翠池中有珊瑚，高一丈二尺，一本三柯，上有四百六十三条，云是南越王赵佗所献，号烽火树"，晋书中亦载有皇帝斗宝（珊瑚）的故事。清朝二品官员上朝穿戴的帽顶及朝珠系由贵重红珊瑚制成；西藏的喇嘛高僧多持红珊瑚制成的念珠。珊瑚美丽的颜色红艳如火，外形婀娜多姿，其形似树，亦称"火树"，古时多用作盆景，既古朴文雅，又奇形异色，因而被人们视之如宝。在慈禧太后墓中有珊瑚树一枝，据说价值白银八十三万两。

当前，珊瑚的重要性也被人们渐渐地认识。由于珊瑚的稀有及不可再生性，使它极具收藏价值，天然红珊瑚饰品更受到人们的喜爱。

6.2.1　珊瑚的形成和物质组成

珊瑚不是植物，而是一种圆管状腔肠动物，生活于海洋中，靠管口上端触手捕捉微生物，内腔将食物消化，同时分泌出石灰质（碳酸钙）以营造躯体。为了追求阳光和食物，珊瑚像树木般"抽枝发芽"，越长越高，越长越大，形成树枝状群体。珊瑚虫死后留下的石灰质躯体即是人们所爱的宝石珊瑚。

珊瑚的化学成分取决于珊瑚的品种，其中钙质型珊瑚主要由碳酸钙（约占95%）、碳酸镁（2%~3%）、有机质（1.5%~4%）和水组成；角质型珊瑚几乎全部由有机质组成。可作为宝石材料的珊瑚主要为钙质型珊瑚。

6.2.2　珊瑚的结晶习性及形态

珊瑚形态奇特，多呈树枝状、蜂窝状等。其纵向管状通道产生精细脊状结构，这些精细脊状结构沿分支纵向延伸，呈现典型的波纹状构造，抛磨后呈暗亮相间的平行线，在横截面上呈同心圆状构造。

6.2.3 珊瑚的物理性质

6.2.3.1 光学性质

颜色：常呈白色、粉红色、红色、橙色、蓝色、紫色、黄褐色和黑色等。

透明度和光泽：微透明至不透明，蜡状光泽。

折射率：钙质型珊瑚近似值为1.65，角质型珊瑚近似值为1.56。

发光性：在长、短波紫外线下钙质珊瑚无荧光或具弱的白色荧光。

吸收光谱：无特征光谱。

6.2.3.2 力学性质

解理和断口：无解理，参差状至裂片状断口。

硬度：3~4。

密度：钙质型珊瑚为2.65g/cm³，角质型珊瑚为1.35g/cm³。

6.2.3.3 其他特性

可溶性：与稀盐酸反应产生气泡。

热效应：近火会变黑，加热会产生蛋白味。

6.2.4 珊瑚的分类

珊瑚的品种较多，可按成分、颜色和产地进行分类。

6.2.4.1 按成分和颜色分类

钙质型珊瑚：它主要由碳酸钙组成，含少量碳酸镁、有机质等，包括以下三个品种：

（1）红珊瑚：又称贵珊瑚，通常呈浅至暗色调的红至橙红色，有时呈肉红色，是珊瑚中价格最高的一种，整株完整、颜色鲜艳亮丽的红珊瑚价格不菲（见图6-11）。主要产地有阿尔及利亚、突尼斯、西班牙沿海、台湾基隆和澎湖列岛、意大利及法国的比斯开湾等地。台湾是相当重要的产地，被称为"珊瑚王国"，最大的红珊瑚珠产自台湾，直径为20.4mm。各式珊瑚制品如图6-12所示。

（2）白珊瑚：为白、灰白、乳白等色，主要用于盆景工艺或染色原

图 6-11　红珊瑚

图 6-12　各式珊瑚制品

料。主要分布在中国南海海域、菲律宾海域、澎湖海域和琉球群岛海域。

（3）蓝珊瑚：主要呈蓝色、浅蓝色，是较为稀少的品种。主要分布在大西洋地中海海域，如喀麦隆沿海。

角质型珊瑚：主要成分为有机质，包括以下两个品种：

（1）黑珊瑚：灰黑至黑色，几乎全由角质组成，异常坚韧，蜡状光泽，横切面有收缩的树轮状构造，是柳珊瑚的特殊品种，目前几乎已绝迹。黑珊瑚被称为"王者珊瑚"，可长达 3m 的高度，通常呈树枝状。可作烟斗、刀柄、摆设、戒面等（见图6-13）。主要产于红海中部、澳大利亚、中国南海。

图 6-13　黑珊瑚手链

（2）金珊瑚：金黄色、黄褐色，几乎全由角质组成，表面有独特的丘疹状外观，有的表面光滑，在强的斜照光下可显示晕彩（或光彩）。

6.2.4.2　按产地分类

地中海珊瑚：产于地中海，红色。在意大利、香港加工。

日本珊瑚：产于日本，红色。是我国珊瑚加工业的主要原料。

喀麦隆珊瑚：产于喀麦隆远海，为黑色、蓝色珊瑚。

6.2.5　珊瑚的评价

珊瑚的质量评价主要从颜色、块度、质地和加工四个方面来考虑。

（1）颜色：评价珊瑚的最主要因素。珊瑚的颜色以红色为最佳，次为蓝色、黑色、白色。红色中以红色鲜艳、纯正美丽、色调均匀者为好，由好到差依次排序为鲜红色、红色、暗红色、玫瑰红色、橙红色等。白珊瑚的颜色以纯白色为佳，依次是瓷白和灰白色。

（2）块度：珊瑚的块度越大、越完整者价格越高。

（3）质地：珊瑚的质地以致密坚韧、寄生虫巢穴少、表面纹理者细为好，有白斑、多孔、多裂者差。

（4）工艺：以雕工精细、设计新颖、造型美观者好。

6.2.6　真假珊瑚的区别

6.2.6.1　与染色珊瑚的区别

将颜色差的珊瑚染成红色，甚至染成黑、蓝色，以冒充上品。天然珊瑚颜色自然，而染色珊瑚颜色不自然，且在裂隙、空洞等地方相对集中；用沾丙酮的棉签擦拭，棉签呈现颜色，即为染色的次珊瑚。

6.2.6.2　与染色大理石珊瑚的区别

大理石的成分与珊瑚近似，将其染成红色，做成项链等以冒充珊瑚项链等。大理石呈粒状，而天然珊瑚呈树枝状、蜂窝状等；珊瑚表面具有颜色深浅不同和透明度稍有差别的平行条带，横截面上可见明显的同心圆状和放射状条纹；珊瑚的肢体上有寄生虫的巢穴（凹坑），仔细观察可加以区别。

6.2.6.3　与玻璃珊瑚的区别

市场上可见到用粉红色玻璃珠冒充珊瑚珠的赝品。识别方法是玻璃珠具玻璃光泽，内部有气泡，加盐酸不起泡。

6.2.6.4　与塑料珊瑚的区别

塑料质轻，遇盐酸不起泡，不具天然珊瑚所特有的条纹。

6.2.6.5　与人造珊瑚的区别

人造珊瑚是用其他原料合成制造的人工珊瑚，往往做成树枝状珊瑚盆景，供摆设用。其主要区别是人造珊瑚不具有天然珊瑚特有的纹带构造。

6.2.7　珊瑚的加工与保养

珊瑚除可做成盆景外，通常用来加工成念珠、项链、饰针、手镯、雕刻饰物（浮雕、凹雕、雕像、伞柄等）等。

珊瑚质软性脆，化学性质不稳定，其保养主要注意以下几方面：

（1）珊瑚化学性质不稳定，不宜接触汗、化妆品、香水、食盐、油污、酒精、醋等。

（2）珊瑚硬度小，收藏时应单独存放，以免被其他宝石划伤。佩戴时也尽量不要和硬的东西接触，反复摩擦会损坏珊瑚表面的光滑度和光洁度。

（3）防止长时间太阳暴晒和高温烘烤，否则珊瑚容易失去水分和光泽甚至褪色。夏天不宜久戴珊瑚饰品。

（4）珊瑚应经常泡清水，泡后用软布擦干，涂上婴儿油。

6.2.8　珊瑚的产地

珊瑚产于赤道和赤道附近的海域内，是温暖海洋的产物。珊瑚主要生长在距水面30m左右水深的浅海水域。优质珊瑚主要产于地中海、突尼斯、阿尔及利亚、摩洛哥、萨丁岛和意大利的沿海地区所产珊瑚质量最好。在日本沿海以及我国南海、台湾亦有优质珊瑚产出。

6.3　琥珀

琥珀的英文名称为amber，来自拉丁文ambrum，意为"精髓"。

琥珀五颜六色，玲珑剔透，被视为稀世珍宝。古希腊人称琥珀为"北部的黄金"；德国国王腓特烈一世用琥珀装饰成豪华的"琥珀宫"；我国西汉初年，陆贾的《新语道基》记载"琥珀、珊瑚、翠羽、珠玉，由生水藏，择地而居"；陶弘景云"琥珀中有蜂，形色如生"。虫珀如图6-14所示。

6.3.1　琥珀的物质组成

琥珀是地史时期针叶树木的树脂松香化石，是一种有机物的混合物。琥珀化学成分为 $C_{10}H_{16}O$，含有少量的硫化氢及微量元素 Al、Mg、Ca、Si 等。

6.3.2　琥珀的形态和结构

琥珀为非晶质，常以结核状、瘤状、水滴状等产出。有的如树木的年轮，呈放射纹理；内部经常可见气泡及动物遗体或植物碎屑。琥珀原料如图6-15所示。

图 6-14　虫珀　　　　　　图 6-15　琥珀原料

6.3.3　琥珀的物理性质

颜色：黄色、蜜黄色、黄棕色、棕色、淡红和淡绿褐色。

透明度和光泽：透明至微透明，树脂光泽。

折射率：1.54。

硬度：2～3，无解理，贝壳状断口。

密度：$1.08g/cm^3$。

导电性：为良绝缘体，用力摩擦后能吸附小碎纸片。

导热性：差，有温感，加热软化，近火有松香味。

包裹体：常见植物碎屑、小动物（昆虫、蜘蛛等）、气泡、裂纹等包裹体。

化学性质：易溶于硫酸和热硝酸中，部分可溶于酒精、汽油、乙醚、松油中。

发光性：在长波紫外线下发蓝色及浅黄色、浅绿色荧光。

6.3.4　琥珀的分类

6.3.4.1　按颜色及物理性质分类

（1）血珀：即红珀，色红如血，透明，是琥珀之上品（见图6-16）。

（2）金珀：金黄色，晶莹通透，属名贵品种之一（见图6-17）。

图6-16　血珀

图6-17　金珀

（3）香珀：具有香味的琥珀。

（4）灵珀：蜜黄色，透明度高的琥珀。

（5）花珀：具黄白相见的花纹，形如马尾松。

（6）蜜蜡：性软，金黄色、棕黄色、蜜黄色，半透明至不透明。

（7）骨珀：浑浊不清，不透明，几乎似象牙的琥珀。

（8）虫珀：具有动物、植物包裹体的琥珀。

（9）石珀：有一定石化程度的琥珀，硬度比其他琥珀大，色黄而坚润的琥珀。

（10）蓝珀：相当罕见，价值极高。为棕色带点紫，在普通光线下转动，在角度适当时，会呈现蓝色，再变换角度时，蓝色又会消失。

（11）绿珀：绿色透明的琥珀。当琥珀中混有微小的植物残枝碎片或硫化铁矿物时，琥珀会显示绿色。这是很稀少的琥珀颜色，约占琥珀总量的2%。

6.3.4.2　按琥珀产地分类

（1）波罗的海琥珀：产于波罗的海沿岸的琥珀，包括淡黄色琥珀及脂状琥珀；其特点是不含琥珀酸（见图6-18）。

（2）西西里琥珀：产于意大利西西里岛的琥珀，其颜色为红色至橙黄色，色调较暗。

（3）中国琥珀或缅甸琥珀：产于中国抚顺或缅甸的琥珀，其色呈微褐黄色至暗色，有时近于无色至淡黄色或橙黄色，但老化后呈红色。

（4）罗马尼亚琥珀：其色呈微褐黄色至褐色，含硫量高于波罗的海琥珀。

图6-18　波罗的海琥珀
——花珀

6.3.5　琥珀的评价

评价琥珀主要从颜色、块度、透明度、净度及包裹体等方面去考虑。

（1）颜色：透明的红色、绿色价值最高。

（2）块度：要求有一定的块度，越大越好。

（3）透明度：透明度越高越好，半透明至不透明者为次品。

（4）净度：净度越高越好。

（5）包裹体：虫珀最好，虫珀中又因昆虫完整程度、清晰度、形态、大小和数量等划分不同的档次。

6.3.6　真假琥珀的鉴别

与琥珀相似的假琥珀主要有树脂、玉髓、玻璃及塑料等。

6.3.6.1　与树脂的区别

树脂分为松香及柯巴树脂（硬树脂），与琥珀成分相似，区别为琥珀中含有琥珀酸。松香不透明，树脂光泽，密度为 $1.05g/cm^3$，硬度为2.5，燃烧具芳香味，导热性差，在短波紫外光下具有强绿黄色荧光。柯巴树脂极易假冒琥珀，与琥珀的区别为遇乙醚可见黏性斑点，紫外光下为白色荧光。

6.3.6.2　与玉髓的区别

玉髓折射率为1.54，密度高于琥珀，为 $2.6g/cm^3$，硬度为6.5，手摸比琥珀凉。不燃烧，不具有荧光。

6.3.6.3 与玻璃的区别

玻璃密度为 $2.2g/cm^3$，硬度为 4.5~5.5，含有气泡、旋纹。不燃烧，不具有荧光。

6.3.6.4 与塑料的区别

常见塑料有聚苯乙烯、赛璐珞、酪朊塑料等。聚苯乙烯密度低于琥珀，浮于饱和盐水上，极易溶于甲苯，在成型时极易流动，可见流动构造。赛璐珞折射率与密度均高于琥珀，在紫外光及 X 射线下均显微黄白色荧光，燃烧具樟脑气味。酪朊塑料为一种硬化的奶状塑胶，折射率与密度均高于琥珀，紫外光下呈明亮白色荧光，遇浓硝酸（HNO_3）出现黄色污斑。燃烧时具牛奶味。

6.3.7 琥珀的保养

琥珀的保养主要有以下几方面：

（1）琥珀首饰害怕高温，不要长时间置于太阳下或是暖炉边，过于干燥易产生裂纹。尽量避免强烈波动的温差。

（2）琥珀化学性质不稳定，怕强酸和强碱，尽量不要与酒精、汽油、煤油和含有酒精的指甲油、香水、发胶、杀虫剂等有机溶液接触。喷香水或发胶时应取下琥珀首饰。

（3）琥珀硬度低，怕摔砸和磕碰，与硬物的摩擦会使表面出现毛糙，产生细痕。琥珀首饰应该单独存放，不要与钻石、其他尖锐的或是硬的首饰放在一起，不要使用超音速的首饰清洁机器去清洗琥珀，不要用毛刷或牙刷等硬物清洗琥珀。

（4）应长期佩戴，人体油脂可使琥珀越戴越光亮。

（5）当琥珀染上灰尘和汗水后，可将它放入加有中性清洁剂的温水中浸泡，用手搓冲净，再用柔软的布擦拭干净，最后滴上少量的橄榄油或是茶油轻拭琥珀表面，稍后用布将多余油渍沾掉，可恢复光泽。

6.3.8 琥珀的产地

琥珀产地较多，主要产地有欧洲波罗的海沿岸国家，西伯利亚北部，地中海西西里岛，中美洲的多米尼加、墨西哥，北美洲美国南部、加拿大，亚洲中国抚顺、日本久慈和盘城、泰国，大洋洲澳大利亚、新西兰哈密尔顿等。我国抚顺琥珀产量不大，但质地坚硬，是制作各种装饰品和工艺品的好材料。

6.3.9 蜜蜡

蜜蜡是一种珍贵的树木脂液化石，属于琥珀的一种，价格高于一般的琥珀。蜜蜡与琥珀的区别为蜜蜡形成时间相对更早、数量更少，价格往往也高于琥珀，有"全年琥珀，万年蜜蜡"一说。蜜蜡为佛教七宝之一，被视为吉祥如意之物（见图6-19）。

图6-19　蜜蜡

蜜蜡折射率为 1.54 ~ 1.55，密度为 1.05 ~ 1.10g/cm³，硬度 2 ~ 3，呈树脂光泽，半透明至不透明。

蜜蜡的质量主要取决于净度和颜色，鹤顶红色价格最高，产于波罗的海。

蜜蜡与琥珀的主要区别方法：

（1）蜜蜡不透明，琥珀一般透明。蜜蜡颜色似蜜，具有蜡状光泽，常见颜色只有黄、褐两种，彩色蜜蜡极少。而琥珀多为透明状。

（2）蜜蜡价格高于一般琥珀。形成时间早于琥珀，数量相对较少，物以稀为贵，蜜蜡要比普通琥珀贵很多。例如，1 串 12 珠的蜜蜡手链，价格要 2000 ~ 6000 元之间，而同档次的琥珀手链则只需 1000 ~ 2000 元。

（3）琥珀戴久透明度会变好。现在很多商人以价格低廉、内部杂质很多的低级琥珀冒充蜜蜡，琥珀戴久了会慢慢变得通透起来，而蜜蜡戴久之后，光泽越来越鲜亮，内部结构并不变化，外层会逐渐产生包浆。

6.4　象牙

自古以来，象牙（ivory）就被用来装饰精美的物品或制作美丽的工艺品。由于象牙所具有的温润柔和、洁净纯白、圆滑细腻的质地和美感，使它成为统治阶级和帝王将相所喜爱的高贵饰物，历代高官显贵都将象

牙制品视作奇珍异宝，是地位、身份的象征。根据人们的习惯，象牙一般专指大象的前门牙，即狭义的象牙。而宝石学中广义的象牙概念除大象的前门牙外，还包括猛犸牙、河马牙、海象牙、公野猪牙、疣猪牙和鲸鱼的牙齿等。为了保护大象，1991年，国际有关组织已经颁布严格的法律条文，在世界范围内严禁买卖象牙。

象牙作为饰物的起源源远流长。在公元前8世纪的古埃及就已经使用象牙制作雕刻首饰、梳篦和器皿，而我国在原始社会就已经有象牙饰品制作了。浙江余姚河姆渡文化遗址和山东大汶口文化遗址中，出土的新石器时代的象牙制品不但数量多且饰品制作精美，纹饰流畅。在商代，我国象牙雕刻艺术已经达到了很高的水平，其造型古朴厚重，纹饰精美，具有同时代青铜器的艺术风格。随着我国和南亚、非洲各地经济、文化的交流，象牙原料的进口也大幅度增加。各地纷纷形成了具有地方特色的牙雕传统工艺，于是涌现出各种雕刻精良，富有公益性的牙雕工艺品，如案头摆件、人物、山水和花鸟等饰品或制品。

6.4.1　象牙的结构构造

象牙的外形一般呈牛角状微弯或弯曲成半圆形（非洲象），几乎一半是中空的（见图6-20）。其横切面形状为圆形、浑圆形，具分层构造。象牙的外层由珐琅质组成，内层由磷酸钙和硬蛋白质组成，里面有很多很细的管子，从牙髓空腔向外辐射，细管由一种硬蛋白质组成。这些细管形成两组呈十字交叉状的纹理线，因与旋转

图6-20　象牙

引擎相似，亦称旋转引擎状纹理线，又称勒兹纹理线（Retzium），是象牙特有的构造特征。纵切面具近乎平行的细密波状纹。

6.4.2　象牙的化学成分及形态

象牙的化学成分主要包括无机和有机两大部分。无机成分主要组成

有钙、磷、镁、钠等氧化物和铁、锰、锌、铝等微量元素。有机部分主要为蛋白质和多种氨基酸。微量元素和氨基酸都是人体所必需的物质，因此，象牙还具有药用价值和保健功能。

象牙一般呈弧形弯曲的角状，几乎一半是中空的，每只象牙平均重6.75kg，长1.5~2.0m。象牙的横截面多呈圆形、浑圆形。

6.4.3 象牙的物理性质

6.4.3.1 光学性质

颜色：主要呈白色、奶白色、瓷白色、淡玫瑰白色。陈旧后多为浅黄白色、浅褐黄色等。史前象牙常呈蓝色，偶呈绿色。

透明度和光泽：半透明至不透明，油脂光泽或蜡状光泽。

折射率：1.53~1.54。

发光性：在长波紫外线下发出由弱至强的白蓝色荧光。

6.4.3.2 力学性质

断口：裂片状、参差状。

硬度、韧性：2.5~2.75，可被铜针刻划。象牙的韧性极好，可镂雕为各种工艺品。

密度：$1.7~2g/cm^3$。

6.4.3.3 其他重要特征

可溶性：酸中浸泡会软化分解。

热效应：遇热收缩。

6.4.4 象牙品种

象牙有广义和狭义两种，狭义的象牙专指大象的长牙和牙齿，有非洲象牙和亚洲象牙之分；而广义的象牙是指包括象在内的某些哺乳动物（如河马、海象、独角鲸等）的牙。

（1）非洲象牙：是指非洲公象的长牙和小牙，颜色为白色、绿色等，质地细腻，截面上带有细纹理。

（2）亚洲象牙：是指亚洲公象的长牙，颜色多为纯白色，少见淡玫瑰白色，但质地较松散柔软，容易变黄。

6.4.5 真假鉴别

象牙的真假鉴别主要为与其他牙类以及相似仿制品的鉴别。

6.4.5.1 与其他牙类制品的鉴别

河马牙：具有圆形、方形或三角形的牙截面，中间完全实心，具有密集略呈波纹状的细同心线，纵切面上有较短的波纹，牙的外部有一层厚的珐琅质。

公野猪牙：截面为三角形，并且部分是中空的，纵切面具有平缓而短的波状纹理。

抹香鲸牙：横截面呈明显的内外两层结构，可见规则的年轮状环线，纵切面具随牙齿形状弯曲的平行线，内层的平行线呈 V 字形。

独角鲸牙：横截面具中空或略带棱角的同心环，纵截面可见粗糙的近乎平行且逐渐收敛的波状条带。

海象牙：横截面呈明显的两层结构，并有中心管空洞，无珐琅质外层。内部因细管较粗而呈瘤状，纵截面为平缓的波状起伏。

6.4.5.2 与仿制品的鉴别

植物象牙：植物象牙实际上是热带森林中生长的低矮棕榈树的象牙果坚果，颜色为蛋白或白色，质地致密坚硬，成分是植物纤维，纵切面有鱼雷状植物细胞，横切面有细小的同心环构造。

骨制品：骨制品是由各种动物的骨骼经雕刻而成，其结构与象牙完全不同，骨制品中含有许多"哈弗氏系统"形成的圆管，中间由骨质细胞填充，形成细小的孔道或小圆点，没有象牙光滑和油润，这是骨制品的特点。

塑料：用特别的白胶或加些骨粉压制而成，塑料制品往往给人一种比较均匀的感觉，结构上缺乏"勒兹纹理线"特征。

6.4.6 象牙的保养

象牙是有机物，又是做工比较精巧的雕刻制品，怕摔、怕挤压、怕磕碰、怕火烧、怕水浸（象牙本身不怕水，但彩绘处怕水），在干燥的气候条件下怕风吹，也易氧化。所以日常保养非常重要，主要注意以下几方面：

（1）不宜日晒或灯光直射，象牙雕刻品应当保存在比较潮湿的环境，一般温度在 15~25°C，湿度在 15%~65% 之间比较适宜。

（2）存放时周围环境的相对湿度应维持在 55%~60%。简单的做法是在其附近常放置一杯清水，不可放在有风的地方。

（3）避免热水清洗，洗澡的时候要摘下象牙饰品，一旦在热水中时间过长的话，会开裂并变色。

（4）牙雕物表面沾上的灰尘、污物容易使牙角老化变质，应经常拂拭（可用毛刷除尘）保持清洁。不能拂去的污迹可用牙膏清洗，但不能浸泡，并应尽快擦干。但有龟裂和发黄的牙雕不能水洗，建议交给厂家或专业人士清洗。若沾上油渍或顽固性污垢，则需要用温肥皂水轻轻刷洗，但不能浸泡，并应尽快擦干，以防器物翘起或张开。

（5）如果保养不当，牙雕物表面出现霉斑，要及时清除。建议交给厂家或专业人士清洗。

6.4.7　质量评价

象牙的质量评价可从以下五个方面考虑：

颜色：以颜色罕见或是纯白色为优质品。

重量：越大、块度越完整者越珍贵。

质地：质地致密，坚韧，表面光滑和油润，纹理线细密者为上品。

透明度：以微透明至半透明为好。

工艺水平：雕琢精湛，造型精美，技艺高超的象牙制品质量高，价值大。

象牙手镯如图 6-21 所示。

6.4.8　主要产地

象牙主要产于非洲的坦桑尼亚、塞内加尔、加蓬、埃塞俄比亚等国，其次是亚洲的泰国、缅甸、斯里兰卡、印度、巴基斯坦和中国等国。

图 6-21　象牙手镯

第 6 章　有机宝石

6.5 煤精

煤精又称煤玉（jet），早在古罗马时代就十分流行，称为黑宝石，也是我国出土文物中最早的宝石。1973年沈阳市新乐文化遗址中，就出土有煤精工艺品，为光滑的球形耳铛和煤精球，距今已有6800～7200年的历史。煤精作为工艺品原料要求色黑，无裂纹，光泽强，致密无杂质。

6.5.1 煤精的形成及物质组成

煤精是煤的一个特殊品种，为褐煤的一个变种，大约一亿八千万年前，一些枯树倒入沼泽或落入河流被冲至大海因浸水而沉于海底，这些树木被埋藏后，在长期地质作用中经过一定温度、压力形成煤精，故煤精赋存于煤层及其附近的沉积岩中。

煤精主要由碳组成（约占80%），此外还含有氢、氧、硫、氮及微量矿物质。

6.5.2 煤精的物理性质

6.5.2.1 光学性质

颜色：黑色、褐黑色，条痕为褐色。

透明度和光泽：不透明，明亮的沥青光泽、树脂光泽。

折射率：1.64～1.68，平均为1.66。

发光性：在紫外光和X射线下都不发光。

6.5.2.2 力学性质

断口：平坦状或贝壳状断口。

硬度：2～4。

密度：1.32g/cm^3。

6.5.2.3 其他性质

电学性质：用力摩擦可带电。

热效应：可燃烧，具有烧煤炭气味。

可溶性：酸可使其表面变暗。

6.5.3 真假鉴别

煤精的真假鉴别主要是与相似宝石（包括仿制品）的区别。主要的相似宝石和仿制品有：黑玉髓、黑曜岩、黑色石榴子石、黑珊瑚、塑料等，鉴别特征见表6-5。煤精手链如图 6-22 所示。

图6-22　煤精手链

表6-5　煤精与相似宝石和仿制品的鉴别特征

品　种	折射率	密度/g·cm^{-3}	硬　度	其　他　特　征
煤　精	1.66	1.32	2~4	缺口，热针探测具煤烟味
酚醛树脂	1.61~1.66	1.28		可切，流动构造，燃烧具辛辣味
氨基塑料	1.55~1.62	1.50		可切，流动构造，燃烧具辛辣味
赛璐珞	1.49~1.52	1.35	2	可切，易燃，燃烧具辛辣味
酪朊塑料	1.55	1.32		可切，流动构造，燃烧具辛辣味
玻　璃	变化大	2.20	4.5~5.5	不可切，气泡，旋纹
黑玉髓	1.54	2.60	6.5~7	不可切
黑色石榴子石	1.87	3.83	7.0	
黑曜岩	1.50	2.40	5~5.5	气泡
黑珊瑚	1.56	1.3~1.5	3	沿分支纵向延伸的波纹构造

6.5.4 质量评价

煤精的质量评价主要从颜色、光泽、质地、瑕疵、块度等方面考虑。

颜色：煤精色黑，纯正者为佳品。颜色种类从黑色—褐黑色—褐色者价值依次降低，市场上最常见的颜色为不透明的褐黑色。

光泽：煤精以明亮的树脂光泽或沥青光泽为佳品；光泽弱者价格较低。

质地：煤精质地细腻者为上品。

瑕疵：煤精的杂斑、裂隙、裂纹越少越好，价格相应也越高。

块度：煤精作为宝石应具有一定的块度，且块度越大越好。

6.5.5 煤精产地

世界优质煤精主要产地有英国的约克郡费特比附近沿岸地区，法国的朗格多克省以及西班牙的阿拉贡、加利西亚和阿斯图里亚。美国的科罗拉多州、犹他州、新墨西哥州，德国，加拿大等地的煤精质量较差。

中国的煤精产地主要是辽宁抚顺，其次为内蒙古的鄂尔多斯、山西浑源和大同、山东枣庄等。

6.6 砗磲

砗磲是分布于印度洋和西太平洋的一类大型海产双壳类物种。绝大部分种类是大型贝类，生活在印度洋温暖水域的珊瑚礁中，许多种类和甲藻类共生。砗磲是海洋贝壳中最大者，直径可达1.8m，被称为"贝中之王"。砗磲一名始于汉代，因外壳表面有一道道呈放射状的沟槽，其状如古代车辙，故称车渠。后人因其坚硬如石，在车渠旁加石字。砗磲是最白的物质（钻石的硬度是10，而砗磲的白度是10），是稀有的有机宝石，白皙如玉，亦是佛教圣物（见图6-23）。砗磲、珍珠、珊瑚、琥珀在西方被誉为四大有机宝石，在中国，佛教与金、银、琉璃、玛瑙、珊瑚、珍珠被尊为七宝。砗磲具有辟邪消灾、净化心灵、安神养生、调节身心、转运减压等作用。

图6-23 砗磲

6.6.1 砗磲的物质组成

砗磲为贝壳的一种，主要成分为碳酸钙，占 86.65% ~ 92.57%，壳角蛋白为 5.22% ~ 11.21%，水为 0.69% ~ 0.97%，此外含有少量的微量元素及十几种氨基酸。

6.6.2 砗磲的物理性质

颜色：有白色、牙白色与棕黄色相间两个品种，其中牙白色与棕黄色相间呈太极形的品种为上品。

光泽：珍珠光泽。

透明度：半透明至不透明。

硬度：3.5 ~ 4.5，随年龄增长会逐渐变硬，牙白与棕黄相间的品种硬度可达 5。

密度：$2.70g/cm^3$，折射率为 1.530 ~ 1.685。

化学性质：不稳定，易溶于酸、碱、丙酮、苯、二硫化碳等，不耐热。

6.6.3 砗磲的分类

砗磲的种属不多，目前世界上已知的只有 9 种，属于两大类。

第一类是砗磲属，共 8 种。

（1）番红砗磲：又名红番砗磲、圆砗磲，是砗磲中最漂亮的一种，颜色鲜艳夺目。

（2）扇砗磲：是一种大型贝壳，壳非常厚，且两边大小形状相同，纹路独特，容易辨认。

（3）库氏砗磲：又名大砗磲，体积较大，呈三角形，壳很厚，属于大型贝壳。库氏砗磲的两扇壳虽然一样大，但形状不同，并且它的膜上长有一种特殊的结构，能够聚合阳光，是虫黄藻适合生长的环境，又为自身提供了营养，两者共生。

（4）长砗磲：体积较小，呈长卵圆形，壳非常坚硬，表面为黄白色，

内面是白色。

（5）罗氏砗磲：外壳较单薄，壳的弯曲幅度非常大，甚至部分是垂直的，其棱鳞比较长也比较宽，数量十分稀少。

（6）鳞砗磲：壳比较厚，且重量是所有种类中最重的，形状像是扇状的杯或碗。最明显的特征是其具有突起的鳞片。

（7）魔鬼砗磲：为深棕色，非常稀少。其弯曲程度较小，相对来说为大型的贝壳。

（8）瓷口砗磲：非常少见。

第二类是砗蚝属，共1种：砗蚝拥有又大又厚又粗糙的壳，体积大且重量沉，寿命很长。

6.6.4 砗磲的真假鉴别

颜色：砗磲分为纯白、金丝、黄金砗磲，木色老砗磲，玉砗磲，还有少见的紫色、粉色、紫红色乃至更为少见的血砗磲，砗磲外表光洁明亮，表面呈珍珠般的光泽（见图6-24）；假砗磲用贝壳粉或白石粉加胶压合而成，雪白无瑕，白得呆板，表面抛光发亮，不自然。

质地：砗磲是自然生长的，仔细观察纹路是否自然外，就是两颗砗磲珠的纹路无一相同，具有层状结构，层面清晰而又致密；假砗磲无天然的生长纹，放大镜下观察没有明显层状结构。

图6-24 砗磲饰品

砗磲因长期存在于海水中及自身的硬度较小，因此砗磲雕件和把件上难免会有些虫眼及裂纹，当然也有完美的，但价格昂贵，若很完美价格又低的话，则为假砗磲。

天然砗磲燃烧具有石灰味，但不刺鼻，贝壳粉粉压的砗磲燃烧有刺鼻的烧塑料味。

天然的砗磲一般都有一定的密度，用手掂一掂其重量，若是感觉非常轻，则有可能为非天然砗磲。

6.6.5　砗磲的保养

砗磲主要成分为碳酸钙，化学稳定性差，遇酸碱易溶解。砗磲保养主要有以下几方面：

（1）砗磲的存放要置于阴凉的地方，不可放在阳光下暴晒。

（2）不可接触酸或碱物质，若接触到流汗或脏污，用清水冲洗并用细布擦干即可。

（3）沐浴或做家务时，请勿佩戴，勿与其他金属饰品或硬物碰撞，每个月使用天然绵羊油（天然纯檀香油亦可）、婴儿油或中性乳液擦拭保养。

（4）砗磲适合一定湿度的环境，在干燥的环境时间久了，需要喷洒一些清水，或搽些润养油，使其珠圆玉润，以免因过度干燥而出现裂痕。

6.6.6　砗磲的质量评价

贝壳的主要评价为颜色、光泽、大小、形状等。

颜色：牙白色与棕黄相间呈太极形的太极金丝砗磲为上品。

光泽：珍珠光泽、具彩虹色彩者更佳。

大小：越大越珍贵。

形状：形状美观者可直接制作各种装饰品。

6.6.7　主要产地

主要分布于印度洋、太平洋海域，特别在印尼、缅甸、马来西亚、菲律宾、澳大利亚等国的低潮区附近珊瑚礁间或较浅的礁内分布较多。我国的海南省和南海诸岛也有分布。

第7章 人工宝石

有色同寒冰，无物隔纤尘。

象筵看不见，堪将对玉人。

——唐·元稹

由于人们对宝石需求量的不断增加，以及一些贵重宝石的相对稀少，导致了人工宝石的出现。现代科学技术的发展，使得合成宝石在各方面与天然宝石几乎没什么区别，但价格却有着天壤之别。它们的出现，虽然混淆了宝石市场，但在一定程度上满足了不同层次人们的需求，如立方氧化锆经琢磨后作为天然钻石的代用品，合成的红宝石、蓝宝石甚至比天然宝石还要漂亮。合成钻石如图 7-1 所示。

宝石晶体的人工培养始于 19 世纪初。1837 年法国化学家甘丁获得氧化铝红宝石的结晶方法；1877 年埃贝尔曼生产出细小的白色蓝宝石，同年，弗雷米和豪特福尔合成了细小的红宝石。直到 1902 年法国的维尔纳叶用焰熔法成功地合成了宝石级的红宝石大晶体，随后相继合成了蓝宝石和尖晶石，商业合成宝石从此开始。我国的人工宝石产业起源于 20 世纪 50 年代后

图 7-1　合成钻石

期，目前，我国广西梧州年加工、集散、交易人工宝石数量达120亿粒以上，已发展成为世界最大的人工宝石加工集散地，被称为"世界人工宝石之都"。

人工宝石是相对天然宝石而言，是人工制作而非天然产出的宝石，包括人造宝石、合成宝石、再造宝石及组合宝石四个类别。

7.1 合成宝石

合成宝石是指完全或部分由人工制造且自然界中有已知对应的晶体、非晶体或集合体，其物理性质、化学成分和晶体结构与所对应的天然珠宝玉石基本相同。

7.1.1 常用合成宝石制作方法

合成宝石的制作方法主要有从熔体中生长晶体和从溶液中生长晶体两种方法，前者将欲培养晶体的化学组成按适当比例混合熔融后，经冷却再结晶获得宝石晶体；后者则将培养晶体的化学组分溶解于溶液中，过饱和后生长获得宝石晶体。从熔体中生长晶体主要有焰熔法、提拉法、壳熔法和区熔法，主要适合于氧化物类宝石的合成；从溶液中生长晶体主要有水热法、助熔剂法，主要适合于硅酸盐类宝石的合成。此外，可由固相直接转变（高温超高压法）合成金刚石。

7.1.1.1 焰熔法

法国化学家维尔纳叶（Verneuil A.）经过十多年的努力，于1902年用焰熔法成功合成宝石级红宝石，因此，焰熔法又称维尔纳叶法。此法合成宝石的原理是利用氢气与氧气燃烧的温度可以高达2900℃的特点，在火焰的上方放入宝石原料粉末，火焰的下方放生长晶体的晶种，宝石粉末通过氢氧火焰时被熔化成熔融液，掉落在下面的宝石晶种上，晶体即可不断往上生长。为了保证晶体能够不断往上生长，宝石晶种要安放在一个可以下降的装置上，并且要使下降装置的下降速度与晶体生长速度相同。其次，还要使生长的宝石晶体下降到一个保温良好的容器里，否则宝石晶体在空气中会因急剧冷却而产生内应力，对宝石晶体产生破坏作用，轻则形成裂纹，重则使宝石破裂。

用焰熔法合成宝石的优点是：

（1）焰熔法合成宝石时不用坩埚，可以节省制作坩埚的耐高温材料，又可以避免坩埚成分的污染。

（2）晶体生长速度较快，短时间内可以得到较大尺寸的晶体。

（3）生长设备比较简单，劳动生产率高，适用于工业化生产。

（4）生成红、蓝宝石时，刚玉晶体本身是没有颜色的，为无色蓝宝石，只要在刚玉的粉末原料中加入致色剂后就能出现颜色。

用焰熔法合成宝石的缺点是：

（1）由于氢氧火焰的温度梯度较大，造成晶体结晶层的纵向温度梯度和横向温度梯度均较大，故生长出来的宝石晶体质量欠佳，不能用于质量要求很高的高科技行业。

（2）火焰气体的温度不可能控制得很稳定，由此造成的温度变化使晶体产生较大的内应力，导致晶体的位错密度较高。

（3）原材料在火焰中熔化时不可能完全被熔化结晶成晶体，大约有30%的粉料损失。

焰熔法主要用来生产红宝石、蓝宝石、尖晶石，也可用来生产仿造钻石的合成金红石和钛酸锶等。

7.1.1.2 提拉法

提拉法是 J. Czochralski 于 1918 年发明的单晶培养法，是熔体中生长晶体最常用的一种方法。基本原理是：将原料在坩埚内熔融成液体，调整炉内温度场，使熔体上部温度稍高于熔点；然后在籽晶杆上安放一粒籽晶，让籽晶接触熔体表面，待籽晶表面稍熔后，提拉并转动籽晶杆，使熔体处于过冷状态而结晶于籽晶上，在不断提拉和旋转过程中，生长出圆柱状晶体。该方法的技术要求较高，温度控制必须精确，温度低，拉不出晶体；温度高，籽晶会熔化。

提拉法合成宝石的优点：

（1）在晶体生长过程中可以直接进行测试与观察，有利于控制生长条件。

（2）使用优质定向籽晶和"缩颈"技术，可减少晶体缺陷，获得所需晶体。

（3）晶体生长速度较快。

（4）晶体位错密度低，光学均一性高。

提拉法合成宝石的缺点：

（1）坩埚材料对晶体可能产生污染。

（2）熔体的液流作用、传动装置的振动和温度的波动都会对晶体的质量产生影响。

提拉法常用来合成红宝石、蓝宝石、尖晶石、变石、钇铝榴石、镓榴石等。

7.1.1.3 壳熔法

壳熔法即冷壳熔炼法，又称冷坩埚法或盔熔法，于1976年由苏联科学家发明，用于生产立方氧化锆。生产出的立方氧化锆是目前为止最佳的仿钻赝品，通常市场上称其为"苏联钻"。其合成特点是晶体生长不是在高熔点金属材料的坩埚中进行，而是直接用原料本身作坩埚，使其内部熔化，外部则装有冷却装置，从而使表层形成一层未熔壳，起到坩埚的作用。内部已熔化的晶体材料，依靠坩埚下降脱离加热区，熔体温度逐渐下降并结晶长大。

壳熔法可以生产出大批的立方氧化锆，在宝石粉末中加入致色剂还可生成如黄色、绿色、褐色、紫色、橙色等品种。

7.1.1.4 区熔法

区熔法也称区域熔炼法。又分为水平区熔法和浮区法（垂直区熔法）。前者是 W. G. Pfann 于1952年发明，主要用来进行材料的物理提纯和晶体生长。后者是 P. H. Keek 和 M. J. E. Golay 于1953年创立的。区熔法是每次仅熔化添加材料的一部分或一个区域，添加材料可以是粉末状、烧结棒或局部熔化的粉末棒。熔化从添加材料的一端开始，移动加热线圈或添加材料，使熔炼区移动，最后达到重结晶的目的。

区熔法合成宝石的优点：

（1）晶体合成时不用坩埚，避免了坩埚杂质的污染。

（2）区熔法合成的晶体质量好，很少有包裹体和生长纹，内部非常洁净。

区熔法合成宝石的缺点：在晶体生长过程中若工艺条件突变，可使晶体中出现生长纹混乱、颜色不均匀等现象。

区熔法可以生产合成刚玉和变石。

7.1.1.5 水热法

水热法是模仿自然界中许多矿物在矿化水溶液中结晶而设计的。由于自然界热液成矿是在地下一定的深度形成，深度越大压力越大、温度越高，因此，天然宝石是在一定的温度和压力下形成，并且成矿溶液必须具有相当的浓度和一定的酸碱度（pH 值）。水热法合成宝石的原理是：把配好的溶液、宝石生长原料和宝石晶种等都密封在高压釜中，将密封的高压釜放在温差电炉内加热，当温度超过 100℃ 时，水溶液就会沸腾，产生水蒸气，但水蒸气被密封在高压釜中出不去，所以产生气压，温度越高，压力越大。一般宝石晶种挂在高压釜的中上部，宝石原料在高压釜的底部，高压釜内装有一定的溶剂介质。由于容器内上下部溶液之间存在温差，而产生对流，将高温饱和溶液带到种晶区形成过饱和而结晶，生成晶体。

水热法制作宝石的优点是：

（1）合成的晶体具有晶面，热应力较小，内部缺陷少，其包裹体与天然宝石十分相近。

（2）晶体纯度高、分散性好、晶形好且可控制，生产成本低。

（3）粉体一般无需烧结，可以避免在烧结过程中晶粒长大而且杂质容易混入。

水热法制作宝石的缺点是：

（1）在密闭的容器中进行，无法观察生长过程，不直观。

（2）设备要求高（耐高温高压的钢材，耐腐蚀的内衬）、技术难度大（温压控制严格）、成本高。

（3）安全性能差。

水热法主要用于合成刚玉、水晶等。

7.1.1.6　助熔剂法

助熔剂法早期称为熔盐法，类似于水热法，此法在一定程度上模拟了自然界的岩浆分异结晶成矿过程。助熔剂法是将晶体的原料成分在高温下溶解于低熔点助熔剂溶液内，形成均匀的饱和溶液，通过缓慢降温，形成过饱和溶液，使晶体析出。要注意的是：为了不使宝石与助熔剂一起结晶出来，采用降温结晶生长宝石晶体工艺时，在达到低共熔点温度前就应将所有熔融液倒掉，再将已生长的宝石放回高温炉内冷却到室温，最后要把宝石晶体外边沾的助熔剂溶解掉才能使用。

助熔剂法合成宝石的优点是：

（1）基本模拟了宝石在自然界生长的条件，因此获得的宝石晶体与天然宝石晶体基本一样，很难区分，且质量比天然宝石高。

（2）合成温度低，适应性强，几乎可以合成所有的宝石。

（3）设备简单，是一种很方便的晶体生长技术。

助熔剂法合成宝石的缺点是：

（1）生长速度慢，生长周期长。

（2）晶体尺寸较小，容易夹杂助熔剂阳离子。

（3）许多助熔剂具有不同程度的毒性，其挥发物还常腐蚀或污染炉体设备。

助熔剂法主要合成祖母绿、红蓝宝石等。

7.1.1.7　高温超高压法

在宝石的人工合成中，高温超高压法用来合成金刚石和翡翠。高温指 $500℃$ 以上，超高压指 $10^9 Pa$ 以上，此法一定程度上模拟了自然界中变质成矿条件下的宝石合成。获得高温超高压的方法有静压法、爆炸法等。

合成钻石常用方法是静压法中的高温高压晶种触媒法。高温高压晶种触媒法是指以石墨、钻石粉或石墨与钻石粉的混合物为碳源，将其熔化于金属触媒中，在温度梯度的作用下，使触媒金属中的碳输送到高压反应腔中温度较低的钻石晶种上，以晶层的形式沉积于晶种上而长大成钻石。

高温高压晶种触媒法合成钻石的优点：

（1）可以控制晶体生长中心的数目。

（2）晶体生长条件稳定，可获得质量较高的大单晶。

高温高压晶种触媒法合成钻石的缺点：

（1）要求反应腔内的温度、温差和压力长时间稳定。

（2）晶体生长驱动力来自反应腔内温度梯度，故生长速度慢、周期长。

（3）需控制好晶种界面的初始生长。

（4）成本太高。

7.1.1.8 化学沉淀法

化学沉淀法是一种经化学反应和结晶沉淀，进而加热加压合成晶体的方法，主要包括化学气相沉淀法和化学液相沉淀法。化学液相沉淀法多合成欧泊、绿松石、青金石和孔雀石等多晶型宝石材料。化学气相沉淀法多合成钻石、碳化硅单晶材料等。

化学气相沉淀法（CVD法）合成钻石的基本原理：以低分子碳氢化合物为原料所产生的气体与氢气混合，在一定温压条件下使碳氢化合物解离，并且在等离子态时，氢离子相互结合成氢气被抽真空设备抽走，剩下的碳离子带正电荷，在需生长金刚石薄膜或钻石的衬底上通负电，带正电荷的碳离子就会在电场的引导下向通负电的衬底移动，最后沉淀在衬底上，并按照金刚石晶格生长规律在金刚石或非金刚石（Si、SiO_2、Al_2O_3、SiC、Cu等）衬底上生长出多晶金刚石薄膜层。

7.1.2 常见合成宝石

常见的合成宝石有合成钻石、合成红宝石、合成蓝宝石、合成祖母绿、合成尖晶石、合成水晶等。

7.1.2.1 合成钻石

早在18世纪人们就开始了合成钻石的探索，但直到20世纪，由于热力学及高温高压技术的发展，才使钻石的合成得以实现。合成钻石的生产方法主要为高温高压晶种触媒法及化学气相沉淀法。

A 高温高压晶种触媒法合成钻石的主要特征

（1）钻石类型：合成钻石多为 I_b 型，也有 II_a 型、$I_a + I_b$ 型和

Ⅱ$_a$+Ⅱ$_b$型（混合型）。

（2）晶体形态：晶形多呈立方体、八面体及其聚形，晶面上可有不寻常的树枝纹及残晶薄片。而天然钻石多为八面体、菱形十二面体以及两者的聚形。

（3）颜色：合成钻石晶体一般呈浅黄色、橘黄色及褐色。低温生长者色浅，高温生长者色较深。颜色多依赖于所采用的触媒合金，若触媒为 Fe-Al 合金时，所合成晶体为无色，含硼元素合成钻石为蓝色，含镍元素则为褐色。颜色分布不均匀，可见沿八面体晶棱平行排列的色带。

（4）包裹体特征：包裹体主要是触媒金属，孤立或成群地出现于晶体表面或沿内部生长区边界定向分布，呈浑圆状、拉长状、点状或似针状。在反射光下呈亮片状，透射光下不透明，呈黑色，长约 1mm。净度级别主要在 P 级、SI 级范围。而天然钻石一般无包裹体，这一点可与合成钻石区分。

（5）光学特征：常有很弱的异常双折射现象。

（6）发光性：在紫外灯、X 射线和阴极射线下均呈规则的分区分带发光，不同生长区发出不同颜色的光，且具有规则的几何图形。

（7）吸收光谱：Ⅰ$_b$型一般无吸收谱线，有时因合成过程中冷却作用会造成 658nm 处的吸收。Ⅰ$_b$+Ⅰ$_a$型在 600～700nm 处可见数条清晰吸收谱线。

（8）磁性：合成钻石中常含金属片，用磁铁可以吸起。

B　化学气相法合成钻石的主要特征

（1）物理性质：合成钻石多呈板状，{111}与{110}面不发育；颜色多为褐色和浅褐色，或为无色、蓝色。正交偏光下具强烈的异常消光。具有生长层结构，如平行的异常消光纹。

（2）钻石类型：合成钻石多为Ⅰ$_b$型或者不含氮的Ⅱ$_a$型。

（3）结构缺陷：存在有大量的(111)孪晶、(111)层错或位错。放大观察可见不规则深色包裹体和点状包裹体，可有平行的生长色带。

（4）导电性：蓝色合成钻石薄层具导电性，均匀分布在刻面钻石的全部表面。

（5）红外光谱：钻石膜为多晶体，表面具粒状结构，在 $1332cm^{-1}$ 附近有一特征峰，甚至在 $1500cm^{-1}$ 附近出现一个宽峰，在紫外线照射下通常出现弱的橘黄色荧光。

（6）发光性：在紫外灯下，未经高温高压处理的 CVD 钻石具有特征的橙红色荧光，高温高压处理后呈黄绿色。CVD 合成钻石的荧光图案具有细致的纹理，尤其是在阴极发光下更易观察。

7.1.2.2 合成红宝石、蓝宝石

合成红宝石、蓝宝石可用焰熔法、助熔剂法、提拉法和区熔法、水热法制造。

A 焰熔法合成红宝石特征

焰熔法合成红宝石的主要特征：

（1）焰熔法合成红宝石（刚玉）是在高温的火焰中熔化后急速冷凝而成，外观上好像一个倒置的梨或一根短粗的胡萝卜，没有清楚的晶面和晶棱（见图7-2）。

（2）内部比较干净，无气泡或偶见气泡。气泡小而少，多为球状，少为蝌蚪状。若生产工艺不稳定时，可产生大量点状气泡成堆聚集，呈带状、云雾状分布（见图7-3）。偶见未熔的氧化铝粉末和红色氧化铬粉末。而天然红、蓝宝石中包裹体多以液体包裹体为主，个体较大。

图7-2 合成红宝石的形态

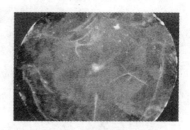

图7-3 合成红宝石中
云雾状熔融包裹体

（3）颜色鲜艳，过于纯正，可有深红色、橙红色、紫红色等多种颜色，往往给人"假"的感觉。

（4）具有较宽的弧形生长纹，并贯穿整个样品。现在因技术改进生长纹的曲率相对变小，在较小范围内看上去相对平直。在加工抛光过程中，可产生雁形状裂纹，亦可在热处理过程中产生裂隙。若充胶，可在裂隙内部产生一种假指纹状包裹体。

（5）由于台面是平行或近于平行 z 轴取向，故在台面方向上有明显的二色性。

（6）紫外光照射下，呈中强-强的红色荧光。

（7）X 射线照射后，可有红色磷光现象。

焰熔法合成蓝宝石的主要特征：

（1）多种颜色，蓝色蓝宝石从台面看是蓝色的，而从腰部看是紫蓝色的。

（2）气体包裹体、固体包裹体、生长纹、二色性等方面同于合成红宝石。有时气泡周围会有蓝色物质聚集，容易发现。

（3）紫外光照射下，具有弱的蓝白色或橙色荧光。

（4）天然蓝宝石中的铁吸收线 450nm 有可能消失或很弱而模糊。

焰熔法合成星光红（蓝）宝石的主要特征：

（1）颜色、透明度：合成星光红宝石为粉红-红色，半透明至透明；合成星光蓝宝石为乳蓝-蓝色、白色-灰色、紫色、绿色、黄色、褐色、黑色，半透明。

（2）弧形生长纹一般平行于底面，气泡往往沿弧形生长层分布。细小的金红石包裹体沿三向密集排列，呈云雾状。

（3）星光浮在表面，异常明亮，不柔和；星线细而窄，完整、清晰，分布于样品表层，无宝光（见图 7-4），而天然星光亮线常粗细不匀，扭曲不直或不能延伸到宝石的最边缘（见图 7-5）。

（4）可观察到弯曲生长纹（凸圆形宝石背面尤为清楚）和极细白色粉末及分散的金红石包裹体。

（5）紫外线下合成星光红宝石呈极强的亮红色，合成蓝宝石呈蓝白色。

B　水热法合成红宝石的主要特征

水热法合成红宝石的主要特征：

（1）形态：晶体多呈厚板状-板状，常见的单形有六方双锥，其次为

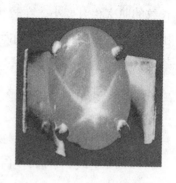

图 7-4　合成星光红宝石　　　　　　　图 7-5　天然星光红宝石

菱面体。

（2）生长纹：外部形态上，晶体的六方双锥晶面普遍发育各种生长花纹。较为常见的有舌状或乳滴状生长丘、阶状生长台阶、格状生长纹理和不规则生长斜纹。偶见放射状条纹。内部结构中，合成红宝石晶体存在暗红与橙红色生长纹，呈平直带状相间分布，外观似"聚片双晶"；部分合成黄色蓝宝石晶体内，微波纹状生长纹理较发育，其分布多具方向性，多沿籽晶片方向展布。

（3）包裹体：常见气液两相包裹体，呈指纹状、网状分布，或单独分布，比天然刚玉宝石的指纹状包裹体立体感强且规则。可见籽晶片，若将宝石晶体置于溴化萘浸油中，可观察到籽晶片与生长层之间存在不规则波纹状生长界限。存在固体金属包裹体，为来自高压釜的黄金衬管或挂丝。因开裂现象，在早期合成的红宝石中可见云烟状裂隙，并较为发育。

（4）红外光谱：桂林水热法合成红宝石普遍存在 $3307cm^{-1}$、$3231cm^{-1}$、$3184cm^{-1}$、$3013cm^{-1}$ 的 Al-OH 伸缩振动谱带和 $2365cm^{-1}$、$2348cm^{-1}$ 范围内有一系列的 OH 或结晶水振动的红外吸收光谱。

（5）荧光特征：水热法合成红宝石比天然红宝石具有更强、更亮的红色荧光。合成黄色蓝宝石在长波下呈惰性，多数合成晶体在短波下荧光具分带性，籽晶片为中-弱的蓝白色荧光，少数在短波下也呈惰性。

C　助熔剂法合成红宝石特征

助熔剂法合成红宝石的主要特征：

（1）气泡单体之间似断非断，似连非连，与周围反差较大。

（2）可见黄色至粉红色块状助熔剂包裹体，在透射光下多为不透明，反射光下呈浅黄色、橙红色，具有金属光泽。形态多样，如树枝状、栅栏状、网状、扭曲的云状、管状、熔滴状、彗星状等。

（3）可见三角形、六边形或其他形状的铂金包裹体，呈金属光泽。

（4）在籽晶周围可见到特有的云朵状气泡集合体或帘状包裹体，偶尔可见粗粒助熔剂包裹体和具有蓝色边缘的籽晶。

（5）合成红宝石中可有 Pb、B 等助熔剂阳离子存在。

（6）合成红宝石在短波紫外光下呈中-强的红色荧光，与天然红宝石（呈弱-中红色荧光）不同，有些品种因有稀土元素而有特殊的荧光。

（7）颜色较丰富，呈各种深浅不一的红色。可具搅动状的颜色不均匀现象（拉姆拉合成品）、蓝色三角形生长带（俄罗斯合成品）、笔直的生长环带及不均匀色块。

助熔剂法合成蓝宝石的主要特征：

（1）内部特征：助熔剂残余、色带、铂金片等与助熔剂法合成红宝石相同。

（2）荧光特征：合成蓝宝石在紫外灯下，助熔剂残余可有粉红色、黄绿色、棕绿色等多种较强的荧光。

（3）吸收光谱：可缺失 460nm、470nm 吸收线。

D　提拉法合成刚玉宝石特征

提拉法主要用于合成无色蓝宝石和合成红宝石，主要特征：

（1）固体包裹体：主要是坩埚材料 Mo、W、Fe、Pt 等金属元素的残余片状包裹体。

（2）云朵状气体泡群及帘状包裹体，或拉长的气态包裹体、很细的圆弧状不均匀生长纹，偶尔可见一些细微的类似于云雾般的白色云状物质。

7.1.2.3　合成祖母绿

合成祖母绿主要用助熔剂法和水热法。合成祖母绿的折射率、密度等物理特征与天然祖母绿很接近，主要区别是内部特征和红外光谱特征。不同生产工艺亦有不同。

A　水热法合成祖母绿特征

用水热法合成祖母绿有俄罗斯合成祖母绿、Linde 法合成祖母绿、Biron 法合成祖母绿、Lechleitner 法合成祖母绿和我国桂林水热法合成祖母绿等。不同水热法合成祖母绿的特征见表7-1。

表 7-1　不同水热法合成祖母绿特征

品　种	折射率	双折射	密度 /g·cm⁻³	紫外荧光	包裹体	其他特征	生长纹、生长线与 z 轴交角
莱切雷特纳 Lechleitner（澳）	1.570～1.605 1.559～1.566	0.005～0.01 0.003～0.004	2.65～2.73	红色	籽晶，交叉裂隙	浸油可见分层，正交偏光波状消光	30°
林德 Linde（美）	1.567～1.572	0.005	2.67±	强红色	气体及羽毛状二相气液包裹体，平行钉状或针状包裹体，硅铍石	红外光谱中有 H_2O 的吸收，含 I 型	36°～38°
精炼池法 Refined pool（澳）	1.570～1.575	0.005	2.694	弱-无	云翳状窗纱状包裹体	红外光谱中有 H_2O 的吸收，含 Cl	22°～23°
中国桂林	1.570～1.578	0.006	2.67～2.69	亮红	三相钉状包裹体,有时单个出现,成群出现时似麦苗状,硅铍石	含 I、II 型水	
拜伦 Biron（澳）	1.570～1.578	0.007～0.008	2.68～2.70	强红	二相钉状包裹体、硅铍石晶体、白色彗星状、串珠状微粒、助熔剂羽状包裹体和暗色金属包裹体	含 I、II 型水、含 Cl	32°～40°
俄罗斯（旧）（新）	1.572～1.578 1.579～1.584	0.006～0.007	2.68～2.70	弱红	无数细小的棕色粒状、云雾状包裹体	含 I、II 型水	30°～32° 43°～47°

颜色：水热法合成祖母绿为浓艳的绿色。

含水的结构：I 型水为主，亦有 II 型水。

红外光谱：合成祖母绿在 4357cm⁻¹、4052cm⁻¹、3490cm⁻¹、

$2995cm^{-1}$、$2830cm^{-1}$、$2745cm^{-1}$处有吸收，可与天然祖母绿区别开。

内含物：常有二相包裹体，针状或钉状硅铍石和空洞，固液包裹体分布在一个平面上，并且位于同一平面上的包裹体相互平行排列。此外，还有渣状包裹体呈面状分布，且晶体表面呈特有的生长波纹。晶体内部的波状或锯齿状生长纹和色带多平行于种晶板，与z轴交角在$22°\sim40°$之间。而天然祖母绿中具有气相、液相和固相三相包裹体，这种多相包裹体在人造祖母绿中无法造出。

中国桂林采用水热法生产的合成祖母绿属于含氯无碱系列，只有Ⅰ型水峰。平行c轴的钉状包裹体在宽头处常为金绿宝石，有时为绿柱石。固相包裹体分布与种晶边界有关，针管状包裹体的排列方向与种晶和主生长面垂直。

B　助熔剂法合成祖母绿特征

助熔剂法合成祖母绿的生产厂家有查塔姆、吉尔森、莱尼克斯等。不同厂商的合成祖母绿，其特点稍有不同（见表7-2）。

表7-2　不同助熔剂法合成祖母绿特征

品　种	折射率	双折射	密度/$g \cdot cm^{-3}$	紫外荧光	包裹体	其他特征	生长纹
查塔姆 Chatham（美）	1.560～1.563	0.007	2.65±	强红色	羽状、面纱状包裹体及硅铍石晶体	红外光谱中无H_2O的吸收	C(001) m(1010) u(1120)
吉尔森Ⅰ型 Gilson Ⅰ型（法）	1.559～1.569	0.005	2.65±0.01	橙红色	羽状包裹体、长方形硅铍石晶体	红外光谱中无H_2O的吸收	
吉尔森Ⅱ型 Gilson Ⅱ型（法）	1.562～1.567	0.003～0.005	2.65±0.01	红色	羽状包裹体、长方形硅铍石晶体	红外光谱中无H_2O的吸收	
吉尔森N型 Gilson N型（法）	1.571～1.579	0.006～0.008	2.68～2.69	无	纱状、束状固态熔剂包裹体，铂及硅铍石	红外光谱中无H_2O的吸收，427nm处有特征吸收	
莱尼克斯 Lennix（法）	1.556～1.566	0.003	2.65～2.66	红色	不透明管状包裹体，硅铍石和绿柱石晶体、助熔剂充填的裂隙	具浅-暗绿色条带	

红外光谱：不含水，因此不存在任何水的吸收峰，若有 Fe，在紫区具 427nm 吸收带，天然祖母绿无此吸收带。

内含物：未熔化的固体熔质包裹体，常沿裂隙和空洞充填，呈羽毛状、沙状或束状；阶梯状粗粒助熔剂包裹体；平行的带状或线条，一直延伸到六面棱柱面，或都与棱柱面成一定角度，有的顺着晶体轴方向出现，使六面形的轮廓看上去像有个空洞一般；有时还具有坩埚材料（铂金）和硅铍石的固态包裹体；可见天然籽晶片的痕迹（颜色较深）。

成分：含 Mo、V 等助熔剂的金属阳离子，而天然祖母绿无。

发光性：红色荧光。

7.1.2.4 合成尖晶石

尖晶石的合成方法主要是用焰熔法及提拉法。合成尖晶石的特征主要如下：

（1）光性异常：在正交偏光镜下出现不规则、不均匀的格子状和波纹状异常消光现象，并可见染色剂斑点（色斑）。

（2）生长纹：合成尖晶石具有弧形生长纹或色带。

（3）包裹体：合成尖晶石 Al_2O_3 含量较高，晶体内常存在 Al_2O_3 未熔残余物所形成的无数细针状包裹体。具有伞状或酒瓶状气态包裹体，在垂直晶轴上出现裂纹。

（4）颜色：颜色浓艳均一，呆板。颜色有红、粉、黄绿、绿、浅蓝至深蓝、无色等。

（5）折射率：折射率一般为 1.728，合成变色尖晶石折射率为 1.73，合成红色尖晶石为 1.722 ~ 1.725。密度一般为 3.52 ~ 3.66g/cm³。

（6）荧光：含铬的红色合成尖晶石发红色荧光，强于天然尖晶石。合成蓝色尖晶石因含钴在滤色镜下呈红色，在短波紫外光下显强蓝色荧光，在长波紫外光下显强红色荧光。

（7）吸收光谱：红色合成尖晶石在 686nm 可见细的荧光线；蓝色合成尖晶石在 458nm 缺吸收线；绿色合成尖晶石在 425nm 处为强吸收线，445nm 为模糊吸收带；绿色合成尖晶石有 425nm 强吸收线，443nm 模糊带，复杂的 544nm、575nm、595nm 及 622nm 的极弱 Co 吸收；合成变色尖晶石有 400～480nm 宽吸收带，480～520nm 过渡带，580nm 为中心的宽吸收带及 685nm 窄线。

7.1.2.5　合成水晶和紫晶

合成水晶与天然水晶在外观及物理性质上几乎没有区别，在洁净度、透明度等方面合成水晶优于天然水晶，用于工业上的水晶几乎都是合成品。水热法合成水晶的主要特征如下：

（1）籽晶：中心有一平整的片状籽晶。

（2）包裹体：无矿物包裹体，可见单独或成群分布的"面包渣屑"包裹体；平行于籽晶面并贯穿整个晶体的一层或两层以上相互平行分布的尘埃状包裹体；长条状气液包裹体。

（3）双晶：凹面形、多面体、鼓包状、花絮状和火焰状双晶。

（4）彩色水晶：颜色浓艳、均匀、呆板。合成紫晶中紫色带有蓝色调；紫色和黄色水晶在高倍镜下可见平行于籽晶板（籽晶面）的平行细密生长纹，在低倍镜下或肉眼观察仅能见一组色带或生长纹。紫晶中深紫色色团呈近平行的片状定向排列，大小、形态很相近，界限明显。合成紫晶如图 7-6 所示。

图 7-6　合成紫晶

（5）导热性：触及皮肤有温感，不太凉（与天然水晶比）。

（6）红外光谱：合成紫晶在 $3545cm^{-1}$ 处有明显的吸收带，钴蓝色合成水晶在 640nm、650nm处有吸收带，490～500nm 有吸收带。

（7）其他缺陷：可能存在位错，腐蚀"隧道"和生长纹等。

7.2　人造宝石

人造宝石是指由人工制造的晶体或非晶质材料，与合成宝石的区别是自然界中无对应的天然物。常见的人造宝石有立方氧化锆、钛酸锶、钇铝榴石、钇镓石榴石。

7.2.1 立方氧化锆

图 7-7　立方氧化锆

合成立方氧化锆也称"CZ钻",又称方晶锆石、苏联钻。立方氧化锆在硬度、光泽、色散、折光率等方面与天然钻石非常相似,是钻石的理想代用品,又称锆钻(见图7-7)。立方氧化锆与钻石主要物理性质的对照见表7-3。

表 7-3　立方氧化锆与钻石物理性质的比较

宝石名称	硬　度	密度/g·cm⁻³	折光率	色　散	光　性
立方氧化锆	8.5	5.5~6	2.15~2.18	0.06	均质体
钻　石	10	3.52	2.42	0.044	均质体

化学成分:ZrO_2,常加入 CaO 或 Y_2O_3 稳定剂及多种致色元素。

结晶形态:均质体,常呈块状。

颜色:常见的有无色、粉、红、黄、橙、蓝、黑等。

硬度:8.5。

密度:$5.5~6.0g/cm^3$,贝壳状断口。

折射率:2.15~2.18。

光泽:金刚光泽。

吸收光谱:无色透明者在可见光区有良好的透过率,彩色者可有吸收峰,对紫外光均有强烈的吸收,可显稀土光谱。

紫外荧光:因颜色而异。短波常见弱-中橙黄色荧光;长波常见中-强绿黄色或橙黄色荧光。

包裹体:通常洁净,有时可含未熔氧化锆残余。

化学性质:非常稳定,耐酸、耐碱、抗化学腐蚀性良好。

特殊光学效应:色散很强(0.060)。

7.2.2　钛酸锶

钛酸锶的化学分子式为 $SrTiO_3$,也有人称为"神石",是钻石的仿制品。

钛酸锶无色，物理性质有"三高一低"的特点，即折光率高（2.41）、色散高（0.190）、密度高（5.13g/cm³）、硬度低（5~6）。由于色散高，加工好的钛酸锶戒面可呈现如钻石般的色彩。但由于硬度较低，其腰围处可见明显的擦痕。另外，用手掂，钛酸锶的手感明显偏重。

7.2.3　钇铝榴石

钇铝榴石（YAG）为等轴晶系，均质体，硬度8.25，折光率1.83，密度4.55g/cm³。

钇铝榴石无色透明，加入一些微量元素时，可呈蓝色、黄色、翠绿色等（见图7-8）。翠绿色的钇铝榴石与翠榴石十分相似，常作为它的代用品。两者的主要区别是：翠榴石内含有石棉纤维包裹体，密度较低，钇铝榴石的硬度高于翠榴石。

图 7-8　钇铝榴石

钇铝榴石色散柔和，与金刚石相似，可作为金刚石的代用品。二者的主要区别是：钇铝榴石的密度较大（4.55g/cm³），用重液法易于区分。另外，如果将宝石放入二碘甲烷溶液中，钻石突起高，边缘清晰；而钇铝榴石的突起较钻石低，边界模糊不清。

7.2.4　钆镓榴石

钆镓榴石（GGG）是一种用提拉法制造的没有天然对应物的人造材料。其成分为钆和镓的镓酸盐，具有石榴子石型结构，因此而得名。

钆镓榴石为等轴晶系，透明，无色或带黄色色调，硬度为6.5，密度为7.05g/cm³，折射率为2.02，色散为0.045。

无色透明者琢磨后外观很像钻石，常作为钻石的代用品。与钻石的主要区别是硬度低于钻石，而密度高于钻石，为钻石的2倍。

7.3 组合宝石

组合宝石简称拼合石,由两个或两个以上部分组合而成,拼合石的组成部分可以是天然的、合成的、仿制的,组合形式多种多样,有时拼合处添加染色剂,使其外观更亮丽,二层拼合石又称二层石,三层拼合石称三层石,层与层之间经加热熔结或胶结。

组合宝石一般冠部用较好的宝石料,或者冠部无色,亭部用彩色玻璃以衬托出理想的色彩,并具有较好的硬度及光泽。常见的组合宝石有:蓝宝石和合成蓝宝石二层石、红宝石和合成红宝石二层石、合成蓝宝石和钛酸锶二层石,仿优质天然宝石。

鉴别拼合宝石,关键是要仔细观察冠部与亭部是否存在结合部位,结合部常因空气不易排出,留有气泡,且气泡较多而明显。可将怀疑的拼合石浸入水中或浸油中观察,由于组合的两种宝石具有不同折射率,或者胶结物与宝石间的光学性质相异,可见明显的结合缝。若置于浸油中则显现更明显的界面,更易看清。但要注意,尽量避免使用浸油,因黏结物易被浸油溶解而使拼合石脱落。对于不同宝石组成的二层石,因冠部和亭部的材料不同,往往具有较大的折射率差别。几种常见拼合宝石的结构如图 7-9 所示。

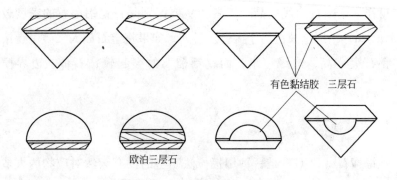

有色黏结胶　三层石

欧泊三层石

图 7-9　几种常见拼合宝石的结构

7.4 仿制宝石

仿制宝石是指用于模仿天然宝石的颜色、外观和特殊光学效应的人工宝石。仿制宝石的种类很多，主要的仿制品是玻璃、塑料和陶瓷。

7.4.1 玻璃制品

玻璃是最古老的仿制品之一。是二氧化硅的混合物质，为非晶质的
SiO_2。纯净的二氧化硅无色透明，熔点高达 1700℃，密度 2.21g/cm³，折
光率为 1.44，当加入一些碱金属氧化物等物质时，其熔点降低，硬度变
小，而密度和折光率变高。

7.4.1.1 玻璃的化学成分

宝石学上所指用于仿制宝石的玻璃是由氧化硅和少量金属元素如 Ca、
Na、K、Pb、B、Ti、Al、Ba 的氧化物组成的。按成分主要分为无铅玻璃
和铅玻璃两类。

（1）无铅玻璃（冕牌玻璃）：由二氧化硅及少量钠、钙的氧化物
组成。

（2）铅玻璃（燧石玻璃）：由二氧化硅及少量钾、铅的氧化物组成。
由于铅的加入，玻璃的相对密度、折射率、亮度、色散值增高，故用于
仿宝石其仿制效果往往很逼真；但硬度值也因铅的加入而降低。

如在玻璃原料中加入不同的微量元素，可制造不同颜色的玻璃。如
铜（蓝、红）、钴（蓝）、铁（绿、棕、红）、锰（紫、棕）、镉（黄）、
硒（红）、碳（黄、棕）、硫（黄）等。

7.4.1.2 玻璃的物理性质

颜色：玻璃的颜色多种多样，且鲜艳、饱和度高。

光泽：玻璃光泽。

透明度：透明至不透明。

导热性：较差，触感较晶体温。

断口：贝壳状断口。

硬度：5。

相对密度：2.0～4.2g/cm³。

折射率：1.44～1.70。

荧光：大多数玻璃在短波紫外光下呈浅绿色，在长波下呈惰性。

包裹体：含有大量的气泡、旋涡纹及某些人工添加物。

7.4.1.3　玻璃的主要鉴定特征

玻璃的传热较慢，用手摸或用舌舔感觉玻璃制品较温，天然宝石具明显的凉感；玻璃中气泡较多，大多呈圆珠状，分布较集中；大多数玻璃制品是由模具铸出来的，棱角圆滑；玻璃制品因原料熔融不均，可见旋涡状条纹。

7.4.1.4　特殊的玻璃宝石

砂金石：加入小粒的金属铜，使玻璃呈现铜红色的闪光星点。

玻璃猫眼：是由按一定方向排列的玻璃纤维重新加热使纤维表面略熔，胶结在一起制成的（见图7-10）。

玻璃欧泊：与天然品在折光率、密度、硬度等方面极相似，区别是用放大镜观察，玻璃欧泊可见明显的六边形蜂窝状结构。

图7-10　玻璃猫眼

玻璃翡翠：有乳白色玻璃翡翠及脱玻化玻璃翡翠。乳白色玻璃翡翠：乳白色半透明的玻璃中有不均匀的绿色斑点。

脱玻化玻璃翡翠：亦称为"准玉"或"依莫利石"、"马来西亚玉"等。外表与优质翡翠极为相似，呈半透明的翠绿色或深绿色。主要区别是：脱玻化玻璃翡翠含有大量弥漫状的小气泡，用放大镜观察可见银白色反光的圆形或泪滴状气泡；另外，脱玻化玻璃翡翠的密度较翡翠小，用重液法易于区别。

7.4.2　塑料制品

塑料与大多数无机宝石的物理性质相差较大，所以很少用来仿除欧泊以外的其他无机宝石。但塑料的光泽、比重、硬度、导热性等许多物理性质与有机宝石相近，因而常用于仿有机宝石，且具有较强的迷惑性。

塑料主要用于仿制象牙、琥珀、欧泊，多数塑料仿制品采用铸模成型，有时也用于宝石的优化处理，如贴膜、背衬和表面涂层。

7.4.2.1 塑料制品的主要特征

光性：各向同性。

硬度：低，1.5~3。

相对密度：纯塑料 1.05~1.55g/cm^3，加入配料后密度相应增大。

折射率：1.55~1.66。

导热性：差，温热感明显。

包裹体：可见气泡。

光泽：蜡状光泽、树脂光泽、油脂光泽、土状光泽。

透明度：多数为不透明，少数透明。

其他：用探针触及有辛辣味。

7.4.2.2 常见塑料仿制品及其鉴别

（1）仿象牙：赛璐珞是象牙最主要的仿制品。其主要区别是：赛璐珞折射率为 1.50 左右，硬度为 2，均低于象牙；象牙具有旋转引擎纹，象牙的塑料仿制品形成的纹理更规则。

（2）仿琥珀：市场上常用加入节肢动物的塑料来仿制琥珀，其主要区别是：除聚苯乙烯外，其他塑料制品的密度均大于琥珀；塑料的折射率为 1.56~1.66，而琥珀为 1.54；塑料具有可切性，而琥珀易产生崩口；塑料融化易产生各种异味，而琥珀燃烧具有松香味。

（3）仿欧泊：仿欧泊塑料与欧泊外表极其相似，主要区别是：塑料的密度均小于欧泊；塑料的硬度低，用针可刺入，而欧泊用针无法刺入；塑料可见有气泡包裹体；塑料可见异常消光，而欧泊为全消光。

第8章 宝石鉴定常用简易仪器

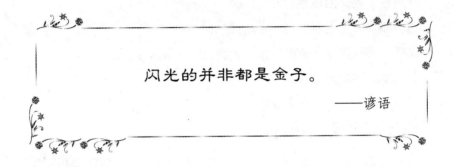

闪光的并非都是金子。

——谚语

宝石鉴定的目的是鉴定宝石的品种、质量及加工情况，以便给宝石的科学研究及宝石的经济评价提供依据。宝石鉴定最大的特点是，在宝石不受任何损坏的情况下测试宝石的物理化学特性。鉴定宝石的步骤一般为：肉眼鉴定—有效而简便的仪器检测—稳定的物理常数验证—签发鉴定报告。

宝石鉴定过程一般经过三个阶段：第一阶段是用肉眼鉴定，主要是借助肉眼来观察宝石矿物的晶体形态，宝石的颜色、透明度、光泽、色散、特殊的光学效应、包裹体、小面和腰棱性质、着色及涂层和结合面等，有时借助放大镜和聚光电筒鉴别色浓的宝石，观察其解理、包裹体并判别透明度。第二阶段是用常规的小仪器来鉴定宝玉石，如偏光镜、分光镜、折光仪等，通过这些仪器可以测定宝玉石的内部结构构造、折光率、偏光性等特征。第三阶段是常规仪器与大型仪器并举使用阶段，如宝石显微镜、X射线衍射仪、红外光谱仪、电子探针仪、拉曼光谱仪等，大型仪器的使用，使宝玉石鉴定达到了一个新的境界。

8.1 肉眼鉴定常用工具

在观察和鉴定宝石时，人们常用手直接拿宝石，这对于粒度较大的宝石原料是可以的，而对于颗粒很小或已磨好的宝石成品，用镊子拾起比手方便得多。另外，保持宝石的清洁很重要，人的手指上有汗液、油垢，极易在宝石的光洁面上留下指纹污迹，妨碍观赏，这时需使用镊子或宝石抓。

镊子：一般为不锈钢的，头部为尖锐状或半圆形，内侧有槽齿，以避免宝石被夹住后滑脱（见图 8-1）。

图 8-1　镊子

宝石抓：外形像一支金属的活动铅笔，按压其顶端，前端会伸出四（或三）根有钩的钢丝，使钢丝钩抓住宝石后，放松顶端，宝石即被牢牢抓住绝不会滑落。长时间观察一粒宝石时，使用宝石抓要比使用镊子方便得多。宝石抓有长、短两种，短的携带方便，长的便于使用（见图 8-2）。

图 8-2　宝石抓

放大镜：由于人的肉眼能力有限，最多只能看清 0.1~0.2mm 左右的小物体，而宝石内部的线纹、裂隙、包裹体等，往往小得肉眼看不清，这时，就必须借助于放大镜。

宝石放大镜是用于观察宝石内、外部现象最简易而有效的工具，是一种最简单的光学仪器，由一片透镜或几片透镜组合而成。高质量的优质放大镜，一般由 3 片或 3 片以上的透镜组合而成，它们具有良好的消色差和消像（球）差，成像质量优良，视域内全部清晰。最常见的是三组合和四组合，如标记为 TRIPLET 10X—18mm，其含义为三组合，视域直径 18mm，放大倍数为 10 倍。手持式宝石放大镜体积小巧，便于随身携带，其倍数有 10 倍、20 倍、30 倍等数种，但最常用的还是 10 倍放大镜。放大倍数越大，镜片的直径就越小（见图 8-3）。宝石放大镜常常是宝石

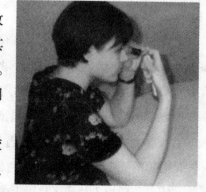

图 8-3　手持式宝石放大镜

鉴定工作者随身必备之物。

使用放大镜观察时，姿势也很重要。正确使用放大镜的方法是，使放大镜尽量贴近眼睛，然后用镊子或宝石抓夹起宝石（镶嵌好的可直接用手捏住托架）慢慢向放大镜靠近，直到看得最清楚为止。也可将宝石放在桌面上或桌面上的某一托盘中，将放大镜贴近眼部，使头部慢慢向宝石靠近，直到宝石看得最清楚为止。切忌将放大镜贴近宝石，从远处观察。

当观察宝石表面的各种现象时，需手握一块宝石，于一片白纸或白布的上方和灯光最明亮部分的下方，其距离要使你的手指感到暖和，转动宝石，这时你可以看到宝石表面的各种现象。将宝石慢慢朝你移动，离开灯光最亮部分，你会看到宝石内部亮起来而表面相对变暗。将宝石移到较暗背景的上方，转动宝石，你可以看到宝石内部各种现象。

为了避免放大镜晃动，应将握放大镜的手靠在脸上，拿宝石的手与其接触，两肘或前臂放松地靠在桌子上。注意要让眼睛、放大镜和宝石保持固定距离（见图 8-4）。

宝石放大镜可用作观察宝石中较明显的裂纹、包裹体、气泡、解理、双晶纹、生长线、色带等特征，另外还可以观察宝石的切工、抛光度、损

图 8-4　放大镜的正确使用方法

伤等，在观察二层石、三层石时也能发挥一定作用。

聚光手电：聚光手电是一支小型的笔式手电筒，采用小聚光灯泡照明，使用5号或7号电池做电源。该手电小巧玲珑、便于携带，也是宝石鉴定工作者必备工具之一。

在鉴定宝石时，利用其聚光的特点，使其发出的小面积的明亮光对准被测宝石，再用放大镜或肉眼观察宝石的表面和内部特征。观察方法如图8-5和图8-6所示。

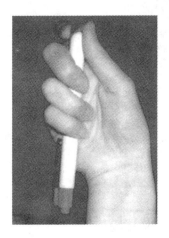
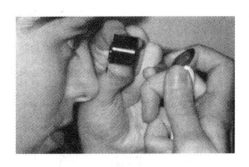

图8-5　聚光手电使用方法　　　　图8-6　用放大镜和聚光手电观察宝石

聚光手电筒的品种较多，价格不一，价格高低可相差十倍左右，其实它的质量一方面取决于聚光灯泡的聚光效果，另一方面取决于电池的新旧及容量。只要灯泡聚光效果好，电池又是新的，且容量高、性能强，则手电筒就会发挥其良好作用。近年来，随着LED光源的发展，高亮度的LED聚光手电流行起来，有1W、2W甚至5W的，亮度是传统的卤素型灯的数倍或数十倍。

8.2　宝石显微镜

宝石的内部特征和某些现象有时非常微小，甚至用20倍的放大镜也看不清楚，而为了鉴定宝石的真假和质量，看清包裹体及某些现象有时是必不可少的，这时就必须使用放大倍数更高的仪器——显微镜（见图8-7和图8-8）。

用宝石显微镜观察检验宝石，要比用放大镜方便、清楚得多。因为

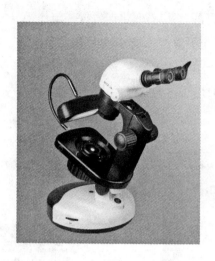

图 8-7　宝石显微镜

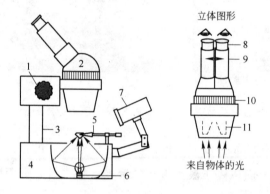

图 8-8　宝石显微镜的结构

1—调焦旋钮；2—镜身；3—镜柱；4—镜座；5—宝石镊子；6—物台下灯；7—顶灯；

8—目镜透镜；9—镜筒间距可调；10—变焦调节阀；11—物镜透镜

这样可以避免由于手持产生的抖动；用双目观看可见到宝石立体的影像；它的放大倍数范围很广，可由 2 倍至 200 倍。它的不足之处是体积大而重，携带不便。

宝石显微镜是一台双目实体显微镜，有目镜和物镜两个放大系统，加上一些附加设备（如专用宝石夹、偏光设备、暗域照明系统、浸油槽等）组合而成。一般有连续变倍和换档变倍两大类。宝石显微镜的最常见的照明方式有顶光源照明、暗域场照明和亮域场照明三种照明方式。

使用宝石显微镜观察宝石，操作较简单，关键是要正确选用光源和调准焦距。在观察宝石的外部特征，如断口、切工、抛光度、色带、生长纹、表面损伤及优化处理现象时，使用反射光系统。在透射光系统下，主要是观察内部的包裹体、裂纹、缺陷、气泡或气孔等，若宝石显微镜带有上下偏光镜，还可以观察宝石的偏光性、多色性等。

为避免因宝石表面光反射对内部特征观察的干扰，可将宝石放入浸液中观察。常用的浸液有甘油、二碘甲烷等。使用时应注意：

（1）选择折射率与宝石尽可能接近的浸液。

（2）多孔、拼合宝石不宜放入浸液中。

（3）注意及时清洗从浸液中取出的宝石。

（4）注意防止浸液对显微镜的损害。

8.3 偏光仪

偏光仪最根本的用途是通过检测入射光在样品中传播的不同方式，判断样品属均质体或非均质体。

在介绍偏光仪的操作和应用之前，先介绍一下偏光的概念。根据物理学基本原理，可见光是一种横波，其振动方向垂直于传播方向。人们十分熟悉的自然光其振动方向在垂直于传播方向的平面内是任意的，而偏光的振动方向在某一瞬间被限定在特定的方向上，偏光可分为直线偏光、椭圆偏光和圆偏光三种。一般所谓的偏光是指直线偏光。这种光波的振动沿一个特定的方向固定不变，在空间的传播路线为正弦曲线，在垂直传播方向的平面上的投影为一直线。如果使自然光通过偏光仪，即可获得直线偏光。

偏光仪是由两个振动方向互相垂直的偏振片、支架、底部照明灯等部分组成（见图 8-9）。下偏光片固定在下支架上，上偏光片固定在上支架上，上偏光片可以任意转动。

操作时，首先打开照明灯，继而调整

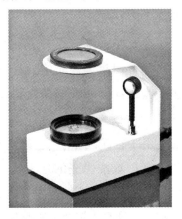

图 8-9 偏光仪

上偏光片的方位，使视域全黑（处于最暗的位置），然后将待测宝石置于下偏光片上的一个可以旋转360°的透明玻璃载物台上，缓慢旋转载物台，眼睛透过上偏光片观察，若样品转动360°后，样品有4次明暗交替变化，则表明该宝石为非均质体；若样品旋转360°后，不透光，且无明暗变化，则表明为均质体；若样品旋转360°后，一直透光明亮，则表明为多晶集合体，如玉石类就是如此。但需注意，有部分宝石，如石榴石类，理论上应为均质体，但有时会出现异常非均质性。如何判别呢？方法是：正交偏光下转动宝石，使视域最亮，再将上偏光片转动90°，使上偏光片平行下偏光片，这时注意观察宝石的明暗变化，若宝石变得更亮，则为异常非均质性，该宝石实属均质体；若宝石亮度保持不变或变暗，则该宝石为非均质体。

偏光仪除观察宝石的均质性外，还可以观察其多色性、双折射等。

使用偏光仪的注意事项：转动宝石从各个方向观察，以避开非均质宝石的光轴方向；注意两偏光片间非偏振光的干扰；注意刻面宝石表面反光现象干扰；注意排除异常消光现象的干扰；宝石需要有较高的透明度。

8.4 二色镜

宝石在不同方向上的颜色差异肉眼难辨。二色镜的用途，是通过观察样品是否具有多色性，判断样品属均质体或非均质体，并可辅助判断非均质性的强弱。

在非均质体宝石中，当相互垂直的两束偏振光通过时，由于晶体的不同方向对偏振光的吸收不同，而呈现不同的颜色，即多色性。二色镜是用冰洲石或偏振片制成的仪器（见图8-10和图8-11）。

用冰洲石制成的二色镜观察宝石时，首先将窗口对准明亮的地方或光源，眼看目镜，这时可以见到镜筒内有两个相邻的长方形亮块，这是由于冰洲石晶体的强双折射性所引起的。将欲测的有色宝石用镊子或宝石

图8-10　冰洲石二色镜

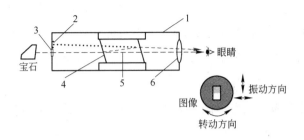

图 8-11　冰洲石二色镜的构造图

1—镜筒；2—小孔的重影；3—小孔；4—方解石块；5—双折射；6—透镜

抓抓牢，紧贴二色镜窗口，缓慢转动二色镜或宝石，即可观察二色性。若宝石具有二色性，则两个相邻长方形视域中的颜色就不同，否则就无颜色变化。二色镜观察宝石如图 8-12 所示。

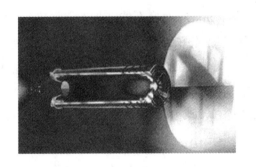

图 8-12　二色镜观察宝石

　　用偏振片制成的二色镜观察宝石二色性的方法较简单，宝石对准较强光源（如聚光手电），并贴紧二色镜的两个偏振片的分界线，转动宝石或二色镜，用眼睛仔细观察分界线上下的颜色差异。若宝石具有二色性，则界线上下的颜色深浅就不同，否则无变化。

　　二色镜下观察的现象及结论是：显多色性的是非均质体，其中显三色性的是二轴晶；多色性的强弱有时可以指示非均质性强弱；不显多色性的可能是均质体、非均质体的均质切面、无色宝石、集合体。二色镜的鉴定结论，常需结合偏光仪观察结果综合判定。

　　二色镜使用时的注意事项：有色、单晶、透明被认为是二色镜使用的前提，尽管有人认为表面反射光也可检测，多晶集合体组成的玉石则不用测定二色性；有的宝石不但具有二色性，而且还有三色性，观察时要从三个不同的方向观察；观察二色性只能用透射光、自然光，不能用反射光、偏振光；样品不显多色性不能直接判断它属均质体，为避免非均质宝石的均质切面及样品透射光振动与冰洲石可接受的振动方向呈45°交角，需转动样品观察不同的方向；不要将色带看成多色性；高双折射宝石不一定具有强多色性。对弱二色性宝石应持怀疑态度，应在偏光仪或偏光显微镜的单偏光下进一步验证。

8.5 折光仪

8.5.1 仪器及原理简介

　　折光仪又称折射仪，是测定宝石矿物折射率（也称折光率）的仪器，外观如图8-13所示。折光率是宝石的重要光学常数，是鉴定宝石的重要依据。目前用来测定折光率的方法主要有两种：一种是直接测量法，使用的是折光率仪；另一种是相对测量法，也就是使用折光率已知的液体或折光率油的浸没法。

　　常用的折光仪由磨光的半球形的铅玻璃或人造立方氧化锆工作台、刻度尺、目镜、透镜、棱镜、偏光片、光源等部件构成。型号较多，常用的折光仪只适合于测定折光率为 $1.36 \sim 1.80$ 范围内的宝石。目前利用反射的原理已生产了一种数字显示式的折光仪（见图8-14），用其测定的折光率数据可达 $1.30 \sim 2.999$。

　　折光仪是根据光的全反射原理制造的。当光线由光密介质的铅玻璃

图8-13　传统折光仪

图8-14　数字折光仪

或人造立方氧化锆半球进入光疏介质的宝石时，如果入射角稍微大于宝石的临界角，就造成全反射，光线就全反射回半球内部，并依据折射率公式 $N_{宝} = N_{半球} \cdot \sin\phi$ 透射到已标定好的刻度尺上，再通过透镜、棱镜、目镜系统放大后，眼睛就可读出刻度尺上的折光率数值，其原理简图如图 8-15 所示。

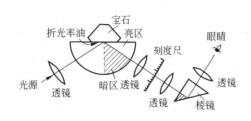

图 8-15　折光仪工作原理简图

折光仪可以测定宝石的折光率、双折射率及光性符号。对不同外形的宝石要采取不同的折光率测定方法。下面分别加以叙述。

8.5.2　平面宝石折光率的测定

在测定宝石折光率前，首先用二甲苯或无水酒精清洗工作台面和待测宝石的某一抛光平面。但在擦洗工作台时，动作要轻，手指特别是指甲不要触及台面。接通电源，在折光仪工作台面上滴一小滴折光率油（油的折光率一般为 1.81），将清洁后的宝石平面放在油滴上面，并慢慢地推入台面中间，使宝石平面与工作台面充分接触。将眼睛贴近目镜（约距目镜 3cm），上、下、左、右移动，在被测宝石折光率不大于 1.81 的前提下，视域内就可看见一个暗区和一个亮区，标尺上数字小的那一段为暗区，数字大的那一段为亮区，明暗交界处的刻度值即为被测宝石的折光率。折光率观察如图 8-16 所示。

因宝石矿物的光学性质不同，其折光率有单折射率和双折射率，甚至有三折射率之分。

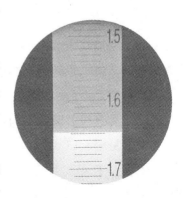

图 8-16　折光率值观察

单折射率的测定：在如上操作之后，将偏光片放在目镜上，转动偏光片，观察明暗区交界线的变化；若不动，就将工作台上的宝石转动360°，若明暗区交界线仍然不变，则再调换被测样品的测试面；若折光率值仍不变，就说明该宝石只有一个折光率。只有一个折光率的宝石为均质体或非晶质体（玻璃质）。

双折射率的测定：将宝石放在折光仪的工作台面上后，来回90°转动目镜上的偏光片，如果发现视域中明暗区交界线上下移动，移动数值的最大值和最小值即为该被测宝石的两个折光率。值得说明的是，在测定宝石矿物的最大双折率时，需一边转动宝石到某个位置，然后转动偏光片确定当前位置的两个折射率，当以一定的间隔转动宝石180°后，才能找到最大和最小的值，即从多个位置的不同组数据中找。具有双折射率的宝石可以是一轴晶，也可以是二轴晶。二轴晶宝石具有三个折光率，若要测定二轴晶宝石的第三个折光率，则要调换测试面测试。

8.5.3 弧面宝石和小刻面宝石折光率的测定

弧面宝石和小刻面宝石折光率的测定需采用点测法。点测法是相对于刻面（平面）宝石而言的，因为弧面宝石和小刻面宝石折光率的测定是在其面与工作台面接触非常小的情况下进行的，故得名为点测法。

点测法折光率的测定：接通电源，将工作台面上滴一小滴折光率油，油滴直径不宜大，0.5mm即可。将宝石待测面或宝石重心位置放在油滴上，一般使样品被测面的长轴方向平行于工作台面的长轴方向，用肉眼在距目镜30~35mm处观察，上下、左右调整视线，可在视域内的刻度尺上见到一个小暗斑点。当肉眼上下调整观察角度时，斑点也随之在刻度尺上下移动，当刻度尺上的小斑点出现半明半暗时，明暗交界线的读数即为被测宝石的折光率（见图8-17）。

玉石是一种单矿物集合体或岩石，其折光率的测定多采用点测法。

不同矿物的折光率见表8-1。

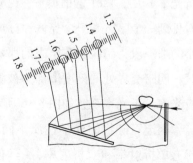

图8-17　点测法折光率的测定

表 8-1 宝石矿物的折光率

宝石矿物名称	折 光 率		
	正常值	变化范围	双折光率
赤铁矿	2.940 ~ 3.220		
金红石	2.616 ~ 2.903		
锐钛矿	2.493 ~ 2.554		
金刚石	2.417		
钛酸锶	2.409		
锑钽矿	2.39 ~ 2.45		
闪锌矿	2.37		
立方氧化锆	2.15	0.030	
红锌矿	2.013 ~ 2.093		
锡 石	1.997 ~ 2.093		
钆镓榴石	1.970	0.060	
锆石（高）	1.925 ~ 1.984		
白钨矿	1.918 ~ 1.934		
榍 石	1.900 ~ 2.034	0.020	
钙铁榴石	1.888	+0.07，-0.033	
锆石（中）	1.810 ~ 1.815		
锰铝榴石	1.810	+0.04，-0.021	
锌尖晶石	1.810		
铁铝榴石（贵榴石）	1.79	±0.030	
红硅硼铝钙石	1.787		
刚 玉	1.762 ~ 1.770	+0.009，-0.005	0.008 ~ 0.010
合成刚玉	1.762 ~ 1.770		
铁镁铝榴石	1.760	±0.010	
镁锌尖晶石	1.760	±0.02	
蓝锥矿	1.757 ~ 1.804		
镁铝榴石	1.746	+0.010，-0.026	
金绿宝石	1.746 ~ 1.755	+0.004，-0.006	0.008 ~ 0.010
人造变石	1.742 ~ 1.751	±0.005	
十字石	1.736 ~ 1.746		
钙铝榴石	1.735	+0.020，-0.010	
合成尖晶石	1.730	±0.010	
蔷薇辉石	1.73 ~ 1.74		0.010 ~ 0.014

宝石矿物名称	折 光 率		
	正常值	变化范围	双折光率
绿帘石	1.729～1.768		
铍镁晶石	1.719～1.723		
尖晶石	1.718	+0.017，－0.008	
蓝晶石	1.716～1.731	±0.004	
符山石	1.713～1.718	±0.014	
黝帘石	1.691～1.700	±0.005	0.008～0.013
硅锌矿	1.690～1.720		
硼锂铍矿	1.690		
蓝线石	1.678～1.689		
斧 石	1.678～1.688		
透辉石	1.675～1.701	+0.029，－0.010	0.024～0.030
硼铝镁石	1.668～1.707	±0.003	
柱晶石	1.667～1.680	±0.003	
硬 玉	1.660～1.68	±0.009	
孔雀石	1.660～1.910		
锂辉石	1.660～1.676	±0.005	
煤 玉	1.660	±0.020	
矽线石	1.658～1.680		
顽火辉石	1.658～1.668	±0.005	
透视石	1.655～1.708	±0.012	
橄榄石	1.654～1.690	±0.020	
硅铍石	1.657～1.670	+0.026，－0.017	
蓝柱石	1.654～1.673	±0.004	
磷灰石	1.642～1.646	+0.005，－0.014	
红柱石	1.634～1.643	±0.006	
电气石	1.624～1.644	+0.011，－0.009	0.018～0.040
黄 玉	1.619～1.627	±0.010	0.008～0.010
绿松石	1.610～1.650		
软 玉	1.606～1.650		
菱锰矿	1.597～1.817	±0.003	0.220
绿柱石	1.577～1.583	±0.017	0.005～0.009
合成祖母绿（水热法）	1.566～1.573	+0.008，－0.003	0.005～0.007

280

宝石矿物名称	折 光 率		
	正常值	变化范围	双折光率
合成祖母绿（助溶剂法）	1.561～1.564	+0.010	0.003～0.008
硼铝石	1.560～1.590		
蛇纹石	1.560～1.570	-0.007	
珊 瑚（黑色和金黄色）	1.560～1.570	±0.001	
拉长石	1.559～1.568		0.009
硼铍石	1.555～1.625		
磷钠铍石	1.552～1.562		
寿山石	1.550～1.600		
石 英	1.544～1.553		
董青石	1.542～1.551	+0.045，-0.011	
滑 石	1.540～1.590		
琥 珀	1.540		
玉 髓	1.535～1.539		
珍 珠	1.530～1.685		0.155
鱼眼石	1.535～1.537		
铯榴石	1.525		
微斜长石	1.522～1.530	±0.004	0.008
正长石	1.518～1.526	±0.010	0.005～0.008
橄沸石	1.515～1.540		
青金石	1.500～1.670		
黑曜石	1.490	+0.020，-0.010	
莫尔道玻璃陨石	1.490	+0.020，-0.010	
人造荧光树脂	1.495	±0.005	
方解石	1.486～1.658		0.172
珊 瑚	1.486～1.658		0.172
方钠石	1.483	±0.003	
玻璃（一般）（极值）	1.480～1.700 1.44～1.77		
欧 泊	1.45	+0.020，-0.050	
人造蛋白石	1.44		
萤 石	1.434	0.001	

第 8 章　宝石鉴定常用简易仪器

8.5.4 用折光仪测定折光率的注意事项

用折光仪测定折光率的注意事项如下：

（1）测宝石折光率时，折光率油不宜滴多，油滴大小一般直径为 0.5～2mm 即可。适量的接触液是获得读数的前提。

（2）折射仪有一定测定范围，高于上限表现为全暗，低于下限表现为全亮。样品具有一个光滑、平整的表面对准确读数是必要的。

（3）因工作台硬度低，避免用镊子放、取样品，防止对玻璃台的划伤；用手放置样品时，动作要轻，避免台面磨糙，影响观察效果。

（4）折光率油有较强的腐蚀性，注意及时清洁工作台以免接触液对其腐蚀。

（5）一段时间后，工作台面会遗留有折光率油沉淀物，这时可用二甲苯或二碘甲烷清洗，因为这些沉淀物可溶于这两种溶剂中。

8.5.5 宝石折光率的油浸法测定

用折光仪测定宝石折光率时，要求宝石至少要有一个已抛光的平面或弧面或天然光滑的晶面，但有些已镶嵌好的宝石无法找到一个面与折光仪工作台面接触；或某些未琢磨的宝石原石，没有一个光滑面供折光仪检测，这时就要采用另外一种方法，即油浸法。

油浸法是测定宝石折光率的一种相对方法。原理是：透明宝石在空气中的轮廓十分清晰，是由于宝石和空气折光率不同，造成光线的折射、反射所致。如果一块透明的固体，浸没在折光率相差无几的液体中，光的折射和反射作用均会降低，以致该物体在浸液中无法分辨（如冰在水中就如此）。所以，透明宝石浸没在透明液体中，其可见度或明显度取决于宝石与液体折光率的接近程度，用这种与已知液体折光率的相对比较法，可以测出宝石的近似折光率。

经常使用的浸油（液）及其折光率见表8-2。

测定时，将适量油液倒入白瓷碟或下垫白纸的玻璃皿中，将欲测宝石浸入其中观察。若宝石在油液中有清楚的黑边，看起来在油中像有凸出感，这表明宝石折光率大于（或小于）油液，应更换另一种油液。当宝石的折光率与油液的折光率相近时，宝石在油液的轮廓会越来越不明显，若宝石在油液中的轮廓近于消失时，这表明该宝石的折光率与油液的折光率近于相同。

表8-2　油浸法测定宝石折光率时所用的浸油（液）

名　称	折光率	名　称	折光率
水	1.33	一溴苯	1.56
甘　油	1.46	三溴甲苯	1.59
四氯化碳	1.46	一碘苯	1.62
甲　苯	1.50	一溴萘	1.66
一氯苯	1.526	一碘苯	1.705
二溴化乙烯	1.54	二碘甲苯	1.745

注意：当宝石折光率大于二碘甲烷折光率（1.75）时，油浸法也就无法测定了。此时，可用贝克线法测定。详细测法在此不再叙述。

8.6　分光镜

宝石的颜色是宝石对不同波长的可见光选择性吸收造成的，未被吸收的光混合形成宝石的体色。宝石中的致色元素常有特定的吸收光谱。由于不同的有色宝石，其致色元素不同，相应地其吸收光谱也就不同，通过分光镜准确测定各种有色宝石的吸收光谱，可以达到鉴定宝石的目的。

8.6.1　原理及结构

分光镜的原理：通过某些特殊的光学元件（色散原件），形成一个对直接入射白光的完整光谱。当分光镜接到由样品透射或反射过来的光时，由于样品的吸收，原来完整的光谱中的某些部分就会缺失，表现为一些暗线或暗带。不同的样品如果吸收特征不同，暗线或暗带的位置和数量就可能不同，借此鉴别之。

依据色散原件的不同，可制作棱镜式和光栅式两种类型的分光镜。

棱镜式分光镜：常采用三块或五块玻璃棱镜作为色散原件，其外观及结构如图8-18和图8-19所示。

棱镜式分光镜是指分光系统是由棱镜组成的分光镜，其优点是光强损失小，光谱明亮，红区窄、蓝区宽，适合深色宝石。缺点是分解成的光谱是不均匀的，在红色部分有压缩现象，而在蓝色部分有扩大现象，造成红色部分谱线挤在一起，有时难以分辨。

图 8-18　分光镜外观

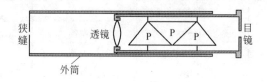

图 8-19　棱镜式分光镜结构图

P—棱镜

光栅式分光镜：采用光栅代替棱镜作色散元件，其结构如图 8-20 所示。

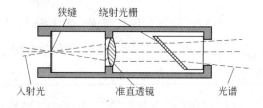

图 8-20　光栅式分光镜结构图

光栅式分光镜的分光系统是由光栅组成，其光谱由一个绕射光栅的衍射作用产生。光栅式光谱稍暗，但光谱均匀，适合于透明或在红区有吸收线的宝石。

8.6.2　分光镜使用注意事项

使用分光镜的关键问题之一是照明方式，主要有透射法、内反射法和表面反射法三种，如果条件允许，尽可能使用内反射法，使宝石吸收的光程最长，谱线就会最清晰。分光镜要求光源非常强烈，而且亮度要集中在一块很小的面积上，同时又要求照明光源的温度不能太高，否则会烤热宝石，使光谱变得模糊不清。因此只有高强度、照明面积小而且易于控制，发热量又很低的光源才能满足这些要求。近年来生产出的高强度光导纤维灯，也称冷光源，是分光镜较理想的照明。

使用分光镜观察宝石时，样品要大。样品太小，吸收光谱弱，清晰度差；样品的透明度好，光谱的清晰度就好；样品颜色愈深，光谱愈清楚。浅色宝石应从长轴方向透射观察，而观察深色半透明宝石时，则应沿短轴方向透射观测；测试时勿用手持样品，因为血液会产生波长为592nm的吸收线；尘埃或脏物会在色谱上产生暗色的水平吸收线。

在用分光镜进行光谱分析之前，应放大检查，看欲测宝石是否为二层石或三层石，以免造成误解。

8.6.3　不同颜色宝石的吸收光谱

对于不同颜色的宝石，无论是天然品还是合成品，表观出来的颜色都是因其成分中含有某种致色元素。致色元素不同，吸收光谱的特征也就不同。不同颜色宝石的吸收光谱见表8-3，锆石和红宝石的吸收光谱如图8-21和图8-22所示。

表8-3　不同颜色宝石的吸收光谱

宝石颜色	宝石名称（括号中为引起吸收的元素）	吸收光谱中是黑线	
		强线波长/nm	弱线波长/nm
无色	钻石	415.5（深紫）	478、465、451、435、423、659
	锆石（铀）	653.5（红）	
	人造金红石	425（紫）	
红色	红宝石（铬）	694.2、692.8（深红）、550（黄绿）、476.5、475、468.5（蓝）	668、659.5（橙红）
	尖晶石（铬）	540（绿）	
	铁铝榴石（铁）	576（黄）、527（绿）、505（青）	617（橙）、462（蓝）
	镁铝榴石（铬、铁）	575（黄）	505（青）
	粉红黄玉（铬）		682（红）
	电气（锰）	458、450（蓝）	537（绿）
	锆石（铀）	653.5（红）	659（红）

宝石
知识 与 鉴赏

286

宝石颜色	宝石名称 （括号中为引起吸收的元素）	吸收光谱中是黑线	
		强线波长/nm	弱线波长/nm
黄色	钻石	415.5（深蓝）、478（蓝）	465、451、423（蓝）
	锆石（铀）	691、662.5、659、653（红）、 589.5、562.5、515（黄绿）、 484、432.5（蓝）	
	蓝宝石（铁）	450、460、471（蓝）	
	金绿宝石（铁）	444（蓝）	505（青）、485（蓝）
	锂辉石（铁）	438、432.5（蓝）	
	锰铝榴石	462、432（蓝）、412（紫）	505（青）、495、485（蓝）、 424（紫）
	硼铝镁石（铁）	493、475、463、450（蓝）	527（绿）
	磷灰石（镨、钕）	584、578（黄）	538（绿）
绿色	祖母绿（铬）	683、680、637（红）	662、646（红）、477（蓝）
	变石（铬）	683、678.5（红）、580（黄）	665、645（红）、473、468（蓝）
	翡翠（铬、铁）	691.5（深红）、437（黄）	655、630、642（红）
	玉髓（镍）		632（橙）
	钙铝榴石	630（红）	
	蓝宝石（铁）	471、460、450（蓝）	
	金绿宝石（铁）	444（蓝）	505（青）、485（蓝）
	橄榄石（铁）	493、473、453（蓝）	529（绿）
	顽火辉石（铁）	506（青）	687（红）、548（绿）、483、 450（蓝）
	铬透辉石（铬、铁）	690（深红）、508、505（青）	
	翠榴石（铬、铁）	701（深红）、443（蓝）	640、620（红）
	锆石（铀）	687、668、653、652（红）、 589、574、560（黄）	520（绿）、473、461（蓝）
绿色	电气石（铁）	640（红）、497（蓝）	
	绿柱石（铁）	537（绿）	
	绿帘石（铁）	455（绿）、475（蓝）	
	黝帘石（铁）		
	红柱石（锰）	552.5（绿）、 蓝紫区强烈吸收	549.5（绿）、517.5（青）

宝石颜色	宝石名称 （括号中为引起吸收的元素）	吸收光谱中是黑线	
		强线波长/nm	弱线波长/nm
蓝色	蓝宝石（铁）	471、460、450（蓝）	
	尖晶石（铁）	480、450（蓝）	
	人造尖晶石（钴）	635（红）、 580（黄）、540（绿）	
	海蓝宝石（铁）	697（深红）、 657（红）、427（蓝）	628（红）、456（蓝）
	电气石（铁）	497（蓝）	
	锆石（铀）	659、653（红）	
	黝帘石（坦桑石）	595（橙黄）	528（绿）、456（蓝）
	董青石（铁）	593、585（橙黄）、535（绿）	492、456、437（蓝）
	磷灰石	631、622（红）、511（青）、 490（蓝）	464（蓝）
	绿松石（铜）	432（蓝）、420（紫）	460（蓝）

图 8-21　锆石的吸收光谱

图 8-22　红宝石的吸收光谱

8.7　查尔斯滤色镜

8.7.1　原理

自从合成祖母绿和仿造祖母绿赝品问世以来，为了识别它们，英国宝石测试实验室安得逊（Anderson）和查尔斯科技学院联合，制成了查尔斯（Chelsea）滤色镜。这是一个仅让红光和黄绿光通过的滤色镜。祖母绿和合成祖母绿由铬离子致色，有透过红光和绿光的特性。当通过查尔斯滤色镜（见图 8-23）观察祖母绿和合成祖母绿时，宝石的绿光被滤色镜吸

图 8-23　查尔斯滤色镜

收，只有红光通过，所以在滤色镜下祖母绿就呈现红色或粉红色，而其他类似祖母绿的天然绿色宝石用查尔斯滤色镜观察时则不显红色。

　　查尔斯滤色镜虽然最初是为区分祖母绿而设计的，当然它也可以用来区分其他的宝石，所以说，查尔斯滤色镜原是为识别祖母绿而制作的，故又称"祖母绿滤色镜"。

　　与地勘工作者所谓的三件宝——榔头、罗盘、放大镜一样，宝石放大镜、滤色镜和聚光手电也可称之为宝石鉴定工作者的三件宝。

8.7.2　使用

　　在使用查尔斯滤色镜时，要有一个较强的光源，如笔式手电（聚光手电）或其他光源，将待测样品置于较强的反射光源下，观察时，眼睛贴近滤色镜，样品与滤色镜的距离大约保持 20～25cm 为宜。

　　查尔斯滤色镜除可用于鉴别祖母绿外，还可用于鉴别一些其他有色宝石。常见的宝石在查尔斯滤色镜下的特征见表 8-4。

表 8-4　常见宝石在查尔斯滤色镜下的特征

项　目	宝石名称	在查尔斯滤色镜下的颜色	宝石名称	在查尔斯滤色镜下的颜色
绿色宝石	大部分祖母绿[①]	红至粉红	电气石	绿色
	小部分祖母绿[②]	暗绿	天然绿色翡翠	灰绿
	人工合成祖母绿	亮红	人工染色绿翡翠	粉红至暗红
	天然绿玉髓	绿色	翠榴石	粉红
	人工染色绿玉髓	暗红	锆石	粉红
	人工染色绿玛瑙	暗红	萤石	粉红
	绿色玻璃	绿色	铬锂辉石	粉红

项 目	宝石名称	在查尔斯滤色镜下的颜色	宝石名称	在查尔斯滤色镜下的颜色
蓝色宝石	蓝宝石 海蓝宝石 蓝黄玉 锆石 天然蓝尖晶石 人工合成蓝尖晶石	淡蓝至灰蓝 绿至灰绿 灰色至灰红 绿至灰绿 灰至浅红 亮红（含钴）	人工合成尖晶石 含钴蓝色玻璃 含铁蓝色玻璃 含钴蓝色瓷料	粉红至黄橙（含铁） 亮红 灰至灰蓝 亮红
红色宝石	天然和合成红宝石 尖晶石	亮红 亮红	石榴石 电气石	黑灰 灰色

① 哥伦比亚和前苏联天然祖母绿；
②其他地区祖母绿。

8.7.3　注意事项

用查尔斯滤色镜观察宝石，必须在反射光下进行，不宜用透射光；光源要集中，以笔式手电为佳，但强射阳光或钨丝白炽台灯光也可。不能使用日光灯作为光源。

染色宝石由于染色剂的种类不同，显色也有差异。目前所知，用重铬酸钾、硫酸铜＋碘化钾染色的翡翠，在查尔斯滤色镜下呈粉红色至红色，其他方式着色的翡翠则不一定。也就是说，在查尔斯滤色镜下变红的翡翠肯定是染色的，而不变红的也不能说明是天然绿色翡翠，换句话说，染色的翡翠在查尔斯滤色镜下不一定都变红。

8.8　荧光仪

荧光仪亦称荧光灯或紫外灯（见图 8-24），宝石鉴定用紫外灯的紫外线波长分长波（365nm）和短波（253.7nm）两种。专用的紫外线灯附有暗箱，灯管放在人眼不易看见的地方，以免紫外线直接射入人眼造成辐射伤害。检测时打开紫外灯的电源开关，选择所需波长的紫外线，将待测宝石放在灯管下面，人眼从暗箱上的

图 8-24　荧光仪

玻璃窗口观察。若宝石颜色未变化，说明不发荧光；若宝石发出某种颜色的光亮，则就是荧光。关掉射线，荧光随之消失。

某些宝石还有一种性质称为"磷光"。"磷光"是指发光的宝石在射线关掉以后，光亮仍能维持一段时间，一般数秒钟或更长。宝石的荧光特征见表8-5。

表8-5 宝石的荧光特征

荧光颜色	长波紫外光（365nm）	短波紫外光（253.7nm）	X射线（平均0.01nm）
白色荧光	塑料，琥珀，欧泊	合成白色尖晶石，胶，塑料、琥珀，龟壳、欧泊	钻石，方柱石
红色荧光	合成红宝石，天然红宝石，天然及合成粉红色蓝宝石，红色尖晶石，合成橙色蓝白石，变石，合成变石蓝宝石，合成绿色蓝宝石，合成绿色尖晶石，斯里兰卡蓝色蓝宝石，合成祖母绿，蓝晶石，火欧泊（褐红）	天然合成红宝石，天然粉红色蓝宝石，红色尖晶石，合成橙色蓝宝石，方解石，变石，合成变石蓝宝石，合成祖母绿，斯里兰卡蓝色蓝宝石，钻石，火欧泊（褐红色）	天然和合成红宝石，天然和合成粉红色蓝宝石，红色尖晶石，合成橙色蓝宝石，斯里兰卡蓝色蓝宝石，合成变石蓝宝石，合成绿色尖晶石，合成祖母绿，铯绿柱石，天然祖母绿，锰黝帘石
橙色荧光	蓝晶石，斯里兰卡黄色蓝宝石，方解石，钻石，斯里兰卡蓝色蓝宝石，合成变石蓝宝石，天然白色蓝宝石，合成绿色蓝宝石，合成橙色蓝宝石，方钠石（橙色斑点），青金石（橙色斑点）	斯里兰卡黄色蓝宝石，方柱石，钻石，斯里兰卡蓝色蓝宝石，合成橙色蓝宝石，合成绿色蓝宝石（褐橙色），天然白色蓝宝石，合成变石蓝宝石	蓝晶石，斯里兰卡黄色蓝宝石，方解石（包括大理石），方柱石，合成白色蓝宝石，合成变石蓝宝石，合成变石蓝宝石，合成绿色石榴子石，透锂长石，浅黄色硼铝镁石
黄色荧光	钻石，琥珀，磷灰石，锆石，黄玉，火欧泊（浅灰色）	钻石，锆石，琥珀	钻石，锆石，养珠，淡水珍珠，透辉石，青金石
绿色荧光	合成黄色尖晶石，合成黄-绿色尖晶石，矽锌石，钻石，磷灰石，琥珀，合成白色尖晶石和蓝宝石（很弱）	合成黄色和绿色尖晶石，矽锌石，合成绿色尖晶石，钻石，琥珀	合成黄色尖晶石，合成黄-绿色尖晶石，矽锌石，合成白色尖晶石，钻石，塔菲石
蓝色荧光	钻石，赛黄晶，萤石，珍珠，琥珀，月光石	蓝锥矿，白钨矿，萤石，赛黄晶，钻石，合成蓝色尖晶石，合成蓝色蓝宝石，象牙，琥珀，塑料	萤石，蓝锥矿，磷钠铍石，钻石，白钨矿，合成蓝色蓝宝石，蓝晶石，矽铍石，合成白色尖晶石，合成蓝色尖晶石，青金石，方钠石，黄玉，锆石，月光石
紫色荧光	萤石，钻石，磷灰石，方柱石，铯绿柱石，透辉石	萤石，钻石，铯绿柱石，合成粉红色蓝宝石	萤石，赛黄晶，方柱石，粉红色电气石，锆石

8.9 热导仪

8.9.1 原理及结构

热导仪是根据钻石具有良好传热性而设计的，钻石的导热性是所有宝石中最高的，所以热导仪亦称钻石热导仪或称钻石探针。仅用来鉴别钻石与非钻石。

热导仪分指针式和发光二极管指示式或蜂鸣提示式三种，由金属针状插头和控制盒组成（见图 8-25）。控制盒内装有热敏电阻元件组成的电路。热敏电阻可以给测头针尖加热并进行热导率测量。当已预热好的针尖触及被测宝石表

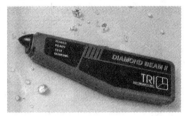

图 8-25　热导仪

面，若该宝石是钻石，观针尖温度会明显下降，并由表头、发光二极管或鸣叫声指示测定结果，否则该宝石不是钻石。

8.9.2 使用方法

热导仪使用方法如下：

（1）打开热导仪电源（电源多用干电池），对测头针尖加热，预热约 20s。

（2）将热针触及宝石表面，根据热导仪发出的信号（指针偏转幅度、发光二极管亮灯的个数、蜂鸣器鸣叫）可以确定待测宝石是否为钻石。

（3）不同的宝石，其热导性有巨大的差别，总体来看不结晶的宝石导热性最差，例如各种玻璃、琥珀等；结晶宝石热导性较好，如钻石、红宝石、蓝宝石、水晶等。

注意：被测钻石必须放在铝板上，不可用手拿着测。当钻石镶嵌在首饰上时，可用手拿着首饰测定。

常见宝石和金属的比热导率见表 8-6。从表 8-6 中可以看出金刚石的比热导率最高，比银、铜高出 1 倍至几倍，比其他宝石则高出几十至几

百倍。

实际工作中还发现，钻石热导仪还可用来作鉴定刚玉类宝石的辅助或参考手段，用测头针尖触及刚玉类宝石表面时，热导仪也有一定范围的信号指示。

表 8-6　金属和常见宝石的比热导率（以银为 10000）

宝　石	比热导率	宝　石	比热导率	宝　石	比热导率
金刚石	16000~48000	红柱石	181	普通辉石	91
银	10000	石　英	140~264	燧　石	87
铜	9270	金红石	122~231	锰铝榴石	81
金	7070	翡　翠	110~159	铁铝榴石	79
铝	4850	钙铝榴石	135	镁铝榴石	76
碳化硅	2150	锂辉石	135	钙铁榴石	74
铂	1660	透辉石	135	蛇纹石	56
刚　玉	834	红电气石	126	黝帘石	51
黄　玉	446	橄榄石	115	长　石	36~62
闪锌矿	304	锆　石	109	磷灰石	33
尖晶石	281	顽火辉石	105	水晶玻璃	33
赤铁矿	270	绿柱石	95~131	普通玻璃	12~33

第9章 宝石的研究现状及发展趋势

千锤万凿出深山，烈火焚烧若等闲，

粉骨碎身浑不怕，要留清白在人间。

——明·于谦

9.1 宝石的研究现状

为了满足人们对宝玉石的需求，促进宝石学的发展，1908 年英国率先成立了世界上第一个宝石协会。其后美国于 1931 年、德国于 1934 年、日本和澳大利亚等国于 1965 年分别成立了各自的宝石协会，并成立了相应的宝石培训学院。这些协会协同有关业务部门组织行业学术交流和人才培养，目前国际宝石学术交流会每两年召开一次。

20 世纪 70 年代末期，苏联成立了全苏宝石研究所，专门从事宝石地质科研工作，建立了一批宝石原料基地，其中金刚石、变石、海蓝宝石、电气石等宝石 50 余种，宝石制品出口为苏联带来可观的经济效益。哥伦比亚盛产祖母绿，为了进一步勘探祖母绿矿床和改进开采技术，以获取长远经济效益，1983 年哥伦比亚投资 250 万美元作为研究、开发和技术改造经费，给原有矿山注入了新的活力。

80 年代初期，我国成立了第一个宝石研究机构——地质矿产部宝石研究鉴定室。随着工作的逐步开展，慢慢带动了全国各大专院校和科研机构，相继涉足宝石领域。1991 年由地矿部牵头，成立了中国宝玉石协会，地矿部部长任会长。由于国家的重视，全国各省、市、自治区也纷纷响应，先后成立了地方的各级宝玉石协会，宝玉石从业人员不断增多。在宝玉石资源的研究开发上，国家亦注入了大量的资金。近十年来，已开发出了可与世界宝石矿山相媲美的金刚石、红宝石、蓝宝石、海蓝宝石、石榴石等矿业基地，并进一步加强了宝石资源的普查。在开发现有宝石资源和积极寻找新的宝石矿床的同时，人们也将注意力集中在改善质量差、档次低的宝石方面。现已成功地利用热处理法改善蓝宝石、红宝石、锆石、黝帘石等宝石的颜色和透明度；用辐照和高速离子加速器使无色黄玉、水晶和钻石等致色，以增加美感；用染色法和辐射法使无色翡翠变绿。目前，各种宝石的改色处理及其相应的鉴定研究，已成为宝石学界的热门话题。

当前国际国内宝石研究工作的重点主要是：天然宝石矿床的勘探与开采；天然宝石的改色；天然宝石及其相应的合成品之间的鉴别；宝石琢磨与镶嵌；首饰款式设计；贵金属首饰工艺研究及其设计等等。

9.2 国际宝石市场发展趋势

9.2.1 宝石改色

宝石改色包含两个方面的意思：一是将色深的宝石通过热处理使其颜色变浅，或用渗色的方法使色浅的宝石颜色加深，蓝宝石常用此法进行改色处理；二是将无色宝石通过辐射技术处理后，使其变成所需的颜色，无色黄玉和水晶常用此法进行改色处理。

之所以进行宝石改色主要是弥补自然界中天然宝石资源的不足，有些宝石经过改色处理后，增加了美感，适应了消费者的心理需求。由于目前已有大量的改色宝石进入市场，相应地也给宝玉石鉴定研究机构提出了挑战，改色宝石的鉴定也就成为宝玉石鉴定工作者的研究课题之一。

宝玉石的改色与染色不一样，染色是用化学试剂进行炝色，方法简单，成本较低，随着时间的推移，颜色会慢慢地褪去，如染色翡翠、染色石英岩等。也有人将颜色差的红宝石原料进行染色处理，使之颜色变红，但这种红色不正，肉眼观察较呆板，用沾有酒精或二甲苯的棉球揩之，会使棉花染上红色。

9.2.2　宝石加工款式

没有经过琢磨的宝石称为原石，原石按照一定的规格式样经过琢磨、抛光，才能制成宝石首饰。用透明宝石制作首饰时，要充分利用宝石的折光、色散等光学特征，将其琢磨成具有各种角度平面的款式，使宝石变得光彩夺目、色泽艳丽。有些半透明或不透明的宝石在一定条件下也可发出美丽动人的色彩，按照一定规格把它们琢磨成不同的款式，能够充分展现它们的色彩。纵观宝石琢磨款式，可分为刻面形（也称翻光面形）、弧面形（也称腰圆形）和随意形三大类。

9.2.2.1　刻面形

刻面形是指各种透明宝石表面琢磨和抛光后有许多小刻面，即翻光面（俗称"翻"或"瓣面"）的宝石琢磨款式。具体包括以下几种类型：

（1）玫瑰花形：这是一种底面平坦和上部有若干翻光面的古老款式（见图9-1）。

（2）桌形：这是一种翻光面形的"预备型"，是根据金刚石八面体晶体琢成（见图9-2）。

（3）阶梯形或祖母绿形：这是一种具有阶梯状的翻光面琢磨款式。这种款式与其他款式的区别在于所有斜翻光面的边缘一般都平行于腰边，

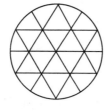

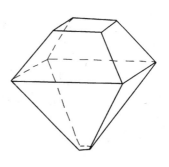

图9-1　玫瑰花形　　　　　　　图9-2　桌形

通常的翻光面排成一排排、一层层，多数是三层，类似梯子的阶梯，因此而得名（见图9-3）。典型的祖母绿形通常呈矩形，在典型的祖母绿形的基础上可以琢磨成各种阶梯形的变形（见图9-4）用于琢磨各种透明的宝石。

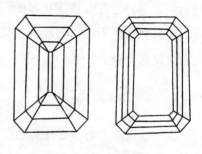

图9-3　阶梯形或祖母绿形

（4）钻石形：这种琢磨款式除琢磨许多透明宝石外，主要用来琢磨钻石（见图9-5）。又因琢磨后的钻石在小翻光面上常出现各种颜色的闪光（即"出火"），故又称"出火形"。钻石形的变形很多，主要有梨形、椭圆形、卵圆形（橄榄形）（见图9-6）、心形、老地雷形、欧洲形（见图9-7）和现代多面形（即理想形和美国形）以及介于祖母绿形和钻石形之间的古典式形（见图9-8）。

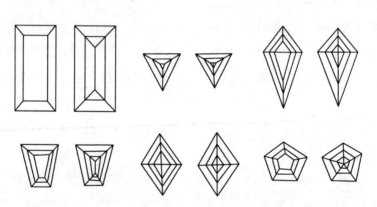

图9-4　阶梯形的变形

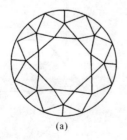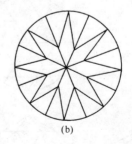

(a)　　　　　　　(b)

图9-5　钻石形

（a）正面；（b）背面

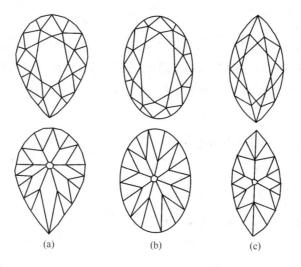

图 9-6　钻石形的变形

（上为正面，下为背面）

（a）梨形；（b）椭圆形；（c）卵圆形

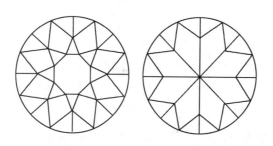

图 9-7　欧洲形

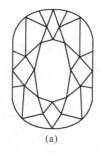 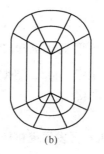

图 9-8　古典式形

（a）正面；（b）背面

9.2.2.2 弧面形

弧面形也称腰圆形（见图9-9），这是一种多用于具有星彩、变彩、游彩等特征以及不透明的宝石戒面的琢磨款式。当宝石内部裂纹和包裹体即瑕疵较多时，多采用此款式，以掩盖其缺陷和不足，弧面形还可细分为如下形式：

（1）单弧面形：戒面顶面呈弧形曲面，平底，曲面的顶部可高，可中也可低，形似馒头。

（2）双弧面形：戒面上下两面全呈弧形曲面，一般上半部高，下半部曲面较缓。星光宝石、猫眼宝石、月光石都是这种琢磨款式。

（3）凹弧面形：在戒面的底部琢磨一凹形空洞，使之成为空心戒面，这种款式可使原本不太透明的宝石戒面顶部变薄而透光，颜色显得鲜艳。

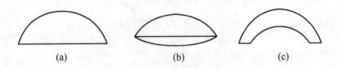

（a）   （b）   （c）

图 9-9 弧面形

（a）单弧面形；（b）双弧面形；（c）凹弧面形

9.2.2.3 随意形

随意形是指宝石琢磨款式不受上述款式的限制，可根据需要琢磨成各式各样的形状。随意形在我国亦称"各种琢型的小石"，如串珠、耳坠、别针、戒面等各式镶嵌品。

目前，宝石琢磨款式已进入"多样化、小型化、自由化、个性化"时代，许多宝石琢磨款式也随之发生变化。甚至有些天然形成的宝石，无需琢磨，即可镶嵌，衬托出佩戴者的粗犷、豪放性格。谓之"天然形状和随意款式超时髦"。

9.2.3 国外宝玉石开发研究机构

目前世界上从事宝玉石研究、鉴定、开发的机构和人员较多，较著名的有美国宝石研究所（GIA）、英国宝石协会教育部（FGA）、德国珠宝学院（DGG）、澳大利亚宝石学会（FGAA）、比利时高级钻石培训班（HRD）、日本山梨县美术专科学校等。这些宝石研究和培训机构服务的对象是宝石鉴定、宝石贸易工作者，受训人员不管其学前学历和所学专业，只要通过宝石培训，并经过考试合格，则按其学习内容的多少，分别授予相应的资格。例如，在美国宝石研究所，凡是主要靠函授方式学完了宝石鉴定、钻石及有色宝石分类课程，并通过书面考试的人，均可授予宝石学家（G）称号。那些已具有 G 证书条件，而且又学习了由 GIA 老师面授的钻石及有色宝石鉴定课的学生或者在 GIA 脱产学习，面授半年的学生，可获得学位的宝石学家（GG）证书。在英国通过英国宝石协会教育部初级课程和证书课程学习，并通过考试合格者，就可获得宝石协会会员及鉴定师资格（FGA）。随着世界经济的发展，人们的消费水平不断提高，高档的珠宝玉石很受青睐，中低档的需求也在不断增加，各种宝石纷纷进入寻常百姓手中，由此涌现出一大批首饰生产厂家，形成了集宝玉石原料开采、生产加工、成品镶嵌、批发零售、研究鉴定于一体的格局。

9.3 我国宝玉石事业发展现状

9.3.1 宝玉石资源状况

我国开发和利用宝石资源历史悠久，并享有盛誉，但在 20 世纪 80 年代之前，我国宝石品种和产地却不多，开采的宝玉石仅有新疆和田玉（软玉）、辽宁岫岩县的岫玉（蛇纹石玉）、河南密县的密玉（石英岩玉）、河南南阳县的独山玉（黝帘石化斜长岩）、湖北郧县的绿松石、湖南源水金刚石、山东临沭金刚石、辽宁大连瓦房店金刚石、内蒙古的玛瑙、台湾软玉猫眼、江苏东海水晶等。

20 世纪 80 年代初，地质矿产部的广大职工，从检查再到评价入手，进而转入对远景新区的普查，扩大了山东临沭、辽宁大连金刚石的远景储量；找到了中国东部六省（山东、海南、福建、安徽、江苏、黑龙江）早第三纪碱性玄武岩型蓝宝石成矿带；新疆阿勒泰地区、湖南幕阜山、内蒙古、云南元阳地区等地伟晶岩型绿柱石、电气石成矿带；河北张家

口地区、吉林蛟河二辉橄榄岩包裹体中的橄榄石成矿带；江苏东海镁铝榴石砂矿；广东揭阳黄玉冲积砂矿；青海乌兰翠（也称青海翠或钙铝榴石玉）矿床等；另外还发现了有成矿前景的新疆南部、云南南部产于大理岩与酸性火成岩接触带上的红宝石矿化点；新疆的方柱石、黝帘石、透辉石矿化点等等。目前，不同品种的宝石矿化点遍及全国各地，尤其是金刚石、红宝石、蓝宝石等高档宝石具有良好的找矿前景。当前投放市场的宝石品种已达 30 多种，其中辽宁产的钻石，河北、吉林产的橄榄石，新疆产的软玉质量位居世界前列。我国还是世界上橄榄石、改色黄玉、蓝宝石的供给大国。

近几年，市场上又轰轰烈烈地出现了云南的黄龙玉（黄玉髓）、贵州的罗甸玉（透闪石玉）、云南和四川的南红玛瑙、辽宁朝阳的战国红玛瑙、广东江门的台山玉（黄玉髓），它们的出现又进一步丰富了珠宝玉石市场。

9.3.2　市场贸易状况

进入 20 世纪 90 年代以来，随着国民经济的迅速发展，黄金珠宝首饰的消费在中国大陆骤然升温，在全国各大中小城市的繁华地段，金银珠宝首饰店鳞次栉比。例如，90 年代初，长沙市街头很少见到珠宝店，自 1993 年以后，黄金珠宝经销专营店一个接一个地开业，国有大中型零售商场也纷纷开辟首饰柜台，成立钟表工艺首饰部。到目前为止，仅长沙市区的珠宝经销专店和大商场的珠宝首饰部就有几百家以上。

由于首饰业的迅猛发展，对首饰用黄金的需求量也逐年上升，2013 年度首饰用金达 800 多吨，而我国 2013 年度的黄金产量 500 多吨，满足不了需要，就不得不进口黄金首饰以弥补国内黄金的不足，另一方面以回收旧金来补充。

随着消费档次的提高，高档宝石愈来愈受到消费者的欢迎，如钻石、红宝石、蓝宝石、祖母绿、翡翠、珍珠等饰品已被广大消费者所接受，中低档宝石饰品在中小城市的销路也比较好。许多消费者以购买金银珠宝首饰来作为资金保值的一种手段和途径。

9.3.2.1 钻石市场

海关信息 2013 年 5 月 6 日发布数据，2013 年 1~3 月我国钻石进口量 411.9 万克拉，同比增加 26.9%。婚庆刚需强劲，消费成钻石进口的主要应用领域。

不过，1~3 月钻石平均进口价格 333.0 美元/克拉，下降 19.2%，进口额为 13.7 亿美元，仅小幅增长 2.5%。

从产品用途看，消费是我国钻石进口的主要应用领域，当季非工业用钻石占进口钻石总量的 68.3%。全球最大的钻石制造商戴比尔斯数据显示，2012 年中国钻石消费量增长了 8%~10%，为全球最好表现。

海关信息网分析认为，在全球经济低迷、世界钻石消费整体回落的背景下，我国钻石消费显示出刚性需求的特征。目前我国正进入新的婚育高峰期，婚庆市场钻石消费需求不断扩大。数据显示，1~3 月我国金银珠宝零售额累计增长 17.7%，其中 3 月当月实现增长 26.3%。

"国五条"的出台对珠宝行业带来利好。珠宝不是纯粹的金融类投资，而是更大概念上的投资。在钻石价格每年都在上涨的情况下，现在购买本身便是一种好的投资行为，有人表示，和黄金相比，钻石价格更为稳定，且更便于使用和佩戴。随着钻石矿产资源的枯竭，钻石的升值前景强过黄金，存在爆发性增长的可能性。

9.3.2.2 翡翠市场

翡翠虽然不产于中国，但与中国文化有很深的历史渊源，或者更准确地说，中国的文化与玉有深刻的历史渊源。玉文化是中华民族文化的一个重要组成部分。我们的祖先从旧石器时代开始就与玉结下了不解之缘，上下几千年，创造了绚丽多彩的玉文化。它不仅是一种美丽的石头，而且自古至今在人们的心目中都带有神秘的信仰和寄托，以玉祭天，以玉喻人，以玉比德，以玉护身，形成了独特的中国玉文化景观。

2013 年，随着国际金价遭遇 30 年来的最大单日跌幅，资本大鳄纷纷做空黄金市场。而此次黄金价格大跌不仅影响到黄金投资品，同时也"传染"到了收藏市场。但是一片跌宕声中，唯独玉石市场独善其身。近年来，翡翠价格呈爆发性增长，特别是近 50 年来，翡翠价格涨了近 1000

倍，拍卖市场更是经常拍出天价翡翠。

短短十几天中国大妈"横扫"300多吨黄金，连高盛的经济师也不得不修正持续看空黄金的言论。而近日在翡翠市场上也传出了类似的现象，藏家手中的翡翠被批发商甚至加价20%大批回购。

山东万嘉隆珠宝城负责人介绍，价格上涨一方面是因为缅甸政府收回采购权，限制开发，另一面是由于国内上乘原材料短缺所致。目前上乘的成品翡翠价格涨幅甚至超过了30%，像2012年卖20万元的翡翠手镯，如今很多商家都喊到了26万元。

据了解，缅甸是全球最主要的翡翠原石产地，随着缅甸原石可开采量逐年减少，资源已经接近枯竭。2012年，缅甸玉石的产量减少了10439吨，数十年来缅甸政府一直在加紧控制翡翠矿产资源。此外，近年来欧美等国家都纷纷进入缅甸进行翡翠的开采和贸易，也打破了原有的格局。

虽然翡翠价格涨了，但比起黄金市场的门庭若市却还是另一番景象。多家玉石店冷冷清清。一个成色中上等的翡翠手镯都要几万元，有的甚至几十万元，一月成交一件就不会赔了。

虽然翡翠现今成为炙手可热的玉石，但因标准不一，不乏乱要价的现象，购买风险较大。买翡翠比买宝石难多了，因为水太深，又不懂行，轻易不敢下手，毕竟具有投资价值的每件翡翠价格都不菲。两个成色差不多的翡翠手镯，价格却差了近三千元，正所谓黄金有价玉无价，比如通透程度、颜色饱和度等，一点点细微的差别都会影响价格。

9.3.2.3 彩宝迎来快速发展阶段

中宝协彩宝分会常务副会长伍毅斌表示，中国彩宝市场在经过10年的推广后，迎来了快速发展阶段。彩宝市场零售额从2005年的20多亿元，发展到2009年的60多亿元，尤其是2000年之后，彩宝进入了高速发展期，每年以30%~50%的幅度增长。在全球金融危机和国内经济增速放缓的影响下，今年中国珠宝行业增速减慢，包括钻石、翡翠在内的很多珠宝品类的销售出现下滑，但彩宝依然保持了约10%的增长，这是一个难得的、可喜的成绩。

中宝协彩宝分会常务副会长伍毅斌先生表示，近两年，国内彩宝设计有了很大提升，尽管与国际高水平彩宝设计大师仍有差距，但这个距离逐步在缩小。目前，国内设计师不缺乏好的创作理念，但在如何将好的理念充分表达出来，还有很多进步空间，这是一个很考验设计师综合功底的事情。这种差距在短时间内不会消除，它需要一个过程，包括一个长时间的文化积淀等。

谈及近年彩宝增长的原因，伍毅斌认为有两点：一是市场发展规律使然。在钻石、足金市场饱和，利润"边际效应递减"规律作用下，越来越多的企业意识到需要有新的珠宝品类带来利润增长，很多商家开始重视或进入彩宝市场；另一方面是消费者购买首饰的动机在发生改变。现在80、90后已成为市场的主要消费群体，与60、70年代出于"保值、升值"心理购买珠宝首饰的妈妈、奶奶级消费者相比，他们更在意的是首饰本身是否好看和适合自己。钻石给消费者打造了一个"保值"的梦，而彩宝则是把人们从梦境拉回现实，彩宝的颜色丰富多彩，可以将人们的日常生活装点得五彩缤纷，充分表达消费者的个性，让人们学会享受当下。

2013年5月，中国珠宝玉石首饰行业协会彩色宝石分会的成立，使中国彩宝告别了企业单打独斗的局面，走上了共赢发展的道路。据悉，彩宝分会成立以来，积极举办了设计大赛、设计论坛等一系列彩宝的推广活动，业界和市场反响热烈。伍毅斌指出，未来，彩宝分会将带领彩宝企业在大力挖掘和表现彩宝文化以及时尚设计上下工夫，让彩宝之路走得更久、更远。

9.3.2.4 红宝石市场

热情似火、晶莹璀璨，红宝石自古便是最珍贵的宝石之一，深受各国达官贵人喜爱。在欧洲王室的婚礼上，依然将红宝石作为婚姻的见证，每一位出嫁的公主都会得到至少一件红宝石首饰作为陪嫁。在伊丽莎白二世女王婚礼上，她收到缅甸赠送的96颗红宝石以及一对镶嵌有红宝石和钻石的饰物。1978年，女王将这些礼物改造成了王冠，将红宝石镶嵌在王冠的最顶端。她所戴的红宝石项链是她的父母赠送的珍贵礼物。

近年来，昔日皇室尊贵珠宝珍藏日渐成为时尚潮流的宠儿。低迷的资本市场让越来越多的投资者将目光转向了珠宝投资。保值且增值速度

快成为投资珠宝的优势，在众多的珠宝投资领域，红宝石的投资前景颇受市场关注。

红宝石属于彩色宝石的一种，在欧美成熟的珠宝市场上，彩色宝石市场份额高达20%~30%，但是我国目前市场份额仍不足5%，所以红宝石的增值空间十分巨大。另外，红宝石也是当今世界公认的五大名贵宝石之一，本身就具有珍贵的收藏价值和巨大的增值空间。此外，随着现代机械开采的规模化，红宝石资源已经大幅减少，很多矿场已经停产。每500吨的矿石中，仅能得到1克拉的红宝石，而品质优秀者寥寥无几，其珍贵可见一斑。目前红宝石资源越来越珍贵，这也成为近年来国际红宝石价格节节攀升的原因之一。

就国内来说，目前珠宝投资者对红宝石投资仍比较陌生。优质高档红宝石消费市场仍主要集中在美国、日本和欧洲这些发达国家和地区。不过红宝石的红色是中国人所喜爱的颜色。红色代表热情与自信，这是中国人的性格；红色一直被中国人誉为吉祥与喜庆的象征，从一定程度上来看，配以一些中国元素之后，它更承载了灿烂辉煌、源远流长的中国文化。

9.3.2.5　蓝宝石市场

近年来，除了金、银类贵金属和钻石等投资出现较好的势头外，素有"帝王石"之称的蓝宝石投资市场也已展现出巨大的发展前景。而细观最近几年的拍卖行情，几乎每年都有蓝宝石创下新拍卖价格的纪录。2012年9月，世界上独一无二的一枚宝格丽蓝宝石钻戒曾亮相香港般咸道拍卖会，一度引人注目，并且最终以189万英镑的高价成交，价格是预先估值的两倍多。

2012年，英国王室正式宣布了王子威廉即将订婚的消息，与这个消息同时出现在公众面前的是威廉送给"准王妃"未婚妻凯特·米德尔顿的一枚蓝宝石订婚钻戒。这枚戒指的曝光，也让蓝宝石在欧美掀起了一股热潮。说起威廉王子的这枚订婚钻戒，可是大有来头。它是威廉王子母亲、已故王妃戴安娜的订婚戒指，其主宝石是一颗价值大约30万美元的18克拉椭圆形蓝宝石，旁边围有碎钻衬托。

让不少欧美珠宝商喜出望外的是，威廉王子用蓝宝石戒指求婚的消息一经公布，立即引发了欧美年轻人抢购蓝宝石戒指的狂潮。纽约一家蓝宝石钻戒制作公司的员工们不得不加班加点赶制戒指。当然，腰包不足的绝大部分顾客都只要求用较小颗的宝石，制作廉价的翻版。

虽然中国向来尊崇玉石文化，但近年来也悄然兴起了一股蓝宝石风，国内珠宝商家纷纷把目光投向了蓝宝石。加之一些从房地产撤出的游资转投介入，与过去十几年相比，其价格呈现飞跃式增长，不少藏家开始关注蓝宝石的投资潜力。近年来，由于欧美消费市场的疲软，作为奢侈消费品，蓝宝石的成交量虽然有所下降，但蓝宝石的价格却并没有走低。随着蓝宝石价格扶摇直上，蓝宝石的开采也进入到了近乎疯狂的地步。在国际上，最为珍贵的克什米尔蓝宝石矿产已经枯竭，其他高品质蓝宝石的矿产区如缅甸、斯里兰卡、马达加斯加等都濒临枯竭。蓝宝石投资要从多角度观察分析，首先蓝宝石的价值与它的颗粒大小、重量、颜色、火彩与切工有着密切的关系。颗粒大，质量好，火彩佳的蓝宝石非常难得，价值也不菲。

随着消费者对珠宝认识的不断加深，越来越多的消费者对珠宝的品质有了更高要求。近两年间，低端的红蓝宝石在逐步退出市场，优质的红蓝宝石快速发展，成为红蓝宝石市场中的主力军。2008～2009 年两年的时间里，红蓝宝石市场以几倍于前几年的增长速度在发展。而国外成熟珠宝市场如欧、美、日等国家和地区，红蓝宝石市场份额达到了珠宝消费总额的 5%～10%，但中国这个比例还不足 1%，红蓝宝石的升值空间和市场潜力巨大。

9.3.2.6 祖母绿市场

祖母绿被称为绿宝石之王，是相当贵重的宝石（五月的诞生石），国际珠宝界公认的名贵宝石之一。因其特有的绿色和独特的魅力，以及神奇的传说，祖母绿是最名贵的宝石品种之一，在西方人的眼中，它是绿宝石之王，对它的崇拜不亚于东方人对翡翠的膜拜。西方的珠宝文化史上，祖母绿被人们视为爱和生命的象征，代表着充满盎然生机的春天。传说中它也是爱神维纳斯所喜爱的宝石，所以，祖母绿又有成功和保障爱情的内涵，它能够给予佩戴者诚实、美好的回忆；而它所闪烁的那种

神秘的光辉使它成为最珍贵的宝石之一。在西方一直是人们所向往的名贵宝石。

中国大陆由于多年来对翡翠喜爱和充填处理等因素的影响而淡化了祖母绿，然而近几年随着鉴定技术提高，祖母绿已深受中国一些消费者青睐，并很快进入热销阶段。其价格也扶摇直上。

最近香港珠宝拍卖会落幕，名家设计的祖母绿、猫眼首饰成为热拍亮点之一，其中，卡地亚祖母绿乌龟吊坠项链以近 3 倍于起拍价的高价成交；一枚 2 克拉普通的祖母绿猫眼镶白钻戒指，起拍 6 万港元，多人争夺后，21.25 万港元落槌。但对普通藏家来说，祖母绿是舶来珠宝，收藏市场仍处起步阶段，流通、回购渠道都未成形，购买时需要谨慎。

2012 年香港佳士得的一对祖母绿耳坠为 7.51 克拉、6.85 克拉，以 7940000 港币成交。

9.3.2.7　珍珠市场

世界珍珠产业正处在一个不断增长的阶段。无论是在欧美国家还是发展中国家，珍珠首饰的消费都日渐趋热。随着全球经济的复苏，无论亚洲各国，还是美国、欧洲等主要珍珠消费大国的需求量都将持续上升。

随着经济的发展，中国珠宝首饰市场年消费额近年已跃升逾 1000 亿元人民币，其中珍珠首饰销售额达 40 多亿元，是世界上少数几个珠宝消费超过 100 亿美元的国家之一。作为饰品消费总量最大的中国女性，人均饰品占有率却不及 5%，与一般发展中国家的 47% 相比相差甚远。作为拥有 13 亿人口的中国市场，拥有巨大潜力的消费市场、充裕勤快的劳动力、丰富的原材料和不断提升的技术等优势条件，这为产业格局的裂变和产业链的打造，提供了极好的基础条件，如巨大磁石般吸引着国际珠宝产业链的内移。近年来，来自意大利、中国香港、印度、中国台湾、韩国、美国、日本、新加坡等十多个国家和地区的珠宝商人连续不断地在中国设置生产基地，促使珠宝产业成为中国未来最为繁荣和兴盛的产业之一，其重要性无可替代。

就中国珍珠产业现状来说，中国是珍珠养殖和出口大国，产量已占到世界淡水珍珠总产量的 95%，年出口珍珠 1000 多吨，并且从养殖、加工、销售已经形成了一个完整的产业链。但是，在对低档珍珠升值产品的开发和高档珍珠首饰的生产上，仍然是处于薄弱环节，这制约了中国珍珠产业的发展和中国珍珠企业在国际市场的竞争力。所以珍珠产业链的延伸与升级势在必行。这就迫切需要在中国建立一个集珍珠珠宝加工生产、国际商贸、资本流通、商情发布和文化交流于一体的世界性的珍珠交易中心，来推动国内行业的升级换代。

在国内，虽然广东、苏州、扬州和义乌已经有珍珠珠宝的专业市场，但真正意义上的世界级的珍珠交易中心尚未形成。中国珍珠行业的发展正在呼唤这样的一个中心，目前，浙江诸暨可能是最佳之选。其一，诸暨本身就是中国的"珍珠之乡"，它是中国产量最高的淡水珍珠养殖地区，占世界珍珠产量的 75%；同时也是中国珍珠交易量最大的地区，市场年成交珍珠 650 吨，占中国淡水珍珠交易量的 80%。市场辐射世界 50 多个国家和地区，远销美国、日本、欧洲各国、俄罗斯及东南亚各国。其二，诸暨地理位置卓越，地处中国经济最活跃的长三角中心腹地，位于上海、杭州、诸暨、义乌、宁波等交通路线中间，周边 250 千米内有四个国际级机场，各种交通运输便捷畅通。深厚庞大的珍珠产业基础和优势的区位使诸暨成为建立世界级珍珠交易中心的不二选择。

从现实意义上讲，建设珠宝首饰产业链基地，在我国目前仍属于一个未被占领但前景广阔的一个市场领域。

所以说虽然现在珍珠产业不是很受重视，但是相信在不久的将来，珍珠产业会十分发达繁盛。

9.3.3 检测鉴定研究机构

20 世纪 90 年代以来，我国宝玉石业得到了蓬勃发展，珠宝首饰的生产、加工、销售已成热门行业，宝玉石的鉴定、研究、开发和管理机构也相继成立。各省、市、自治区、各地县纷纷成立宝玉石协会和宝玉石研究所。在鉴定检测方面，地质矿产部率先成立了地矿部珠宝玉石检测中心，并颁布了三个相关的鉴定标准，即《珠宝玉石名称》、《珠宝玉石鉴定》和《钻石分级》，由此带动了全国的宝玉石开发、鉴定工作。各省、市、自治区、地级市纷纷得到了当地省技术监督部门的认证

授权，纷纷成立了黄金珠宝首饰鉴定方面的法定监督检验机构——授权站或中心站。珠宝玉石首饰质检机构的建立，使我国珠宝玉石首饰检测鉴定研究方面不断向科学化、正轨化、法制化、现代化迈进。同时也规范了宝玉石首饰经销者的行为，既维护了经销者信誉，也保护了消费者权益。同时使我国的珠宝玉石事业逐步与国际接轨，以适应国际发展潮流。

第10章 珠宝首饰的佩戴与保养

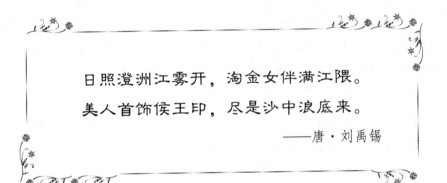

日照澄洲江雾开，淘金女伴满江隈。

美人首饰侯王印，尽是沙中浪底来。

——唐·刘禹锡

爱美之心人皆有之，在人们精心挑选适宜服饰的同时，也越来越注重佩戴相搭配的珠宝首饰来装扮自己。当然在追求美的过程中不能脱离现实，体现美必须根据性别、年龄、肤色、仪态风度和体形特征等条件综合考虑，这样才能形成整体的美感。

10.1　首饰佩戴的一般原则

10.1.1　首饰佩戴的 T. P. O 原则

在选择适宜的首饰进行佩戴时，关键在于能够恰当地解决好 T. P. O 这一问题。T. P. O 是英文 time、place 和 object 三个单词的首字母缩写。T 代表时间，也可以用来代表时期、季节、时令、时代；P 代表场合、地点、职位；O 代表目的、目标和对象。由于每个人都在一定的时间、空间生活，与他人接触不可避免地存在接触目的和对象的问题。因此，T. P. O 原则不容忽视。T、P、O 组合不同，所需首饰自然不同。

佩戴首饰首先要考虑时间，尤其应考虑季节（Time）。春天万物复苏，生机勃勃，佩戴绿色的首饰（翡翠、绿宝石、孔雀石等）最为适宜；夏日炎炎，蓝色（蓝宝石、带微蓝色的钻石、青金石等）或绿色的首饰使人感觉清凉爽快；秋天硕果累累惹人喜爱，选用黄金、红宝石、星彩宝石、玛瑙等首饰在沉稳中略带得意感；冬天银装素裹分外妖娆，白金、银、欧泊、日光石、月光石等宝石首饰会把寒意和对新春的向往带给人们。

　　佩戴首饰还要注意场合（Place）。在不同的环境与他人交往，一定要选择能使自己仪态自然、落落大方的首饰。只有当首饰与衣着、环境相协调时，才能使人浓妆素裹总相宜。在喜庆的日子里，当出席宴会、舞会或大型社交场合时，应佩戴华丽、高贵的首饰套件，用以显示自己的风采；日常生活或工作中经常要做些手工劳动，因而不免磕磕碰碰，此时最好不要佩戴镶嵌宝石的首饰，尤其是高档宝石首饰，以免磨伤损坏。最好的选择是佩戴普通、贴身、线条明快、简洁的包金、银首饰，或者人造首饰。款式要在简洁中求丰富，纯朴中求华美；色彩要在调和中求变化，在淡雅中求高贵。

　　佩戴首饰要根据待人接物的对象、目标作出选择（Object）。面对亲属、朋友，要佩戴色泽温和、造型生动的首饰；面对竞争对手、谈判对象，选用色泽逼人、造型奇特的首饰；接触新人或不熟悉的朋友，如果佩戴星彩、变彩、游彩的宝石首饰，会使对方产生安谧的神秘感，非常愿意与你接触，以求相互了解；当你与爱人、挚友在一起时，佩戴一些带有永恒意味的钻石、祖母绿、红宝石等高档首饰，会给对方带来爱意和温暖，使之忘却烦恼和疲劳。

10.1.2　首饰与脸型、发型的搭配

　　短脸型者宜佩戴长项链；方脸型者宜佩戴曲线优美的狭长耳坠和较长的项链；长脸型者宜佩戴大而圆的耳环和较短的项链；尖脸型者宜佩戴下垂的较大圆耳钉；上尖下宽脸型者，耳饰宜小不宜大，项链宜长不宜短、宜粗不宜细；瘦高、颈长的人应戴较短的项链或多层组合的项链。短发与精巧耳钉搭配可衬托女性的精明活泼；长发与狭长耳坠搭配可显

示浪漫风采。

10.1.3　首饰与体型的搭配

身材高大的人一般不宜佩戴形状单一、颜色艳丽而尺寸又小的珠宝，如小的耳环、窄细的项链等，会给人小气的感觉；可以选择造型大而丰富的首饰。身材娇小的女性不宜佩戴一些形状奇特、粒度过大的珠宝，如过长的 V 形项链、太大的吊坠、太宽的戒指等，否则会愈发显得瘦弱。身材矮胖的应选择细长而造型简洁的项链以增加视觉的延伸感；至于耳环、戒指则应粗细得当，过粗令人觉得矮胖，过细则又与其较粗的手指不相称。身材高瘦的为使脖子显得圆润，宜选择短小而简洁的项链；而耳环、戒指、手镯等则宜选较为华丽的，可使双耳、双臂和手夺人眼球而让人觉得不太清瘦。

10.1.4　首饰与服装的搭配

礼服：礼服多是出席较隆重场合的着装，比如酒会、婚礼、晚会等。因此要选择名贵、时尚的首饰与之相衬。可以佩戴一些较鲜艳夺目的珠宝首饰，如钻石耳环、红宝石吊坠等，以彰显超群脱俗、高贵华丽的气质。对于礼服来说，耀眼而时尚的钻饰是最适合的，且永不出错的选择。

职业装：职业装是职场女性工作时的着装，以西装、制服为主。体现的是庄重、干练的气质。因此珠宝首饰的造型不要过于繁杂；应选择大小中等，形状、线条简洁的珠宝首饰。同时也不能选择颜色艳丽、造型花哨的首饰，容易给人轻浮感。

时装：时装的风格最多样化，首饰的搭配也最富有情趣。必须根据时装的风格选购适合的首饰，宗旨是协调。如设计比较女人味的服饰应搭配款式柔和、造型小巧别致的首饰；中国的传统旗袍或者中式服装可以选择传统设计的翡翠镶钻系列。

10.1.5　不同颜色首饰的含义

有关专家认为，色彩是有个性的，而且每一种都有一定的含义：

（1）白色：表示纯洁、神圣和清爽；

（2）金色：表示光荣、华贵和辉煌；

（3）黄色：表示温和、光明和快活；

（4）红色：表示活力、健康和希望；

（5）橙色：表示兴奋、喜悦和华美；

（6）绿色：表示青春、未来和朝气；

（7）青色：表示希望、坚强和庄重；

（8）蓝色：表示秀丽、清新和宁静；

（9）紫色：表示高贵、典雅和华丽；

（10）黑色：表示神秘、静寂和悲哀。

10.2　不同类型首饰佩戴原则

10.2.1　戒指的佩戴

在古代，戒指在最初并不是作为装饰品用的，而是宫廷中的嫔妃们每月避忌君王"御幸"时的一种特殊标志，故称为"戒指"。在今天，戒指已不仅是美化生活的装饰品，还成为了爱情的信物。

国际上约定俗成的戴法：

戒指决不戴在大拇指上，双手其他的各个手指都可以佩戴；

戒指戴在食指上，表示本人已有情人，想结婚而尚未结婚；

戒指戴在中指上，表示本人正在寻求对象或正处于热恋之中；

戒指戴在无名指上，表示本人已经订婚或已经结婚（见图10-1）；

戒指戴在小指上，表示本人决心过独身生活，也就是表示本人终身不嫁或终身不娶。

按西方的传统习惯来说，左手显示的是上帝赐给你的运气，因此，戒指通常戴在左手上。

戒指戴在不同的手指上，能体现与性格有关的心理含义：

喜欢戴在食指者，性格较偏激倔强；

图10-1　对戒

喜欢戴在右中指者，心理平衡，态度客观，崇尚中庸的人生观念；

喜欢戴在左中指者，有责任感，重视家庭；

喜欢戴在小手指者，有自卑感；

喜欢戴在无名指者，无野心，随和，较不计较得失。

戴戒指应该注意：

戴在食指上的戒指，要求有立体感的造型。

戴在中指上的戒指，要求大气、有重量感，能够给人以较正式、积极的感觉。

戴在无名指的戒指，适合正统造型。

戴在小指上的戒指，适合可爱、秀气的造型，因为小手指给人以女性化的感觉。

手指修长，适宜宽戒和有体积感的戒指。

肥胖型的手适合戴螺旋造型的戒指，这样能使手指稍显纤细。

短粗型的手可选择流线造型的戒指。

一个手指头不要戴多枚戒指，一只手不要戴两只以上的戒指。如果在同一只手上戴两枚戒指时，色泽要一致，而且一枚戒指复杂时，另一枚一定要简单。此外，最好选择相邻的两个手指，如中指和食指。

戴薄纱手套时戴戒指，应戴在手套里面，只有新娘可以戴在手套外面。

上述虽是约定俗成的规则，但并不是法律条文，不必严格遵守，但是如不了解这种戴戒指的常识，任意乱戴一气，可能会闹出笑话。

10.2.2 手镯的佩戴

戴手镯也颇有讲究，不是想怎么戴就怎么戴，违反了约定俗成的规矩会让人贻笑大方。戴手镯时，对手镯的个数没有严格限制，可以戴一只，也可以戴两只、三只，甚至更多（见图10-2）。如果只戴一只，应戴在左手而不应是在右手上；如果戴两只，则可以左右手各戴一只，或都戴在左手上；戴三只以上手镯

图 10-2 手镯

的情况比较少见，即使要戴也都应戴在左手上，以造成强烈的不平衡感，达到标新立异、不同凡响的目的。不过在此应当指出，这种不平衡应通过与所穿服装的搭配来求得和谐，否则会因标新立异而破坏了手镯的装饰美。

如果戴手镯又戴戒指时，则应当考虑两者在式样、质地、颜色等方面的协调与统一。比如，佩戴翡翠戒指或钻戒可以用翡翠手镯来搭配。佩戴金戒指最好佩戴金手镯，如还继续用翡翠手镯来搭配，那么就显得有点不伦不类。

10.2.3 项链的佩戴

项链在改变脸型、颈部和创造期望效果方面有多种优势。例如，对大多数的女性来说，一条短的项链会使脸变宽，脖子更粗，所以，长脸和长脖子的人经常戴这种项链。项链的粗细，应该和脖子的粗细成正比（见图10-3）。

图 10-3 项链

一般短项链（长度40cm左右），适合颈部细长的女士，最好是配 V 字领上衣。中长度项链（50～60cm）尽量不要挂在领口边上，这样会显得老土，它适合搭配领口较宽大的衣服。长项链适合佩戴在衣服外，并搭配款式较为简单的长套裙、长裤、长裙。

选择链坠时要力求和项链在整体上协调一致。正式场合不要选用过分怪异的图形、文字的链坠，也不要同时使用两个以上的链坠。

对于年轻的女性来说较偏向于选择个性、纤细些的小颗粒、小直径的项链；而中老年妇女更适合佩戴较粗一些的项链。如果想在外观上让注意力离开脸部的女性可以用一个引人注目的项链轻易实现。

10.2.4 耳饰的佩戴

耳饰有耳环、耳链、耳钉、耳坠等款式，讲究成对使用。工作场合，不要一只耳朵上戴多只耳环（见图10-4）。无论流行什么样的耳环，只要

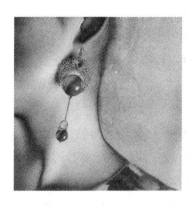

图 10-4　耳环

是与你的脸型搭配合适的耳环，就是最美的耳环。长脸型宜选择点、片状并富有光泽的耳环；椭圆脸型的女性，适合戴夸张款式的耳环，如大方形耳环等；方脸型的女性，宜选用卷线条或圆形的耳环；瓜子脸型的女性，最好选三角形、大钮形耳环。

再者，我们可以根据季节或者是肤色、身材、服装来选择耳环款式。夏季可佩带小型带钻石的耳环，冬季佩戴金耳环较适宜。脸色黄者宜佩戴白色耳环，脸色白者选粉色耳环，或镶玛瑙、红宝石的耳环。女性身材瘦小可选镶钻小型耳环，身材高大可选佩垂挂式长耳环。成熟女性可佩戴圆形纯金耳环，少女则选三角形耳环为好。穿素色衣服时，耳环可与腰带、皮包和皮鞋共同搭配成对比色。穿素装可佩戴翡翠耳环，若服装颜色太艳，耳环的装饰效果就差了。

10.3　常见宝玉石的佩戴与保养

10.3.1　钻石首饰的佩戴与保养

10.3.1.1　钻石戒指

在过去，璀璨夺目的钻石被视作是权力与财富的象征。而在今天，钻石坚硬无比的特性，又被人们更多地视为忠贞爱情的象征，特别是新婚夫妇，总会选择一枚钻戒作为爱情的见证（见图 10-5）。

在选钻戒时，钻石的形状与手型的搭配也至关重要。如果搭配的好，能起到相互辉映的作用，还能从中透视你的审美观，甚至有人认为还能从中知道你的性格。

钻石的形状传统上有五种：圆

图 10-5　钻戒

形、公主方形、梨形、心形、椭圆形。

手指粗壮：忌用心形的钻石，宜用越简单越好。

手指短小：最好配梨形或椭圆形的钻石，这样会让你的手指显得修长，切忌方形钻。

手指纤细：适宜配心形的钻石。

手指不够丰满：可选择圆形钻石镶在两行金环之间的款式，让手指显得圆润一点。

同时有人认为不同形状的钻石代表着不同的个性：

圆形：善良、随和，对家庭有着强烈的责任感，重视感情值得依赖，是家庭型女人。

公主方形：比较自律，考虑问题周详而理性，富有领导才能，是大姐大型的女人。

椭圆形：性格独立，有坚韧的毅力，有着务实精神，事业极为出色，是常说的女强人。

心形：想象力丰富，相信直觉，崇尚浪漫，是单纯可爱的女人。

梨形：稳重大方，贵气十足，是有富态的女人。

钻石镶嵌的方式也各有不同：

爪镶：时下最受欢迎的独粒钻饰样式。即用较长的金属爪（柱）紧紧扣住钻石，最大的优点就是金属很少遮挡钻石，清晰呈现钻石的美态，并有利于光线以不同角度入射及反射，令钻石看起来更大更璀璨。爪镶一般可分为六爪镶、四爪镶、三爪镶。时下结婚戒指就流行六爪皇冠款，公主方钻可以采用四爪镶，大粒钻石一般也采取两小爪并成一爪的形式。挑选时尽量选择圆爪的，避免钩住毛衣和头发，拉扯时造成爪子变形，钻石脱落。

包镶：也称包边镶，它是用金属边将宝石四周都圈住的一种工艺，多用于一些较大的宝石，特别是拱面的宝石。这是一种比较牢固和传统的镶嵌方式，它使钻石看上去光彩内敛，有平和端庄的气质。这种款式较适合年纪大的女性佩戴或者男戒的镶嵌。

卡镶：也称迫镶、夹镶、槽镶、壁镶、逼镶。其原理是利用金属的张力固定宝石的腰部（有时候是腰部与底尖的部分），是非常时尚的镶嵌款式，钻石的裸露比爪镶更进步，所以更利于闪烁钻石炯炯的光辉。购买钻戒时如果选择这种镶嵌方法的时候注意尽量选用 18K 金而不要选用 Pt 镶嵌。

钉镶：在金属材料上镶口的边缘，用工具铲出几个小钉，用以固定钻石。在表面看不到任何固定钻石的金属或爪子，紧密地排列的钻石其实是套在金属榫槽内。由于没有金属的包围，钻石能透入及反射更充足的光线，凸显钻饰的艳丽光芒。

轨道镶：是一种先在贵金属托架上车出沟槽，然后把钻石夹进沟槽之中的方法。轨道镶适用于相同直径的钻石，把钻石一颗接一颗的连续镶嵌于轨道之中，利用两边金属承托钻石，这种镶嵌法可令饰件的表面看起来平滑。

吉卜赛镶：这种款式在男戒中较为流行。这种款式的钻戒先将钻石镶入能较好包住钻石腰部的孔洞中，然后通过锤击周围的金属以固定钻石。

爪镶、包镶是传统工艺的代表，经历时代的演变，其风格含蓄稳重而又不失灵活变化，生命力极强，流行数十年依然经久不衰。轨道镶和钉镶多用于群镶钻饰或成为豪华款的点缀。卡镶则是当前时尚工艺的代表，由设计师赋予生命，变化无穷，是时下流行的新宠。

在挑选戒指时根据季节不同来适当调整自己的号码，冬天购买戒指，由于天气较冷，手指比夏天要细一号到半号，戒指以带上后可以左右旋转但不易脱落为宜，夏天则以带上后感觉稍紧为宜。

10.3.1.2 钻石耳饰

耳饰对于时尚女性具有独特的吸引力，适合的耳饰可以修饰脸型，突出脸部线条。一副精美的钻石耳饰，能立刻吸引旁人的目光，让你成为瞩目的交点（见图 10-6）。

脸庞偏大女性可以选择佩戴较大的耳环或三角形、水滴形耳环，这样最能

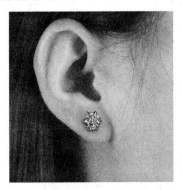

图 10-6　钻石耳钉

减小脸颊的宽广感。小脸的女性适宜用中等大小的钻石耳环，最好不要超过自耳垂起2~3cm。

圆脸的人常常有丰盈的下巴和脸颊，可以用长形钻石耳环和垂坠耳环作为陪衬，塑造上下伸展的视觉效果，使丰盈的脸部线条增添几分英气。

鹅蛋脸是东方女性中最为理想的标准脸型。各种造型的耳环效果都不错，但是要注重钻石耳环的大小要与自己的整体感觉相符。

方脸型的人往往脸部棱角突出，骨干较强。可以选用椭圆形、花形、心形的钻石耳环，或者选用悬垂感强烈的玄月形等等，这类的耳饰可以柔化脸部线条，避免了锐化的脸型特点，添加女性的妩媚气质。

长脸的人在选择耳饰上同方脸型的人一样，需要缓和脸部的棱角感。最好选用密贴耳朵的圆形钻石耳环，巧妙的增加脸的宽度，减少了纵向延展感。

10.3.1.3 钻石佩戴规则

钻石不仅是永恒爱情的象征，更是一种身份的显示，如今很多女性的钻石首饰也越来越多了，如何佩戴才能更显得锦上添花呢？需要注意以下几点：

（1）数量规则：戴钻石首饰时数量上的规则是以少为佳。在必要时，可以一件首饰也不必佩戴。若有意同时佩戴多种首饰，其上限一般为三，即不应当在总量上超过三种。

（2）色彩规则：戴钻石首饰时色彩的规则是力求同色。若同时佩戴两件或两件以上首饰，应使其色彩一致。戴镶嵌首饰时，应使其主色调保持一致。

（3）质地规则：戴钻石首饰时质地上的规则是争取同质。若同时佩戴两件或两件以上首饰，应使其质地相同。戴镶嵌首饰时，应使其被镶嵌物质地一致，托架也应力求一致。

（4）身份规则：戴钻石首饰时，身份上的规则是要令其符合身份。选戴首饰时，不仅要照顾个人爱好，更应当使之服从于本人身份，要与自己的性别、年龄、职业、工作环境保持大体一致，而不宜使之相去甚远。

（5）体型规则：戴钻石首饰时，体型上的规则是要使首饰为自己的体型扬长避短。避短是其中的重点，扬长则须适时而定。

10.3.1.4　钻石戒指的日常保养

钻石戒指代表了幸福和甜蜜，人们自然也希望它是常亮如新。简单介绍一些日常佩戴的注意事项和保养方法：

（1）做手工或体力劳动的时候，建议摘下钻石戒指，防止戒圈因挤压或撞击而导致变形。

（2）做家务的时候，钻石戒指需要取下，因为油腻或者碱性物质会腐蚀戒圈，钻石的亲油性容易让它被污染，失去美丽的光泽。

（3）洗澡的时候，钻石戒指也需摘下，因为水流的冲击和洗浴用品的润滑作用，很可能让钻石脱落消失，特别是镶嵌方式不是很牢固的钻石戒指。

（4）睡觉时请摘下钻石戒指，让它和您的手指一起休息。

（5）不戴时应把钻石戒指单独保存在珠宝盒或软皮口袋内，避免与其他首饰混合，否则坚硬的钻石会将其划伤；尤其应与黄金首饰分离，因黄金较软，如与钻饰放在一起或佩戴在一起，很容易受损。

（6）钻石戒指需要定期清洗。尤其是夏季，钻石戒指跟手指接触的部分有很多汗渍和灰尘混合的污垢，对身体是有害的，保养爱护它们，就是爱护我们自己。可以送到珠宝店内专业清洗保养钻石戒指。如果觉得送到珠宝店清洗比较麻烦，也可以自己在家里清洗。将铂金首饰浸入首饰清洗液中约5min，取出后用小牙刷轻刷钻石，再将其放入滤网上用水冲洗，最后用软布吸干水分。

（7）定期检查戒指。定期检查镶嵌的钻石是不是牢固，是否有松动的迹象。建议每六个月送到店面检查一次钻石戒指，如果发现问题可以及时处理。

10.3.2　翡翠首饰的佩戴与保养

翡翠是玉石的一种，自古以来就深受国人的喜爱，随着人们生活水平的不断提高，越来越多的人喜欢佩戴玉饰，而当中的大部分人都喜欢

佩戴翡翠手镯或吊坠。

10.3.2.1 翡翠手镯

翡翠手镯一般只戴一只。古有"左进右出"一说，像玉、水晶等具有灵性的饰品，一般应当戴在左边，净化进来的气。

A 佩戴翡翠手镯的好处

佩戴翡翠手镯的好处如下：

（1）在炎热的夏天，翡翠手镯的凉感比其他玉镯强，可以使人镇定心神。

（2）腕部是身体血液循环的末端，而回流的血液全凭心脏的压力来实现，如果佩戴翡翠手镯，可以有效促进血液的循环。

（3）具有按摩的作用。佩戴翡翠手镯或者玉指箍，夏天除具有降温消暑的作用外，还可起到按摩，调节人体机能，稳定人的情绪之功能。

（4）自然美的享受。翡翠手镯的颜色丰富，适合人们的各种需求，增添魅力。

B 翡翠手镯的分类

现在的翡翠手镯样式越来越多，为消费者提供了更大的选择空间（见图10-7）。

按照翡翠手镯表面装饰来说，可以分为：光面（素面）翡翠手镯和刻面（雕刻花纹）翡翠手镯。大多数翡翠手镯都是光面的。

按照形状来说，翡翠手镯大致可以分成圆条手镯（圆镯）、扁口手镯与贵妃镯三种。圆条手镯光素无纹，简洁大方，佩戴效果最优；适合中老年女士佩戴。扁镯的佩戴舒适性最优，也最流行，市场上的翡翠手镯大多属此类型（制作要求：孔正条圆。正看水平面，立看一卦书，没有翘棱，没有断裂，光滑圆润）；适合时髦的职业女性佩

图 10-7 翡翠套件

戴。贵妃镯是新款手镯，主要制作成一些小圈口的；尤其适合年轻窈窕的时尚女士佩戴。

如果按照玉质或翠色来说，翡翠手镯大致可以分成满绿手镯、福禄寿手镯、金丝种翡翠手镯、紫罗兰手镯、满红色手镯、白底青翡翠手镯、花青种翡翠手镯等等。

款式虽然多，但是佩戴还是有一定讲究的。手腕偏瘦，选圆镯比较合适；手腕粗胖，选择扁形较好；手腕较细，选择贵妃镯比较服帖漂亮。手镯有粗有细、有宽有窄，身材苗条者可选细窄的，体态丰满者可选粗宽的。不同玉质、不同翠色的手镯能满足各种人群的不同喜好，佩戴者可以根据自己的体型和爱好来选购。

C　翡翠手镯尺寸的选择

在选购玉镯时，玉镯的尺寸一定要适合自己，过小则会因紧贴腕部皮肤而引起不舒适感，甚至影响血液流通，日后也不易取出；过大则容易在手摆动过程中脱落而摔坏。佩戴手镯最美观的是镯与腕之间稍有一定的游动距离，一般来说戴上后，只要能沿着手臂往后推至离手腕大约10cm的距离，佩戴起来是最舒适的。

在购买时，特别是初次购买时，一般女性缺乏经验，不妨采取试套办法。试套并非整个手都套进去，而是将大拇指在外，用四指试套一下，如能通过手掌到达虎口，感觉还不是很紧略有余地的话，那么，这只手镯基本上就能戴进去，尺寸比较适合。

此外，我们也可以根据自己的体型和手型粗略地估计自己适宜的尺寸。体型和手型中等者，在选择条宽时可细可粗，内径一般在55～58mm，大多数人的手都能佩戴；体型和手型偏胖的女士，尽量不要挑选细条手镯，要选择中等偏宽的，条宽合适，跟体型搭配较为协调，可增加其美感，内径一般在58mm以上；体型和手型都比较小巧的女士可选内径一般55mm以下的手镯，条子细窄并且不要太厚。

D　翡翠手镯的正确佩戴方法

佩戴手镯时最好选在清晨，因为这个时候手骨是一天当中最软的。在佩戴过程中，特别是第一次佩戴时，要谨慎小心，多加注意。

（1）在佩戴之前应选择好佩戴的地点，一般可以选择在铺有地毯的

房间坐下来或者是在床上佩戴翡翠手镯，这样可以防止佩戴过程中，手镯摔落而受到损伤。

（2）佩戴翡翠手镯之前对手和手腕进行按摩，这样可以防止佩戴翡翠手镯时，僵硬卡住时关节部位疼痛。

（3）用洗手液或者香皂来润滑手，这样手镯比较好戴进去，但是要注意戴翡翠手镯的那只手一定要用毛巾擦干，尤其手上不要有洗手液，否则两只手都太滑无法用力戴了。

（4）在佩戴翡翠手镯时，手部要自然向上放松，这样可以让翡翠手镯向下滑落，也能避免翡翠手镯在佩戴过程中不慎滑落而损坏。

10.3.2.2　翡翠吊坠

玉坠的造型多利用体积较小的籽玉圆雕而成，其形式简练集中、琢工简洁明快、风格简约粗犷，是唐宋元时期非常流行的佩戴玉饰，同时开创了装饰品的新风格。从宋代至明代，玉坠多以人物、动物、瓜果等实物为题材。

玉坠发展到今天，无论材质、图案、做工、理念都已美轮美奂，变化多端。一般地说，只要材质上乘，做工精巧，选择得体，玉坠都有画龙点睛的微妙作用，都能表现男性的豪迈和热情，女性的气质和追求。玉坠虽小，却包含着一个美丽的世界。

民间流传着"男戴观音女戴佛"之说，这主要是因为在过去经商的、赶考的等等都是男子，常年出门在外，最要紧的是平安。观音可保平安，同时人们也希望在其保护下，生活顺利、事业顺心、身体健康、万事如意。佛，也就是弥勒佛，未来之佛，能带给人们福气、祥和之气，以祈盼美好的明天。男戴观音女戴佛，是取阴阳调和、二性平衡之意。男戴观音，特别是佩戴玉观音，就是希望男士们能借观音来弥补自身的不足，多一些像观音一样的慈悲与柔和，自然就得观音保佑平安如意。女士多带弥勒，是让女人少一些嫉妒和小心眼，少说点是非，多一些宽容，要像弥勒菩萨一样肚量广大，自然得菩萨保佑快乐自在。

因为有男戴观音女戴佛的说法，所以大多数翡翠观音都是大装，如：翡翠观音挂件、滴水观音等比较适合男性。男性的发型相对女性种类较少，只要不是特别夸张和新潮的都没什么问题，平头、分头、寸头均可。女性佩戴观音则需要迎合观音慈祥、温和的特点，不然会显得颈上的饰物十分突兀，自然的长发披肩、温柔的盘发、大波浪的卷发、干练的短发都是不错的选择。配合发型的同时切记不可浓妆艳抹，以免失了翡翠观音的柔性。

翡翠观音的颜色应以淡色为主。一般皮肤偏黄的人建议不要购买颜色过于鲜艳的翡翠观音，可以选择无色或者是微黄颜色；其次要注意搭配，可以与不同的宝石搭配融合，更显翡翠之耀眼。皮肤偏黑的人可以选择绿色、白色的翡翠观音，这两种颜色的翡翠吊坠，因其颜色明亮，光泽透亮，造型尤其生动，与颜色对比强烈，更能凸显翡翠的美。

体型大的人一定要戴型号大些的挂件，这样才好与体型相配，太小会显得不伦不类。其次，体型高大的人适宜戴比较厚重的翡翠挂件，就是厚装的，显得饱满圆润的，这样可以与佩戴者的整体气质相配，不会显得戴在身上的吊坠很突兀或者多余。另外体型大的人不适合佩戴比较纤瘦的翡翠吊坠。

一件好的玉器吊坠，一定要配一条相称的挂绳才算完美。现在市场常见的挂绳分为几种，手工纺织的工艺挂绳，外形比较漂亮，挂绳的颜色也比较丰富，常见的有五彩、红、绿、蓝、棕色、黑色、七彩色；绳也有粗、细、单股、多股等等。

中国人自古对红色情有独钟，红色是喜气、吉祥的象征，尤其是在中国的传统节日春节中红色更是处处可见。本命年用红绳，可以辟邪。有些人喜欢黑色的绳，黑色给人以深邃之感，是永不过时的时尚色。咖啡色是男士们比较喜欢选用的颜色，它没有红色的张扬，黑色的冷酷，感觉比较中庸平和。平时小孩子用五彩线绳，特别是过生日送玉的，用五彩线绳的特别多。亦可根据自己的五行佩戴，如：黄、红、蓝象征土、火、水三大元素。

以绳配加各种材质的圆珠，也是常见的节艺方法，行家称之为"节珠"。玛瑙节珠，有红色、黑色、白色等很多颜色，透明度好，价格便宜，但档次较低，适合中低档翠佩。珊瑚节珠，颜色鲜艳，透明度差，适合与颜色绿、种分普通（透明度较差）的中高档翡翠相配。红翡、黄

翡节珠，透明度一般，颜色不够鲜艳，档次不高，适合与绿色不多、不艳的中低档翡翠相配。

高档翡翠有时仅用素绳节艺，以突出翡翠本身的美感，有时也会配桃红碧玺、绿翠节珠，碧玺的透明度高，颜色美丽，与高绿老种的翡翠相得益彰。高绿翠珠成本也很高，适合高档翡翠。

俗话说："玉必有意，意必吉祥"。几千年文化积累和筛选，精炼出许许多多的优美传说、典故，各种各样精美图案，为玉器雕琢提供了丰富的素材。

不同图案的玉佩寓意不同，在日常生活中可根据翡翠玉佩的不同寓意进行选购和佩戴。

吉祥如意类：反映人们对幸福生活的追求与祝愿。在图案中主要用龙、凤、祥云、灵芝、如意等表示，梅花（谐音）、喜鹊、云纹（形似如意、绵绵不断）、三星（福、禄、寿）、笔、鲶鱼（谐音年年有余）、蝙蝠（同福、遍福）、古钱（谐前、眼前）、双钱（谐双全）、寿桃（桃形如心）等适合各种人群佩戴。如龙凤呈祥，图案由一龙一凤和祥云组成。

长寿多福类：表达人们对健康长寿的期望与祝愿。图案中主要用寿星、寿桃，代表长寿的龟、松、鹤等。佩戴人群以中、老年人为主。如三星高照，图案中往往由手持蟠桃的寿星、鹿和蝙蝠组成，象征幸福、富有、长寿。

家和兴旺类：表示希望夫妻和睦、家庭兴旺。图案主要用鸳鸯、并蒂莲、白头鸟、鱼、荷叶等表示。经常作为结婚喜庆的礼品相赠，或表示夫妻恩爱、家和万事兴。如白头富贵，图案中由白头鸟、牡丹组成，既表达了夫妻恩爱百年，又是生活美好的象征。

安宁平和类：表示现代社会里人们对安定、平和生活的向往。图案主要用宝瓶、如意等表示。对一些常年在外工作或工作、生活漂泊不定的人佩戴，以寄托家人对他的平安祝愿。如平平安安，图案中有一个花瓶和两只鹌鹑，意为祝愿万事顺意。

事业腾达类：象征人们对这个人成就和仕途前程的向往与祝愿。图案主要用荔枝、桂圆、核桃、鲤鱼、竹节等表示。佩戴者比较注重个人成就和自我价值的实现。如节节高升，图案由竹节构成，意为不断进取，节节向上。

辟邪消灾类：表示人们希望在某种神灵保护下，生活顺利、事业顺心、身体健康、万事如意。图案用十二生肖、观音、佛、钟馗、关公、张飞等来表示。如在佛教里有"本命佛"又称为八大守护神，是佛教密宗通过天干地支、十二因缘、"地、水、火、风、空"五大元素相生，推出了有八位佛和菩萨保佑十二个生肖，故称为"本命佛"。鼠年出生的人守护神是千手观音；牛年、虎年出生的守护神是虚空藏菩萨；兔年出生的人守护神是文殊菩萨；龙年、蛇年出生的人守护神是普贤菩萨；马年出生的人守护神是大势至菩萨；羊年、猴年出生的人守护神是大日如来；鸡年出生的人守护神是不动尊菩萨；狗年、猪年出生的人守护神是阿弥陀佛。人们可根据自己的属相来选择相应的守护神来辟邪消灾。

翡翠坠的题材还有很多，最受人喜爱的题材有"福豆"，以翡翠雕成豆角；有的是雕鲶鱼，取其意"年年有鱼"；翡翠辣椒，寓意红红火火；"福禄"雕葫芦；"岁寒三友"雕松、竹、梅等等。

10.3.2.3 翡翠颜色与寓意

《说文解字》有云："翡，赤羽雀也；翠，青羽雀也。"人们用翡翠一词称呼这种有红有绿的玉石。但实际上，翡翠的颜色并不只有红、绿两色。由于含有多种微量元素和其他矿物质，翡翠可呈现出红、绿、紫、白、黄、黑、灰、蓝等多种缤纷色彩，各种颜色又因色调浓度和相互间的搭配的不同而有变化，使得翡翠成为世界上颜色最丰富的一种玉石。翡翠中，绿色是最为贵气的；紫色的，则优雅淡然，小家碧玉的感觉；红色需要气场很强大的女士来佩戴，因为其鲜艳靓丽；蓝色则是纯净无瑕，纯洁的小女生适合拥有；白色，冰清玉洁，少女喜欢；而黄色则为大气，深受成熟的职场女性追捧。

在翡翠中比较讲究同一块料上有两种或更多种颜色，如一块料上有白、绿、黄三种颜色，称为"福禄寿翡翠"，行家也称之为"三彩翡翠"；有紫色、绿色两种颜色，称为"春带彩"；有绿、黄、紫、白四色，称为"福禄寿喜"；有时一块翡翠可同时有五种颜色，五色翡翠也称为"五福临门"。

翡翠的颜色是判定翡翠的价格最重要的依据。常言道："色差一分、价差十倍"，评价翡翠颜色好坏，四个字即可表达清晰，即是：浓、阳、匀、正四字。浓，指颜色的饱和度；阳，指颜色的明亮程度，高档翡翠要求翠得艳丽、明亮大方；匀，指翡翠颜色分布的均匀程度；正，指翡翠颜色的纯正程度，如果混合其他杂色，翡翠的经济价值就会受到一定影响。

（1）白色：白色翡翠由较纯的硬玉矿物组成，不含致色元素。市场上有一定价值的白色翡翠为玻璃种、冰种翡翠，这些白色翡翠虽然没有颜色，但由于质地细、水头好，很受人们的喜爱，制成的花件、观音、佛、手镯都很抢手。不含任何杂质的硬玉，应是纯净的白色，但自然界没有绝对的纯，所以常见的白色翡翠是略带灰、略带绿和略带黄的白色，有些还含有褐色，显得很脏。

（2）绿色：又称翠色。绿色翡翠是翡翠中价值最高的。因其色调、浓度、均匀度以及透明度的不同而品种繁多，富于变化，民间有"三十六水，七十二豆，一百零八蓝"之说，形容绿色变化多端。祖母绿色、翠绿色、豆绿色、油青色、蓝水、墨绿、干青、花青，是绿色翡翠的色。

（3）红色和黄色：俗称"翡"色。次生作用形成的翡翠的颜色，天然质好色好的红翡极罕见，最好的红色为"鸡冠红"，红色亮丽鲜艳，玉质细腻通透，为红翡中上品。常见红色多为棕红或暗红色，不通透，玉质粗，多杂质，一般红翡可在雕件中作俏色。

黄翡在原石中更加贴近表皮，由褐铁矿浸染为主而形成"黄雾"。加热可形成深红或鲜红的金翡，天然优质者又称"金翡翠"，呈橘黄色或蜜糖色。

（4）紫色：俗称"春"色。又称紫罗兰翡翠。紫色翡翠一般结晶颗粒较大，质地较粗，也有少量质地非常细腻的紫色翡翠，如果颜色鲜艳均匀，则价值很高。可分为粉紫：质地比较细腻透明，内部棉绺较多，作为底色用时，称"藕粉地"；茄紫：质地粗糙，肉眼可见矿物颗粒，透明度差，内有大量棉绺；蓝紫：紫中带蓝，质粗，几乎不透明，常混有淡褐色或白色的棉。

10.3.2.4　佩戴翡翠注意要点

佩戴翡翠应注意以下几个方面：

（1）着装颜色。浅色服装能比较好地映衬翡翠饰品。在着西式正装时佩戴翡翠要有所注意。如男士在着西装打领带时不宜佩戴项坠类和手链类的翡翠饰品。女士着职业装时不宜佩戴翡翠项链。

（2）肤色与身材。主要注意皮肤颜色、面部形态、脖颈长短粗细、手腕粗细、手指的长短粗细与手关节形状等。这些对选择翡翠的颜色、佩戴手镯、项链的长短、宽窄、耳饰款式、戒指大小及款式都有重要的参考价值。如皮肤白净可以选择浅淡一点的颜色，手腕过细不宜戴宽条手镯，脸型长不宜佩戴垂挂类的耳坠等。

（3）年龄。不同的年龄要考虑不同的翡翠或款式。一般年轻的可考虑小戒面及阳绿色的翡翠戒，条干细的手镯及用红线挂的胸佩也多受年轻人喜爱，充分体现活力、朝气与美丽；年长者则适合戒面大、颜色深一点的翡翠戒或玉戒、庄重的胸针或胸饰；老年人则多喜爱戴手镯及腰间佩玉。

（4）气质与性格。翡翠是东方的文化符号，体现东方人勤劳忍耐、内敛深沉、淡定平和的性格。因此可根据自己的喜好选择适合的翡翠颜色与器型。

（5）佩戴的环境及场合。日常使用与正式场合的佩戴是完全不同的。在办公室或聚餐会、葬礼，对选择翡翠首饰的款式及颜色也有密切关系。在办公室里要显现优雅、自信、精干、得体，最好选用翡翠镶金坠饰；在聚餐会上要显示光彩夺目，美丽动人，用翠绿色的翡翠胸针最能体现美；在郊外远足，则适宜洒脱的长珠链，令您随心所欲，趣味无穷。

10.3.2.5　翡翠首饰的日常保养

翡翠首饰的日常保养如下所述：

（1）应避免与硬物碰撞或高空摔落，防止撞裂或摔破饰品。在佩戴翡翠首饰时，应尽量避免使它从高处坠落或撞击硬物，尤其是有少量裂纹的翡翠首饰，否则很容易破裂或损伤。

（2）应避免存放在高温下或明火灼烧，以免丢失温润的水分。去日照强烈的沙滩等地游玩时尽量不要佩戴翡翠首饰，避免过强的阳光对其直接照射；还有喜欢蒸桑拿的朋友，在进桑拿房前也要将翡翠饰物取下，不要让翡翠长期处于高温湿热的环境下；在烹饪时也尽量避免使翡翠与高温或明火接触，最好是在烹饪时能取下翡翠饰品以防翡翠受到损伤。

（3）镶嵌的翡翠饰品应经常清洗，保持饰品的光洁和亮泽，镶嵌的金属物质年久失去光泽可以到专业维修处抛光处理。翡翠首饰是高雅圣洁的象征，若长期使它接触油污，油污则易沾在表面，影响光彩，有时污浊的油垢沿翡翠首饰的裂纹充填，很不雅观。因此在佩戴翡翠首饰时，要保持翡翠首饰的清洁，得经常在中性洗涤剂中用软布清洗，抹干后再用绸布擦亮。

（4）长期不佩戴的翡翠饰品，每年可放在清水中保养一次，擦干水后，再适量涂点植物油进行保养，以更好滋养翡翠温润的灵性。

（5）保存翡翠首饰时，一般要单独包装，切忌和其他首饰混藏在一起，避免磨损翡翠饰品。

（6）翡翠首饰不能与酸、碱和有机溶剂接触。因为翡翠是多矿物的集合体，切忌与酸、碱长期接触，这些化学试剂都会对翡翠首饰表面产生腐蚀作用。

10.3.3　碧玺首饰的佩戴与保养

碧玺谐音"辟邪"，曾是慈禧太后的最爱，在我国清代的皇宫中，就有较多的碧玺饰物。现在，碧玺受到很多爱美朋友的青睐，是受人喜爱的中档宝石品种。有红色、绿色、蔚蓝、紫、无色、西瓜碧玺等14种色彩缤纷的颜色。在单一的色种中，以大红、玫瑰红、绿色和天蓝色等艳丽色彩的碧玺为最佳，粉红和黄色次之，无色最次。此外，单晶体色彩越多越好，如双色碧玺、三色碧玺等。碧玺项链如图 10-8 所示。

10.3.3.1　不同颜色碧玺的寓意与功效

黑色碧玺：黑色碧玺外表黝黑、深沉，可

图 10-8　碧玺项链

以有效地排除压力、疲劳、浊气，改善身体健康，改善运气。对于夜晚睡觉容易受惊、做噩梦者，摆放黑色碧玺，有稳定空间能量场的作用，并可以辟邪。同时有助于保护病人不受外界干扰，专心养病，增强康复速度。

蓝色碧玺：蓝色碧玺是相当稀少而又珍贵的品种，可以有效地增强沟通能力、表达能力与说服能力。对于过度豪爽、慷慨、大方、热情的人，当不小心被别人利用造成自己吃亏时，佩戴蓝色碧玺可以平衡这种个性。

绿色碧玺：绿色是一种能够让人开心、快乐而又满足的宝石，也称财富之石。绿色光容易帮助交到好朋友、好运道，也容易得到上司的赏识和贵人相助。绿色光能够帮助消除心中的烦恼、郁闷与不快，带来真正开心、喜悦的心情，对于有忧郁症、自闭症或容易自我否定者尤其有效。对于做事情有气无力、心不甘、情不愿者，绿色碧玺有助于帮助人们发现工作的乐趣，从而乐于投入，全力以赴，从中得到自我实现的满足快感。

玫瑰碧玺（红色、粉红色）：碧玺的红色色调分布较广，多是在粉红色和桃红色之间，少数的深红色如红宝石的颜色一样，其能量使人热情、奔放、开朗、舒爽，极讨人喜爱。赠送玫瑰碧玺给异性，是一种表达爱意的好方法；而佩戴玫瑰碧玺也容易带来美妙的爱情、理想的伴侣，或使得夫妻之间情意更加浓密。当别人对您有所成见时，玫瑰碧玺有助于改善彼此间的关系；当您与别人关系较冷漠疏远时，玫瑰碧玺可以增强彼此的人缘；玫瑰碧玺同时有助于消除一个人心中的冷漠、孤傲、怪僻和各种异常心理，使人变得容易相处。对于经常需要与公众打交道或工作的人士，玫瑰碧玺有助于你散发个人魅力、强化领袖气质，获得更多的支持。对于爱美的各位女士，玫瑰碧玺还具有一定的美容养颜的功效。

西瓜碧玺：西瓜碧玺是在一颗晶石里面，显现内红、外蓝绿的特征，酷似西瓜模样，因此得名，数量稀少，价格较昂贵。据说慈禧太后睡的枕头底下摆的就是西瓜碧玺。西瓜碧玺有助于消除心中所有的冲突、矛盾、复杂情结，使人能够拥有开心、喜悦的心情。对于身处关系复杂、利益纠葛或是感情冲突矛盾的人士，西瓜碧玺有助于化解谜思，得见真

第10章　珠宝首饰的佩戴与保养

相；对于多情、滥情、常有感情纠葛的男女，西瓜碧玺有助于你从多方关系中解脱出来，觅得真爱。公关人员、业务员、店员和接待人员，宜佩戴西瓜碧玺，有助于左右逢源、八面玲珑，容易推广业务，并能加强沟通、协调，处理复杂的局面，得到圆满结果。

10.3.3.2　碧玺首饰的选购

人们佩戴碧玺手链和戒指的较多（见图10-9）。对于碧玺手链的选择，首先要看它的通透程度，晶体越透级别越高，色泽要鲜，当然各种颜色越全越好看，每一种颜色带有不同的功效，选择一种颜色或者多种颜色佩戴，看个人的喜好。其次，看珠子大小是否一致无异，圆不圆，不同颜色的碧玺搭配是否协调。主要是根据自身的手腕的

图 10-9　碧玺手链

大小和皮肤来选择，这样很容易选择适合自己的碧玺手链。最后，辨别真假，这方面知识需要对碧玺有相当的认知（对于碧玺真假的鉴别本书已有详细介绍，可参阅）。

碧玺戒指总能令佩戴者备受瞩目。通常，碧玺戒指有两种形式，一种是镶嵌大颗粒碧玺，价格昂贵（见图10-10）；另一种是镶嵌多颗颜色相同或不同的小粒碧玺，价格相对便宜。

根据手指和指型的不同，碧玺戒指的佩戴有着相应的讲究。佩戴于食指的碧玺戒指，由于显露程度高，尤其可见碧玺戒指的侧面，其造型应富有立体感，款式适当夸张、个性，所用材质适中即可，不必追求高档。视觉上中指的位置正中，佩戴于中指的碧玺戒指，尽量大气、稳重，给人以较正式、积极之感。无名指意义特殊，佩戴于无名指的碧玺戒指，适合正统造型，不宜花哨。尾指上的碧玺戒指，适合可爱、秀气、

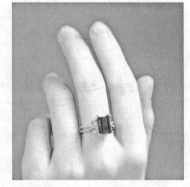

图 10-10　西瓜碧玺戒指

灵动的造型，展现女性风情。修长指型适宜宽戒和有体积感的西瓜碧玺戒指，但切忌笨重、累赘，指圈过细、主石细碎的碧玺戒指，看起来与手指比例不协调，产生不平衡、不和谐的感觉；丰盈的指型适合戴螺旋造型的戒指，使手指显得纤细；短粗指型可选择流线造型的碧玺戒指。

10.3.3.3　碧玺首饰的搭配

将碧玺首饰完美地融合到服装整体中才会起到很好的点缀效果。最基本的方法就是选择与你所佩戴的碧玺首饰同色系的衣服，但衣服的色调要比你的碧玺首饰淡一些或暗一些，别让鲜艳的衣服掩盖了碧玺的神韵。

如果你还想要一些更新潮更大胆的搭配，可以选择互补的颜色，比如红色碧玺宝石配绿色或蓝色的衣服；蓝色碧玺宝石与橙色、红色、黄色相辉映；而黄色、橙色碧玺会在紫色、蓝色衣装衬托下光彩夺目；粉红色的碧玺宝石点缀黄绿色、蓝绿色衣服更显娇媚。

彩妆的色调有冷有暖，而碧玺宝石的色调亦然。比如橙黄色碧玺宝石色调偏暖，自然适合咖啡色等暖色系彩妆；而蓝色或绿色的碧玺宝石则适合桃红、紫色系等冷色调彩妆。

此外，唇膏的选择也很重要，如果你的碧玺宝石的色彩是比较鲜亮明快的浅红色，可以选择有珠光等效果的唇膏；如果你的碧玺宝石是色彩饱满深邃的玫瑰红或绿色，则适合色彩饱和度较高的唇膏。

在选择碧玺首饰进行搭配时，除了要关注碧玺色调的搭配之外，还应考虑碧玺首饰的款式与你自身的气质及服装风格是否一致。

优雅型碧玺首饰：富于曲线美，有易碎感，如小花排列的手链、精雕细刻的碧玺戒指等等，适合线条圆润、气质优柔文雅、极富女人味的人。优雅风格的人可用有飘逸感的轻质面料的裙装来搭配透明、娇贵的碧玺首饰。

古典型碧玺首饰：精致、高贵，适合面部端正、气质高雅的都市女性。紧贴颈部的碧玺项链吊坠、一分硬币大小的扣式碧玺耳环等都能与古典型质地高档、直线裁剪的服装相配，完全可以体现出传统的闺秀风范。

自然型碧玺首饰：粗犷、自然，多用树叶等外形做别针、坠子造型，适合身材高挑、具运动员风格的人。自然风格人的装扮应力求线条简捷、质朴大方、不留豪华设计痕迹。整体风格闲适、潇洒。

戏剧型碧玺首饰：大胆、夸张、有个性，适合身材高大、脸部棱角明显、走到哪儿都引人注目的人。戏剧型人的着装及配饰设计应有强烈的时代感和时尚感，适合大胆造型的碧玺耳环、宽大的碧玺戒指等装饰型饰品。

前卫型碧玺首饰：造型小巧、新奇、别出心裁，极具个性，适合小巧玲珑、活泼好动、有俏皮少女或男孩儿气质的人。前卫风格的人可用奇异质地的面料做超短设计装扮自己，定能独树一帜。

浪漫型碧玺首饰：多采用蝴蝶结、花瓣、花心形造型，线条流畅美丽。适合身材适中、圆润、性感、有着洋娃娃般迷人双眼的人。浪漫风格的人最好穿紧身、性感设计的服装，多用大波纹的蕾丝做装饰，配上花形设计的碧玺耳环，细细的、有漂亮碧玺坠子的项链，浑身的浪漫气息令人驻足。

10.3.3.4 碧玺首饰的日常保养

碧玺首饰的日常保养应注意以下几个方面：

（1）碧玺脆度较高，如果遇到磕碰则有可能导致出现裂痕，在佩戴碧玺手链、戒指时尤其要小心，而其他如碧玺耳钉、碧玺吊坠因为不直接参与触碰，所以一般不用担心磕碰。避免接触到高温和热水（会褪色），洗澡时不要佩戴。

（2）不要把碧玺首饰与其他首饰放置于同一个首饰盒内，以免互相摩擦导致磨损。与第一步类似，都是因为碧玺宝石的莫氏硬度比其他宝石略高，会划伤和磨损，如水晶或翡翠、玉等都比碧玺莫氏硬度低；而如钻石饰品、红宝蓝宝饰品比碧玺硬度高，反而会磨损碧玺，所以在保存碧玺首饰的时候最好单独存放，或者单独包装与其他饰品一同存放。

（3）无边镶与微镶的碧玺首饰，佩戴中要尽量避免碰撞，因为无边镶和微镶工艺是为了更好地突出碧玺宝石的美观而设计，而弊端就是牢固程度不高，容易脱落，所以如果发现有松动现象，应及时修理，以免珍贵的碧玺宝石掉落而后悔。

（4）如果长时间佩戴碧玺，会沾上人体分泌的油脂与汗渍，从而失去亮光，所以最好是每月洗一次。清洗的方式很简单，可以用月光照射法消磁8h左右，也可以用紫晶洞、晶簇、消磁袋（装水晶碎石的袋子）都可以消磁，快速的消磁与净化方法一般4h左右就可以了。

（5）佩戴碧玺首饰时，每月应检查一次，如有镶嵌松脱现象，应及时修理。无边镶与微镶碧玺首饰，佩戴中要尽量避免碰撞，如发现有掉石现象，应及时修理。

（6）碧玺具有"吸灰性"，摆放一段时间不戴后会在其表面附着很多微小杂尘，就要消磁净化后再用软布轻轻擦拭后再戴。切勿使用羽毛刷子清理。

10.3.4 珍珠首饰的佩戴与保养

10.3.4.1 珍珠的主要保健作用

珍珠含有碳酸钙、氧化钙、磷酸钙、硫酸钙以及镁、锰、铜、碘、磷、锶、铅、钠、钾等多种元素和十几种氨基酸，在医学上具有安神定惊、清热益阴、明目解毒、收口生肌等功效。戴珍珠项链还可防治慢性咽喉炎及甲状腺疾病等，同时使皮肤格外光洁、细腻，早晚用珍珠轻轻按摩皮肤，也有护肤、美容和去斑消皱的作用。珍珠的保健作用简单归纳如下：

（1）清除人体血管的过氧化脂；

（2）美容护肤，延缓皮肤老化；

（3）提高人体免疫力；

（4）防止骨质流失；

（5）养肝明目，清热解毒；

（6）有效抗衰老，延年益寿；

（7）防治咽喉炎和口腔溃疡。

10.3.4.2 适宜佩戴珍珠的场合

适宜佩戴珍珠的场合如下：

（1）女性怀孕期间；

（2）商务活动需合影场合；

（3）女性中、高阶层管理者工作中；

（4）面试、求职时；

（5）在婚礼庆典上新娘佩戴；

（6）拍婚纱照新娘佩戴；

（7）出席重要的社交宴会，如婚宴、生日宴等；

（8）去剧院听音乐剧、演奏会；

（9）初次拜见公婆；

（10）拍学位毕业照；

（11）初次与男孩约会，想传达温柔、贤淑气质；

（12）出席儿女的家长会、毕业典礼；

（13）需要作为上司、领导、丈夫的陪衬出席重要商务和社交活动。

10.3.4.3 珍珠颗粒大小的选择

珍珠大小是其质量要素之一。一般来说，同等质量的珍珠越大，价格越贵。佩戴的珍珠应符合佩戴者的年龄和特定的场合。尽管年龄不是选择珍珠大小的唯一标准，但还是建议在相应年龄段的珍珠尺寸选择范围内选择适合自己的珍珠。

（1）小于6.5mm。按照传统，12～16岁的少女佩戴小型的珍珠，对于身材较高的女性，双层或者三层这样的珍珠项链会比较适合。这种珍珠也适合在圣诞节、生日、成人礼或者16岁生日作为礼物赠送。

（2）6.5～7.0mm。这个范围大小的珍珠非常适合于20出头的女性。它是传统的生日、圣诞节和情人节礼物。并且这种珍珠价格实惠，在穿着正式和休闲服饰的时候都可以佩戴。

（3）7.0～7.5mm。这是30岁左右的女士最理想的珍珠大小，这个尺寸的珍珠做成的珠宝是最佳选择。由于它实惠的价格和经典的外形，对于初次购买珍珠的人来说也是最理想的。

（4）7.5～8.0mm。这个大小的珍珠通常是30岁以上的女士佩戴的。对于年龄层较低的女性来说，这是最大的尺寸了。从这个尺寸开始，之后每大半个尺寸的珍珠价格就相应翻一番。这种珍珠完美地搭配事业有成的职业女性，并为正式服装增添优雅和智慧的感觉。它们也能作为婚礼和母亲节的礼物。

（5）8.0～8.5mm。这些是昂贵的大型珍珠。按照传统，通常是经济条件较好的 35 岁以上的女士佩戴的。这个大小的珍珠适合在正式场合佩戴。它们可以在一些特殊的场合作为贵重的礼物赠送。

（6）8.5～9.0mm。这些珍珠可以完美衬托 35～45 岁的女士或者一些 30 多岁的成功女性。这是搭配正式服装的明智之选，它们也是可以作为周年、生日或者特别事情的让人印象深刻的礼物。

（7）9.0～9.5mm。这种大小的珍珠一般是 45 岁以上的女士佩戴的。这种大小的珍珠很少是圆形的，你可能在个人收藏品中才能找到这种高档珍珠。

（8）9.5～10mm。市场上几乎找不到这种大小的珍珠。他们通常是黑色的大溪地养殖珍珠或者南洋养殖珍珠。这种珍珠具有奢华的感觉，并达到非常高的价格。

10.3.4.4 珍珠首饰款式的选择

珍珠耳环：耳钉式或长的吊垂式珍珠耳环可适合不同场合的需要（见图 10-11）。办公室装扮简洁而严肃，戴一对耳钉式的珍珠耳环，可以将女性的柔美以含蓄的方式表达出来，也可使你的办公室装扮不至于那么严肃和过于硬线条。长款吊垂式耳环更适合配合礼服佩戴，当耳环在耳垂与脖子间摇荡，可增添礼服和女性妩媚的美感。

珍珠手链：珍珠手链的佩戴机会可能并不多，但是能够戴得出彩却能够带来意想不到的绝佳效果。您也可以购买

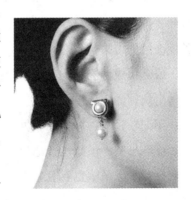

图 10-11　珍珠耳饰

一条长款珍珠项链，用于缠绕在手腕上，把婉约的珍珠带出波希米亚风格的不羁与豪爽。

珍珠项链：珍珠项链的款式和风格变化多端，为的都是修饰脖子，增加女性优雅的气质（见图10-12）。其基本款式有：轻松款，链长14~16英寸（35~41cm），这是一款多用途的长度，适合于不管是休闲装还是正式的晚装，几乎可以搭配所有的衣服领子，特别是配上尖领衬衫会使您显得更为高雅；公主款，项链长17~19英寸（43~48cm），这是珍珠项链最普遍的长度，最适于圆领和

图10-12　珍珠项链

高领，同时也可以作为低领和低胸衣服的饰品，由于18英寸长度是珍珠项链的经典长度，在没确定哪个长度更适合你时，它会是最佳的选择；休闲款：项链长20~25英寸（51~63cm），这一款是白天休闲或商务服装的最理想选择，跟高领衣搭配效果最好，可增加职业装的多元素美感，此长度非常合适长背心裙和正式的长外衣，额外长度会给您带来华贵与自信；歌剧款，项链长26~36英寸（66~91cm），晚间佩戴26~36英寸的长项链，会给人莫大的吸引力，可以单链搭配高领衣服，或者圈两圈围成双层短项链效果，也可在领间或胸上位置打结，创造出现代流行趋势的复古感觉；超长款，项链长37英寸以上（94cm以上），这款奢侈的长度会给您带来优雅和性感，您可以组成各式各样的项链和手镯自由佩戴，或者绕成两圈甚至三圈以创造出极好的多排项链效果，也可以打结，呈现出妩媚的现代感。此外，年纪较大的女性以白色、金色珍珠项链为宜；年纪较轻的，可选择黑色、粉色或紫色等比较活泼年轻的色彩。

珍珠吊坠：吊坠比较适合与戒指或耳环同时佩戴，吊坠的款式有简单的单粒珍珠吊坠也有豪华的配石珍珠吊坠。单粒珍珠吊坠适合于日常佩戴，而豪华款珍珠吊坠比较适合庄重的场合。

珍珠戒指：珍珠是制作豪华的鸡尾酒戒即参加party或晚会活动时所带的豪华戒指的不二宝石。珍珠粒径比较大，色彩绚烂，光泽柔和，能够在您的指尖流光溢彩。佩戴珍珠戒指时应注意保护，以免珍珠被硬物刮花。

10.3.4.5　珍珠首饰的搭配

亚洲人大部分都是偏黄的肤色，一般来说，白色或者奶油色的珍珠首饰是最好的选择。紫色不推荐肤色偏黄的人佩戴，如果皮肤白皙透亮，白色、粉色、紫色都可以选择，佩戴泛金属光泽的黑珍珠更是不错的选择。对于小麦色皮肤的人，选择带有粉色晕彩的白色珍珠或淡粉色的淡水珍珠首饰比较适合。黝黑的皮肤，建议选择白色珍珠或带有异彩的黑色海水珍珠。对于习惯将珍珠戴在衣服上面的人，也要留意上衣的颜色与珠子颜色的配合。咖啡及杏底色配上白色的珍珠看来更柔和漂亮。黑珍珠在白衬衫上最好看，对比也大，令它看起来更吸引人。不过白珍珠在黑底色下，虽然对比在，但这个配合倾向将白珍珠显得更淡白，有褪色的感觉。色彩艳丽的珠子在白色或黑底色上更显眼夺目。

就脸型来说，长脸型的宜选短粗或者双排、三排式的珍珠项链，耳环则可是大的圆形结构的珍珠耳钉，这样可以起到使脸型变短的效果。短脸型的则相反，宜戴细长或带挂吊坠的。圆脸型的可选具有竖线的细长的首饰像细链式、杆式耳坠、带挂件的珍珠项链等，达到把脸拉长的效果。对三角脸型的来说，倒三角脸又称瓜子脸，对首饰的款式要求不大，可随意选择；而正三角型上窄下宽，一般可选择较大的耳坠配合短发的一角遮盖下颚。还可以在蓬松的发型鬓角处戴一醒目的发簪等，以增加上额的宽度，项链则选具有拉长效果的长珍珠项链，从而使整体达到和谐一致。

较长的珍珠项链适合搭配领子开口较大的服装，较短的则可配以开口较小的服装。根据相互映衬的原理，鸡心领选择圆弧形的珍珠项链，无开口的旗袍及礼服宜选择较长的珍珠项链，这样就能显得端庄大方、高雅得体。

虽然中规中矩的传统圆形珠一直是主流，比较高贵、内敛，适合偏爱追求传统精致和成熟优雅的女性。但时尚界总是喜欢变换个性，水滴形柔美，牙齿珠张扬。最近，很流行异型珍珠与半宝石搭配设计的首饰，比如与水晶、玛瑙、玉髓相组合，色彩非常丰富，这样可以迅速适应不同场合与服装色调。异型珠各有自身气质，各种形状、颜色更适合不同

场合不同人群个性化的需求。

10.3.4.6　珍珠首饰的日常保养

珍珠保存的最好方法是多佩戴，不宜在首饰盒中久存闲置。因为人体皮肤分泌的油脂和碱性汗液可保护珠膜，佩戴则使珍珠益寿，闲置则早衰。而不少专家都指出，珍珠具有美容保健的功效，常佩戴淡水珍珠项链可以清热解毒，对伤口愈合也能起到很好的保护作用。此外，还要注意以下几个方面：

（1）防酸侵蚀：珍珠是有机物质，主要成分为碳酸钙，为使珍珠的光泽及颜色不受影响，应避免让珍珠接触酸、碱质及化学品，如香水、肥皂、定型水等，且游泳或洗澡不要佩戴珍珠首饰。

（2）远离厨房：珍珠表面有微小的气孔，珍珠会吸收喷发胶、香水、油烟等物质。所以在厨房里不要佩戴珍珠，以免蒸汽和油烟渗入珍珠，令它发黄。

（3）羊绒布伺候：每次佩戴珍珠后（尤其是在炎热的日子）须将珍珠抹干净后再放好，可保持珍珠的光泽。最好用羊皮或细腻的绒布，勿用面纸，因为有些面纸的摩擦会将珍珠磨损。

（4）不近清水：不要用水清洁珍珠项链。水可以进入珠的小孔内，不仅难以抹干，可能还会令里面发酵，珠线也可能转为绿色。如穿戴时出了很多汗，可用软湿毛巾小心抹净，自然晾干后放回首饰盒。珍珠变黄以后，可用稀盐酸浸泡，溶掉变黄的外壳，使珍珠重现晶莹绚丽、光彩迷人的色泽。但如果颜色变黄得厉害，则难以逆转。

（5）需要空气：不要长期将珍珠放在保险箱内，也不要用胶袋密封。珍珠需要新鲜空气，每隔数月便要拿出来佩戴，让它们呼吸。若长期放在箱中珍珠容易变黄。

（6）避免暴晒：由于珍珠含一定的水分，应把珍珠放在阴凉处，尽量避免在阳光下直接照射或置于太干燥的地方，以免珍珠脱水。

（7）防硬物刮：要把珍珠首饰单独存放，以免被其他首饰刮伤珍珠皮层。如果将珠链戴在衣服上面，衣服的质地最好是柔软的。太粗糙的料子可能会刮花珍珠。

（8）平放存放：不要长期将珠链挂起，日子一久，丝线会松弛变形，应将它平放收藏。

（9）珍珠戒指：摘下珍珠戒指时，抓住指环的柄部或金属部分，不要用珠子做承力的地方，可避免珍珠松脱，也可防止污物及皮肤分泌的油脂黏在珠子上。

（10）定期检查：丝线久了容易松脱，可 1~2 年定期检查丝线是否松脱，并更换丝线；珍珠最好每 3 年重新串一次，当然也要视穿戴的次数而定。

附　录

附录1　宝玉石特征一览表

宝石名称	颜色	透明度	光泽及光学效应	晶系及光性	偏光性	多色性	折光率	双折射率
赤铁矿	钢灰色	不透明	金属光泽	三方晶系	非均质体		2.87 ~ 3.15	0.280
合成金红石	白色、浅黄色	半透明	油脂光泽 极强色散 (0.330)	四方晶系 一轴(+)	非均质体		2.616 ~ 2.903	0.287
金刚石	无色、浅黄色	透明	金刚光泽 中等色散 (0.044)	等轴晶系	均质体		2.417	
钛酸锶	无色、绿色	透明	玻璃光泽 强色散 (0.190)	等轴晶系	均质体		2.409	
立方氧化锆	无色及各种颜色	透明	金刚光泽 强色散 (0.06)	等轴晶系	均质体		2.150+0.030	
锡石	无色、浅黄、褐黄色	透明	金刚光泽 强色散 (0.071)	四方晶系 一轴(+)	非均质体		1.997 ~ 2.092	0.096 ~ 0.098
榍石	浅黄、褐黄、褐绿	透明	玻璃光泽 强色散 (0.0510)	单斜晶系 二轴(+)	非均质体		1.900 ~ 2.034	0.100 ~ 0.135
钇镓榴石	无色、绿色	透明	玻璃光泽 中等色散 (0.045)	等轴晶系	均质体		1.970+0.060	
锆石	无色、褐色、蓝色、绿色	透明	亚金刚光泽 中等色散 (0.038)	四方晶系 一轴(+)	非均质体		1.925 ~ 1.984	0 ~ 0.059

宝石名称	颜色	透明度	光泽及光学效应	晶系及光性	偏光性	多色性	折光率	双折射率
钙铁榴石	绿色	透明	玻璃光泽强色散(0.057)	等轴晶系	均质体		$1.888^{+0.007}_{-0.033}$	
钇铝榴石	无色、绿色	透明	玻璃光泽中等色散(0.045)	等轴晶系	均质体		$1.833+0.010$	
锰铝榴石	橙黄色	透明	玻璃光泽	等轴晶系	均质体		$1.810^{+0.004}_{-0.020}$	
铁铝榴石	深红色、黑红色	半透明-透明	玻璃光泽常具四射星光	等轴晶系	均质体		1.79 ± 0.030	
红宝石蓝宝石	各种颜色	透明-半透明	玻璃光泽常具六射星光	六方晶系一轴(-)	非均质体	二色性强	$1.762\sim1.770$	$0.008\sim0.010$
合成红宝石蓝宝石	各种颜色	透明-半透明	玻璃光泽常具六射星光	六方晶系一轴(-)	非均质体	二色性强	$1.762\sim1.770$	0.008
蓝锥矿	蓝色、紫蓝色	透明	玻璃光泽中等色散(0.044)	六方晶系一轴(+)	非均质体	二色性强	$1.757\sim1.804$	0.047
金绿宝石	褐黄色、褐绿色、黄色	透明-半透明	玻璃光泽,常具猫眼效应和变色效应	斜方晶系二轴(+)	非均质体	三色性明显	$1.746\sim1.755$	$0.008\sim0.010$
镁铝榴石	红色、褐红色	透明	玻璃光泽	等轴晶系	均质体		$1.746^{-0.026}_{+0.010}$	
钙铝榴石	黄绿色、浅绿色	透明	玻璃光泽	等轴晶系	均质体		$1.740^{+0.020}_{-0.010}$	
绿帘石	黄绿色、褐绿色	透明	玻璃光泽	单斜晶系二轴(-)	非均质体		$1.729\sim1.768$	
水钙铝榴石	浅黄绿色	半透明	玻璃光泽	等轴晶系	不消光		$1.720^{+0.010}_{-0.030}$	
蔷薇辉石	粉红色	半透明	玻璃光泽	三斜晶系二轴(+)	不消光		$1.733\sim1.747$	
合成尖晶石	红色、蓝色、无色	透明	玻璃光泽	等轴晶系	均质体		$1.728^{+0.012}_{-0.008}$	

宝石名称	颜色	透明度	光泽及光学效应	晶系及光性	偏光性	多色性	折光率	双折射率
塔菲石	无色、浅绿色	透明	玻璃光泽	六方晶系一轴（－）	非均质体		1.719 ~ 1.723	0.004 ~ 0.005
尖晶石	红色等各种颜色	透明	玻璃光泽	等轴晶系	均质体		$1.718^{+0.017}_{-0.008}$	
蓝晶石	灰蓝色	透明	玻璃光泽	斜晶系二轴（－）	非均质体		1.716 ~ 1.731	0.012 ~ 0.017
符山石	浅黄绿色、绿色	半透明	玻璃光泽	四方晶系一轴（±）	不消光		1.713 ~ 1.718	0.005 ~ 0.012
黝帘石	褐红色、蓝色	透明	玻璃光泽	斜方晶系二轴（＋）	非均质体	三色性强	1.691 ~ 1.706	0.006 ~ 0.013
斧石	紫褐色	透明	玻璃光泽	三斜晶系二轴（－）	非均质体	三色性强	1.678 ~ 1.688	0.010 ~ 0.012
透辉石	浅绿色、绿色	透明-半透明	玻璃光泽	单斜晶系二轴（＋）	非均质体		1.675 ~ 1.701	0.024 ~ 0.030
锂辉石	浅粉红色	透明	玻璃光泽	单斜晶系二轴（－）	非均质体	三色性强	1.660 ~ 1.676	0.014 ~ 0.016
顽火辉石	褐绿色、褐黑色	半透明	玻璃光泽	斜方晶系二轴（－）	非均质体		1.663 ~ 1.673	
硬玉	绿色等各种颜色	半透明	油脂光泽	单斜晶系二轴（＋）	不消光		1.660 ~ 1.680	
煤精	黑色、褐黑色	不透明	油脂光泽	单斜晶系			1.660 ± 0.020	
孔雀石	绿色	不透明	丝绢光泽、玻璃光泽	单斜晶系			1.654 ~ 1.910	
硅铍石	无色、浅黄色	透明	玻璃光泽	三方晶系一轴（＋）	非均质体		1.654 ~ 1.670	0.016
橄榄石	黄绿色、绿色	透明	玻璃光泽	斜方晶系二轴（＋）	非均质体		1.654 ~ 1.690	0.035 ~ 0.038
红柱石	粉红色	透明-半透明	玻璃光泽	斜方晶系二轴（－）	非均质体		1.634 ~ 1.643	0.007 ~ 0.013
磷灰石	天蓝色、绿色、黄色	透明-半透明	玻璃光泽	六方晶系一轴（－）	非均质体		1.634 ~ 1.638	0.002 ~ 0.008
电气石	粉红色、绿色、杂色	透明	玻璃光泽	六方晶系一轴（－）	非均质体		1.624 ~ 1.644	0.018 ~ 0.04

宝石名称	颜色	透明度	光泽及光学效应	晶系及光性	偏光性	多色性	折光率	双折射率
黄玉	无色、黄、褐黄、蓝色	透明	玻璃光泽	斜方晶系二轴（+）	非均质体		1.619~1.627	0.008~0.010
葡萄石	浅黄绿、淡绿色	半透明	玻璃光泽	斜方晶系二轴（+）	不消光		1.616~1.649	0.020~0.031
绿松石	浅蓝色、绿色	不透明	土状光泽、蜡状光泽	三斜晶系			1.610~1.650	
软玉	白色、绿色、灰色	微透明	油脂光泽、玻璃光泽	单斜晶系二轴（-）	不消光		1.606~1.632	
菱锰矿	玫瑰红色、粉红色	不透明	油脂光泽	六方晶系			1.597~1.817	0.220
绿柱石	红、绿、黄、蓝各种颜色	透明	玻璃光泽	六方晶系一轴（-）	非均质体		1.577~1.583	0.005~0.009
合成祖母绿	翠绿色	透明	玻璃光泽	六方晶系一轴（-）	非均质体		1.568~1.573	0.005~0.007
蛇纹石质玉	黄绿色	半透明	蜡状光泽、油脂光泽	单斜晶系二轴（-）	不消光		1.560~1.570	
拉长石	各种色彩	透明-半透明	玻璃光泽	三斜晶系二轴（+）	非均质体		1.555~1.571	
方柱石	紫色	透明	玻璃光泽	四方晶系	非均质体	二色性明显	1.550~1.564	0.004~0.037
石英	白色、紫色、烟色	透明	玻璃光泽	六方晶系一轴（+）	非均质体		1.544~1.553	
堇青石	蓝紫色	透明	玻璃光泽	斜方晶系二轴（-）	非均质体	三色性明显	1.542~1.551	0.008~0.012

343

附

录

宝石名称	颜色	透明度	光泽及光学效应	晶系及光性	偏光性	多色性	折光率	双折射率
琥珀	黄色、棕黄色	透明	树脂光泽	非晶质体	均质体		$1.540^{+0.005}_{-0.001}$	
滑石	浅黄色、浅红色	不透明	蜡状光泽、油脂光泽	单斜晶系	不消光		$1.540 \sim 1.59$	0.050
玉髓	浅绿色、深绿色	半透明-不透明	玻璃光泽	六方晶系一轴(+)	不消光		$1.535 \sim 1.539$	0.004
鱼眼石	浅蓝色	透明	玻璃光泽	六方晶系一轴(-)	非均质体		$1.535 \sim 1.537$	0.003
珍珠	白色、浅粉红色、黑色	不透明	珍珠光泽	三方晶系一轴(-)	非均质体		$1.530 \sim 1.685$	0.155
月光石	白色、肉红色	半透明	玻璃光泽	三斜晶系二轴(-)	非均质体		$1.518 \sim 1.526$	$0.005 \sim 0.008$
青金石	深蓝、天蓝、紫蓝色	不透明	玻璃光泽	等轴晶系	均质体		$1.500 \sim 1.670$	
黑曜岩	褐黑色、绿黑色	半透明	玻璃光泽	非晶质体	均质体		$1.490^{+0.020}_{-0.01}$	
方解石	白色	半透明	玻璃光泽	三方晶系一轴(-)	非均质体		$1.480 \sim 1.658$	0.172
珊瑚	白色、红色、粉红色	不透明	玻璃光泽	三方晶系一轴(-)	非均质体		$1.480 \sim 1.658$	0.172
方钠石	蓝色	不透明	玻璃光泽	等轴晶系	均质体		$1.48+0.003$	0.003
欧泊	各色彩片	半透明	玻璃光泽	隐晶质体			$1.45^{+0.020}_{-0.080}$	
萤石	紫色、绿色、白色	透明	玻璃光泽	等轴晶系	均质体		1.434	0.001

宝石名称	密度 /g·cm⁻³	莫氏 硬度	断口/解理	紫外光 荧光	其 他 特 征	英文名称
赤铁矿	$5.20^{+0.06}_{-0.25}$	5.5～ 6.5	贝壳状断口		条痕及断口为红褐色。 常用来做串珠	Hematite
合成金红石	4.26 ±0.03	6～6.5	贝壳状断口		一般无瑕，强色散，强 双折射率、高密度	Syn. Rutile
金刚石	3.52 ±0.01	10		长波： 无～强 短波:弱	热导率高，色散中等， 钻石面棱尖锐，不漏光， 腰围处可能见到原始天 然晶面或平面状解理	Diamond
钛酸锶	5.13 ±0.02	5～6	贝壳状断口		一般无瑕，可能含气 泡，有抛光痕，棱面圆滑， 强色散	Strontium titanate
立方氧化锆	5.80 ±0.20	8.5	贝壳状断口		一般无瑕，可能含气 泡、高密度、强色散	CZ
锡石	6.95 ±0.08	6～7	贝壳状至 参差状断口		强金刚光泽，强色散， 颜色不均	Cassiterite
榍石	3.52 ±0.02	5～5.5	二组解理 完全		褐黄的颜色和极强的 双折射率	Titanite
钆镓榴石	$7.05^{+0.04}_{-0.10}$	6.5	贝壳状断口		一般无瑕疵，查尔斯滤 色镜下观察，绿色钆镓榴 石呈红色	GGG
锆石	$4.70^{+0.10}_{-0.80}$	6～ 7.5	贝壳状断口		高型锆石具双折射双 影，常见矿物包裹体。低 型锆石显均质性	Zircon
钙铁榴石	3.84 ±0.05	6～7	贝壳状断口		常见放射状"纤维"包 裹体（似马尾状）	Andradite
钇铝榴石	4.55 ±0.05	8～8.5	贝壳状至 参差状断口		一般无瑕，可见气泡。 绿色的查尔斯滤色镜下 呈红色	YAG
锰铝榴石	$4.15^{+0.05}_{-0.03}$	7～7.5	贝壳状断口		不规则羽毛状液态包 裹体。常具异常干涉色	Spessartite
铁铝榴石	$4.05^{+0.25}_{-0.12}$	7～7.5	贝壳状断口		针状包体呈70°、110° 相交，常见四射星光。具 异常干涉色	Demantite Demantoid

附

录

宝石名称	密度 /g·cm^{-3}	莫氏硬度	断口/解理	紫外光荧光	其 他 特 征	英文名称
红宝石 蓝宝石	$4.00^{+0.10}_{-0.05}$	9	贝壳状及参差状断口	红宝石有红色荧光	色带和生长线平直。有指纹状包裹体,双晶纹发育,有彼此呈60°、120°相交的三组绢丝状包裹体	Ruby, Sapphire
合成红宝石、蓝宝石	4.00 ± 0.03	9	贝壳状断口	红宝石有强红色荧光	有气泡、弧形色带	Syn, Corundum
蓝锥矿	$3.68^{+0.01}_{-0.07}$	6 ~ 6.5	贝壳状、参差状断口		二色性极明显。强双折射率、色散明显	Benitoite
金绿宝石	3.73 ± 0.02	8.5	贝壳状断口		有指纹状液态包裹体。具变色效应、猫眼效应	Chrysoberyl
镁铝榴石	$3.78^{+0.09}_{-0.16}$	7 ~ 7.5	贝壳状断口		含稀疏针状包裹体。常具异常干涉色	Pyrope
钙铝榴石	$3.61^{+0.012}_{-0.04}$	7 ~ 7.5	贝壳状断口		具异常干涉色,含铬钒钙铝榴石呈翠绿色,在查尔斯滤色镜下呈红色	Grossularie
绿帘石	$3.40^{+0.10}_{-0.15}$	6 ~ 7	参差状、贝壳状断口			Epidote
水钙铝榴石	$3.47^{+0.08}_{-0.32}$	7	贝壳状断口		系含水的钙铝榴石集合体。用来做玉石。常含黑色包裹体	Grossularite
蔷薇辉石	$3.50^{+0.26}_{-0.20}$	5.5 ~ 6.5	贝壳状、参差状断口		桃红色与白色相间的斑杂色,有黑色氧化锰条带	Rhodonite
合成尖晶石	$3.64^{+0.02}_{-0.12}$	8	贝壳状断口		一般无瑕疵,有气泡,具异常干涉色	Syn, Spinel
塔菲石	3.61 ± 0.01	8	贝壳状断口		罕见、常与尖晶石相混,可根据非均质体相区别	Taaffeite

宝石名称	密度/g·cm⁻³	莫氏硬度	断口/解理	紫外光荧光	其 他 特 征	英文名称
尖晶石	$3.60^{+0.10}_{-0.03}$	8	贝壳状断口	红色尖晶石有红色荧光	有较多八面体尖晶石包裹体	Spinel
蓝晶石	$3.68^{+0.01}_{-0.12}$	4～7.5	贝壳状、参差状断口		常见色带、同一晶体硬度因为方向不同而异	Cyanite
符山石	$3.32^{+0.18}_{-0.17}$	6～7	参差状断口		集合体用来做玉料,密度和折光率是鉴定的关键	Idocrasce
黝帘石	$3.35^{+0.10}_{-0.25}$	6～7	贝壳状、参差状断口		三色性明显	Zoisite
斧石	$3.29^{+0.07}_{-0.03}$	6.5～7	贝壳状、参差状断口		颜色和强三色性	Axinite
透辉石	$3.29^{+0.11}_{-0.07}$	5.5～6	贝壳状、参差状断口		可见四射星光、猫眼效应	Diopside
锂辉石	3.18 ± 0.03	6.5～7	二组解理完全		含气液包裹体。多色性明显	Kunzite
顽火辉石	$3.25^{+0.15}_{-0.02}$	5～6	二组解理完全		颜色深、可见猫眼效应及星光效应	Enstatite
硬玉	$3.34^{+0.06}_{-0.09}$	6.5～7	参差状断口		具变斑晶纤维交织结构,常在二碘甲烷中悬浮	Jadeite
煤精	1.32 ± 0.02	2.5～4	贝壳状断口		热针探测有煤烟味	Jet
孔雀石	$3.95^{+0.15}_{-0.70}$	3.5～4	参差状断口		具绿色弯曲条带,或放射状纤维结构,滴盐酸起泡	Malachite
硅铍石	2.95	7.5～8	贝壳状断口		根据密度和折光率与相似的石英、黄玉、绿柱石区别	Phenakite
橄榄石	$3.34^{+0.14}_{-0.07}$	6.5～7	贝壳状断口		睡莲叶状包裹体。双折射率的双影	Peridot

宝石名称	密度 /g·cm⁻³	莫氏硬度	断口/解理	紫外光荧光	其 他 特 征	英文名称
红柱石	3.17 ±0.04	7~7.5	一组解理明显		针状金红石及各种矿物包裹体,有黑色碳质十字中心	Andlusite
磷灰石	3.18 ±0.05	5	贝壳状断口		可具有猫眼效应	Apatite
电气石	3.06 $^{+0.20}_{-0.60}$	7~7.5	贝壳状断口		具线型气液包裹体。具强二色性。具色带。具双折射双影	Tourmaline
黄玉	3.53 ±0.04	8	一组解理完全		含两种不相溶的液态包裹体	Topaz
葡萄石	2.90 $^{+0.05}_{-0.10}$	6~6.5	参差状断口		集合体与岫岩玉极相似,但具放射状结构	Prehnite
绿松石	2.76 $^{+0.14}_{-0.36}$	5~6	微粒状断口		集合体、细腻、多孔	Turquoise
软玉	2.95 $^{+0.15}_{-0.05}$	6~6.5	参差状断口		集合体、具纤维交织毡状结构	Nephrite
菱锰矿	3.60 $^{+0.10}_{-0.15}$	3.5~4.5	三组解理完全		集合体、具同心圆状条带结构	Rhodochrosite
绿柱石	2.70 $^{+0.18}_{-0.05}$	7.5~8			含气液包裹体及固态包裹体	Beryl
合成祖母绿	2.68 ±0.03	7.5~8		有红色荧光	查尔斯滤光镜下呈红色	Syn. Emerald
蛇纹石质玉	2.57 $^{+0.23}_{-0.13}$	2~6	参差状断口		具纤维网状结构,含黑色固态包裹体	Serpentine
拉长石	2.70 ±0.05	6~6.5	解理完全		具晕彩的拉长石中含黑色针状及金属片状包裹体,具聚片双晶	Labradorite
方柱石	2.68 $^{+0.06}_{-0.08}$	5.5~6	解理完全		多色性极明显	Scapolite

宝石名称	密度/g·cm^{-3}	莫氏硬度	断口/解理	紫外光荧光	其 他 特 征	英文名称
石英	$2.66^{+0.03}_{-0.02}$	7	贝壳状断口		紫晶颜色不均,经放射性辐照可变成黄色和蓝色	Aquartz
堇青石	2.61 ±0.05	7~7.5	解理完全		三色性明显	Iolite
琥珀	$1.08^{+0.02}_{-0.08}$	2~2.5	贝壳状断口		强异常干涉色。具气泡,流线及其他有机质包裹体	Amber
滑石	$2.5 \sim 2.8$	1~2.5	贝壳状断口		致密块状,触及有细腻滑感	Tale
玉髓	$2.6^{+0.10}_{-0.05}$	6.5~7	断口平坦		可见条带状、苔藓状、树枝状包裹体	Chalcedony
鱼眼石	2.40 ±0.10	4.5~5	一组解理完全		密度小,可以与水晶、长石、方柱石区别	Apophyllite
珍珠	$2.70^{+0.15}_{-0.09}$	2.5~4			遇盐酸起泡,可与赝品区别	Pearl
月光石	2.58 ±0.03	6~6.2	一组解理完全		具月光效应	Moonstone
青金石	2.75 ±0.25	5~6	参差状断口		不透明、深蓝色、常含方解石、黄铁矿细脉	Lazunite
黑曜岩	$2.40^{+0.10}_{-0.07}$	5~5.5	贝壳状断口		含气泡和流线。可见雏晶	Obsidian
方解石	2.70 ±0.05	3	解理完全		遇盐酸起泡。常被染成各种颜色	Calcite
珊瑚	2.65 ±0.05	3.5~4	参差状断口		遇盐酸起泡,颜色不均。有虫穴凹坑	Coral
方钠石	2.25 ±0.10	5~6	参差状断口		常见方解石脉,少见黄铁矿	Sodalite
欧泊	$2.15^{+0.08}_{-0.90}$	5~6.5	贝壳状断口		有不同颜色的彩片。合成欧泊可显六边形蜂集状结构	Opal
萤石	$3.18^{+0.07}_{-0.18}$	4	解理完全	具浅蓝色荧光	具色带、解理完全	Hydrophilite

349

附

录

附录 2 宝石名称中英文对照

A

奥长石	Oligoclase

B

白蛋白石	White opal
白榴石	Leucite
白铅矿	Cerussite
白铁矿	Marcasite
白钨矿	Scheelite
白柱石	Goshenite
宝石	Gemstone or Gem
鲍文玉	Bowenite
碧玉	Jasper
变石	Alexandrite
冰长石	Adularia
玻璃	Glass
玻陨石	Tektite

C

缠丝玛瑙	Sardonyx
长石	Feldspar
赤铁矿	Hematite
葱绿玉髓	Prase
翠榴石	Demantoid
翠绿锂辉石	Hiddenite

D

蛋白石	Opal
电气石	Tourmaline
东陵石	Fuchsite Quartzite
独居石	Monazite

F

发晶	Venus hair stone
方沸石	Analcite
方解石	Calcite
方镁石	Periclase
方钠石	Sodalite
方柱石	Scapolite
芙蓉石	Rose quartz
符山石	Vesuvianite or Idocrase
斧石	Axinite

G

钆镓榴石	G. G. G
钙长石	Anorthite
钙铬榴石	Uvarovite
钙锂电气石	Liddicoatite
钙铝榴石	Hessonite or Grossular
钙镁电气石	Uvite
钙铁榴石	Andradite
橄榄石	Olivine
刚玉	Corundum
缟玛瑙	Onyx
锆石	Zircon
铬尖晶石	Picotite

铬透辉石	Chrome-Diopside		火蛋白石	Fire opal
光彩石	Augelite			
光谱石	Spectrolite		**J**	
硅化木	Opalized wood		钾长石	Potassium feldspar
硅孔雀石	Chrysocolla		尖晶石	Spinel
硅硼钙石	Datolite		角闪石	Amphibole
硅铍石	Phenakite		金红石	Rutile
贵翠	Dickite Quartzite		金绿宝石	Chrysoberyl
贵蛋白石	Precious Opal		金绿柱石	Golden beryl or Heliodor
			金星石	Goldstone
H			堇青石	Cordierite or Iolite
海蓝宝石	Aquamarine		**K**	
黑蛋白石	Black opal			
黑电气石	Schorl		空晶石	Chiastolite
黑色金刚石	Carbonado		孔雀石	Malachite
黑曜岩	Obsidian		**L**	
红宝石	Ruby			
红电气石	Rubellite		拉长石	Labradorite
红锆石	Hyacinth		蓝宝石	Sapphire
红榴石	Rhodolite		蓝电气石	Indicolite
红绿柱石	Morganite		蓝方石	Hauyne
红珊瑚	Red coral		蓝锆石	Starlite
红柱石	Andalusite		蓝晶石	Kyanite
虎睛石	Tiger's eye		蓝铜矿	Azurite
琥珀	Amber		蓝玉髓	Blue chalcedony
滑石	Tale		蓝柱石	Euclase
黄榴石	Topazolite		蓝锥矿	Benitoite
黄水晶	Citrine		锂电气石	Elbaite
黄铁矿	Pyrite		锂辉石	Spodumene
黄玉	Topaz		立方氧化锆	Cubic zirconia or C. Z.

351

磷灰石	Apatite
磷铝锂石	Amblygonite
磷铝锰石	Eosphorite
磷铝钠石	Brazilianite
磷铝石	Variscite
磷锰矿	Reddingite
菱镁矿	Magnesite
菱锰矿	Rhodochrosite
菱锌矿	Smithsonite
绿电气石	Verdelite
绿帘石	Epidote
绿松石	Turquoise
绿玉髓	Chrysoprase
绿柱石	Beryl

M

玛瑙	Agate
猫眼石	Cat's eye or Cymophane
煤精	Jet
镁电气石	Dravite
镁橄榄石	Forsterite
镁铝榴石	Pyrope
镁铁榴石	Rhodolite
锰铝榴石	Spessartite or Spessartine

N

钠长石	Albite
钠硼解石	Ulexite

P

硼铝镁石	Sinhalite

Q

蔷薇辉石	Rhodonite
羟硅硼钙石	Howlite
青金石	Lazurite
青金岩	Lapis Lazuli

R

日光石	Sunstone
肉红玉髓	Carnelian
乳石英	Milky quartz
软玉	Nephrite

S

赛黄晶	Danburite
砂金石	Aventurine
珊瑚	Coral
闪锌矿	Sphalcrite
蛇纹石	Serpentine
蛇纹岩	Serpentinite
十字石	Staurolite
石膏	Gypsum
石榴子石	Garnet
石墨	Graphite
石英	Quartz
水钙铝榴石	Hydrogrossular
水晶	Quartz crystal

T

塔菲石	Taaffeite

苔纹玛瑙	Moss agate		**Y**	
坦桑石	Tanzanite			
天河石	Amazonite	烟晶	Smoky quartz
天蓝石	Lazulite	阳起石	Actinolite
铁橄榄石	Fayalite	钇铝榴石	Y. A. G
铁尖晶石	Hercynite	鹰睛石	Falcon's eye
铁铝榴石	Almandite or Almandine	萤石	Fluorite or Fluorspar
铁镁尖晶石	Ceylonite	硬树脂	Copal resin
透长石	Sanidine	硬玉	Jadeite
透辉石	Diopside	黝帘石	Zoisite
透锂长石	Petalite	玉	Jade
透闪石	Tremolite	玉髓	Chalcedony
		月光石	Moonstone

W

歪长石	Anorthoclase
顽火辉石	Enstatite
微斜长石	Microcline

Z

珍珠	Pearl
中长石	Andesine
重晶石	Barite
柱晶石	Kornerupine

X

锡石	Cassiterite
象牙	Ivory
榍石	Sphene or Titanite
锌尖晶石	Gahnite
雪花黑曜岩	Snowflake obsidian
血玉髓	Bloodstone

紫电气石	Siberite
紫硅碱钙石	Charoite
紫晶	Amethyst
紫锂辉石	Kunzite
祖母绿	Emerald
钻石	Diamond

353

[1] 李兆聪. 宝石鉴定法[M]. 北京：地质出版社，1991.

[2] 张仁山. 翠钻珠宝[M]. 北京：地质出版社，1983.

[3] 王曙. 金刚石的秘密[M]. 北京：地质出版社，1981.

[4] 徐国相. 真假珠宝的识别[M]. 北京：地质出版社，1994.

[5] 李娅莉，薛琴芳. 宝石学基础教程[M]. 北京：地质出版社，1995.

[6] 王曙. 怎样识别珠宝玉石[M]. 北京：地质出版社，1993.

[7] 周国平. 宝石学[M]. 武汉：中国地质大学出版社，1989.

[8] 王永华，刘文荣. 矿物学[M]. 北京：地质出版社，1985.

[9] 袁见齐，朱上庆，翟裕生. 矿床学[M]. 北京：地质出版社，1985.

[10] 李胜荣，许虹，等. 结晶学与矿物学[M]. 北京：地质出版社，2008.

[11] 董振信. 天然宝石学[M]. 北京：地质出版社，1994.

[12] 邹继兴，李昌存，章根宁. 宝石基本知识与宝石鉴赏[M]. 北京：冶金工业出版社，1997.

[13] 韩吟文，马振东. 地球化学[M]. 北京：地质出版社，2005.

[14] 张义耀. 宝玉石鉴赏（第2版）[M]. 武汉：中国地质大学出版社，2011.

[15] 姚凤良，孙丰月. 矿床学教程[M]. 北京：地质出版社，2006.

[16] 彭觥. 中国珠宝资源与开发现状[J]. 有色金属矿产与勘查，1995，1.

[17] 王曙. 真假珠宝鉴别[M]. 北京：地震出版社，1994.

[18] 邓燕华. 宝玉石矿床[M]. 北京：北京工业大学出版社，1992.

[19] 赵松龄，陈德康. 宝玉石鉴赏指南[M]. 北京：东方出版社，1992.

[20] 王顺金. 宝石与玉石—鉴别加工与选购[M]. 武汉：中国地质大学出版社，1991.

[21] 赵建刚. 宝石鉴定仪器与鉴定方法（第2版）[M]. 武汉：中国地质大学出版社，2012.

[22] 关涛，徐欧光，等. 珠宝首饰[M]. 北京：兵器工业出版社，1993.

[23] 余平，李家珍，等. 翡翠及商贸知识[M]. 武汉：中国地质大学出版社，1993.

[24] 赵正涛，董必谦. 青海翠玉[J]. 中国宝石，1994，4.

[25] 张蓓莉. 系统宝石学（第2版）[M]. 北京：地质出版社，2006.

[26] 周佩玲. 有机宝石学[M]. 武汉：中国地质大学出版社，2004.

[27] 廖宗廷. 宝石学概论[M]. 上海：同济大学出版社，2009.

[28] 黄作良．宝石学[M]．天津：天津大学出版社，2010．

[29] 廖宗廷．珠宝鉴赏[M]．武汉：中国地质大学出版社，2010．

[30] 杜光鹏，奚波，秦宏宇．钻石及钻石分级（第2版）[M]．武汉：中国地质大学出版社，2012．

[31] 柳志青．宝石学和玉石学[M]．杭州：浙江大学出版社，1999．

[32] 陈汴琨．中国人工宝石[M]．北京：地质出版社，2008．

[33] 田培学，石同栓．人工宝石学[M]．武汉：中国地质大学出版社，2009．

[34] 申柯娅．宝石选购指南[M]．北京：化学工业出版社，2008．

[35] 孟祥振，赵梅芳．宝石学与宝石鉴定[M]．上海：上海大学出版社，2004．

[36] 沈泓，舒惠芳．玉石鉴赏与收藏[M]．合肥：安徽科学技术出版社，2009．

[37] 邢莹莹，郝琦，王海涛．翡翠概论[M]．武汉：中国地质大学出版社，2012．

[38] 田培学，张立新．珠宝首饰鉴评[M]．武汉：中国地质大学出版社，2011．

[39] 王卉．宝玉石鉴定[M]．武汉：中国地质大学出版社，2013．

[40] 袁心强．应用翡翠宝石学[M]．武汉：中国地质大学出版社，2009．

[41] 余海陵，张昌龙，曾骥良．桂林水热法合成红宝石的宝石学特征及呈色[J]．宝石和宝石学，2001，3．

[42] 张丽佳．电气石的矿物学研究[D]．广州：中山大学，2004．

[43] 罗跃平，等．常见绿松石品种特征及充填处理的鉴定[J]．岩石矿物学，2011，8．

[44] 高媛，等．翡翠的结构特征及其对宝石质量的影响[J]．地质找矿论丛，2006（02）．

[45] 董秉宇，等．天然红宝石、蓝宝石的热处理[J]．国外非金属矿与宝石，1990（06）．

[46] 孟宪松，徐连生．古老而神圣的青金石[J]．中国宝玉石，2011（01）．

[47] 黄天平．碧玺充填处理及其鉴定特征研究[D]．北京：中国地质大学（北京），2013．

[48] 范陆薇．宝石级红珊瑚的成分和结构特征研究[D]．北京：中国地质大学（北京），2008．

[49] 张恩，等．珍珠的成分特点研究[J]．岩石矿物学，2007（04）．